40주
이야기

NORLA
Norwegian
Literature Abroad

This translation has been published with the financial support of NORLA.

생명의 잉태와 탄생에 이르는
81가지 신비로움

40주
이야기

안나 블릭스 Anna Blix 지음
황덕령 옮김

40 WEEKS

미래의창

41주

여정의 끝 그리고 새로운 시작

"머리를 만질 수 있을 정도로 아기가 많이 내려왔네요. 머리 숱이 아주 많아요!"

이 순간을 위해 아주 오랫동안 준비해온 내 몸의 모든 근육이 긴장하고 있다. 지난 몇 시간 동안의 고통과 지난 몇 달간 내 몸 안에 작은 생명이 자라며 진행되던 탄생의 과정이 지금 절정에 달하고 있다. 어느새 해가 다시 떠오르고 있다. 어제저녁까지만 해도 나는 출산이 어떻게 진행될지에 대해 이성적으로 생각하고 궁금해했지만 진통이 진행 중인 지금은 그저 본능에 따라 행동하는 동물이 되어버렸다.

자궁의 수축이 강해짐에 따라 내 안에 남아 있던 인간성이 점점 사라지고 있다. 허리 아래에서 시작된 아릿한 고통은 이제 내 온몸을 휩쓸며 파도처럼 몰아쳤다. 나는 병원 욕실 샤워기 아래에 의자를 두고 의자 등받이에 몸을 기대 앉은 채 샤워기에서 나오는 따뜻한 물줄기를 맞으며 통증을 견디고 있다. 남편이 준 물을 간신히 마실 뿐, 그와 대화를 하거나 포옹을 받아줄 여력도 없다. 내 몸은 아기를 낳고 있지만, 내 뇌는 그저 승객일 뿐이다.

몇 시간 전, 소파에 누워 TV를 보고 있던 중 갑자기 자궁이 조여오는 느낌이 들었다. 나는 읽으려던 책을 내려놓고 무릎 사이에 베개를 끼고 편한 자세를 취했다. 골반을 너무 많이 움직이지 않도록 조심하면서, 지난 몇 주간 계속되었던 가진통이 멈추기를 기다렸다. 그때까지만 해도 나는 뱃속 태아의 움직임을 느끼면서, 아기를 만날 순간이 언제 올지 궁금해하는 그런 밤이 될 줄 알았다.

그러나 진통이 규칙적으로 변하고 점점 심해지면서 말을 하기도 힘들어졌다. 오늘 밤에 출산을 할 것 같다는 느낌이 강하게 왔다. 남편과 나는 택시를 타고 병원으로 향했다. 택시를 타고 가는 동안 나는 내 이성이 몸을 통제할 수 없는 순간이 왔다는 것을 깨달았다. 사회적 체면을 유지하려는 일말의 노력은 생명의 탄생이 가져오는 고통 앞에서 무의미했다. 나는 신음을 흘렸고, 진통이 올 때마다 뒷좌석 창가의 손잡이를 꽉 붙잡은 채 소리를 질렀다. 택시 운전사는 내가 차 안에서 출산할까 봐 겁이 났는지 점점 속도를 높였다. 병원에 도착하고 땅에 발을 한 걸음 내디딘 순간 또다시 강한 진통이 몰려왔지만 남편에게 의지하며 간신히 몸을 지탱했다. 남편은 한 손으로는 나를 부축하고 다른 손으로는 짐이 든 가방을 들었다.

병원 엘리베이터를 타고 올라가며 깊게 숨을 들이쉬었다. 한 시라도 빨리 분만실에 들어가고 싶었다. 분만실 앞에서 익숙한 조산사와 마주치자 정신이 조금 맑아졌다. 그녀의 이름은 토릴드인데 이전에 만난 적이 있었다. 그녀가 오늘 당직이라는 걸 알자 안심이 되었다. 그녀라면 믿을 수 있다. 그러나 곧 진통이 다시 왔고, 머릿속이 하얘졌다. 옷을 벗는 것을 도와주며 토릴드가 내게 어떻게 출산하고 싶은지 물었지만 대답할 정신조차 없었다. 그저 샤워실로 들어가 따뜻한 물로 진통을 달래고만 싶었다. 고통이 너무나도 심해져 바다처럼 나를 감싸주던 따뜻한 물조차도 크게 벌어진 상처에 반창고를 붙이는 것처럼 아무 소용 없이 느껴졌을 때쯤, 나는 조산사가 분만 진행 상황을 확인할 수 있도록 비틀거리며 욕실을 나와 침대로 향했다.

"불 좀 꺼주세요."

나는 간신히 한 마디를 내뱉었다. 마치 야생의 동물처럼 어둠 속에서, 안전한 곳에서, 포식자들이 눈에 띄지 않은 채 출산을 하고 싶었다. 조산사는 손가락을 내 안으로 밀어 넣었다. 내 뇌는 내 몸에게 그녀가 적이 아니라 친구이며 출산과 자궁경부를 공격하는 것이 아니라 돕고 있는 것이라고 이야기해줘야만 했다. "8센티미터 정도 열렸네요." 그녀의 말이 들려왔고 나는 낮게 신음을 흘리며 고통스러워했다. 하지만 그녀는 서두르지 않았다. 가까운 곳에서 나를 지켜보며 내 몸이 스스로 할 수 있도록 믿고 맡겨주었다. 나는 땀이 가슴을 타고 흘러내리고 근육이 리듬감 있게 수축하는 것을, 자궁이 수축할 때마다 아기가 점점 더 아래로 밀려 내려가는 것을 느꼈다. 마침내 아기의 머리가 산도를 통과하는 감각이 전해졌다. 아래로 미끄러지다가 다시 살짝 올라가고 또 한 번의 진통이 오면 조금 더 앞으로 나아갔다. 두 걸음 나아가고 한 걸음 물러서면서 조금씩 내 몸은 해내고 있었다. 내 뇌는 안심했다. 이제 자궁이 해야 할 일을 하게 두면 된다.

"이제 숨을 후후 내뱉어보세요! 힘주지 말고!" 드디어 아기의 머리가 나왔다. 작게 낑낑대는 소리가 들렸다. 아직 폐가 눌려 있는 상태라 양수의 세계에서 공기의 세계로 막 건너가는 몸으로 낼 수 있는 유일한 소리였다. 내 몸에서 반쯤 나온 작은 머리에서 나는 기묘한 소리에 모두가 집중했다. 나는 마치 나 자신을 멀리서 바라보는 듯한 느낌이 들었다. 이제 동물적인 본능은 물러났고 다시 생각할 수도, 말할 수도 있는 내가 돌아왔다. 가장 힘든 순간이 지나가고 모든 과정이 거의 끝나간다는 것을 알 수 있었다. "자, 산모가 아이를 직접 받을 수도 있어요. 이번에 진통이 올 때 힘을 주면 아이가 완전히 나올 거예요." 조산사의 목소리는 평온했다. 남편은 내 손을 꼭 잡고 숨죽여 지켜보고 있었다. 진통이 밀려오자 몸이 다시 긴장했고 나는 마지막으로 힘을 주었다. 그렇게 아기가 세상으로 나왔다. 아기는 처음으로 공기를 들이마셨다. 따뜻한 자궁 안에서는 한 번도 경험한 적 없는 차가운 공기가 아기의 폐 속으로 밀려들었다. 우리는 조심스럽게 아기의 몸을 닦았다. 아기를 부드럽게 감싸던 양수와 태지가 씻겨 나가면서 피부가 처음으로 마른 상태가 되었다. 그러는 동안에도 탯줄은 여전히 자궁이라는 안전한 세계로부터 연결된 생명줄처럼 아기에게 산소와 혈액을 보내고 있었다. 하지만 이것 역시 곧 끊어지고 아홉 달 동안의 공생은 이제 새로운 단계로 나아가게 될 것이다.

내 배 위에 누워 있는 이 아기는 이제 겨우 3분 30초밖에 살지 못했지만 동시에 35억 년간 이어진 생명의 역사를 간직하고 있다. 그는 생명의 기원이자 태초의 존재이면서 이제껏 한 번도 존재한 적 없는 완전히 새로운 생명이다. 그는 아무것도 할 줄 모르는 종들 중에서도 가장 무력한 신생아지만 내 목소리를 들을 수 있고 내 젖 냄새를 맡을 수 있으며 심지어 내 배 위에 올려놓으면 젖을 빨 수도 있다.

아기는 너무 무거워 아직 작은 몸으로는 감당하기 어려울 정도의 커다란 머리를 간신히 움직여 내 얼굴을 기억하려는 듯 눈을 크게 뜨고 나를 응시한다. 그리고 입을 크게 벌려 젖을 물고, 세상에서 가장 강력한 힘으로 빨아들인다. 아기는 아홉 달 동안 내 안에 있다가 이제야 겨우 내 몸에서 나왔지만 젖을 빠는 힘은 그것이 끝이 아니라는 걸 분명하게 알려준다. 내 몸은 여전히 아기의 필요에 철저히 순응해야 하는 것이다.

드디어 나는 지난 몇 달 동안 마치 내 몸을 숙주 삼아 기생하면서 나에게 온갖 부작용을 안겨주었던 이 작은 생명체의 거주지 역할에서 벗어났다.[1] 나는 몇 달 동안 입덧으로 고생했고, 이로 인해 처방받은 약만 네 가지가 넘었다. 내장 기관들은 태아가 커감에 따라 재배치되었고 창자와 방광은 태아에게 공간을 내주기 위해 짓눌렸다. 배를 감싸는 피부는 막달까지 그 면적을 계속해서 늘려갔고, 임신 호르몬은 나에게 변비와 극심한 피로를 안겨주었다. 아무리 잠을 자도 피곤했고, 배가 나와 수개월 동안 신발 끈조차 제대로 묶을 수 없었다. 다리 부종을 방지하기 위해 압박 스타킹을 신고 다녀야 했으며 끝없이 지속되는 속 쓰림을 견디기 위해 위산 억제제를 복용했다. 그리고 마침내 내 아이를 세상으로 내보내기 위해 골반은 태어난 이래 최대로 벌어지고 뼈들은 조금씩 밀려나 걸을 때마다 통증을 느꼈다. 작은 생명이 성장하는 동안, 내 몸은 묵묵히 이 모든 부담을 감당했다. 이것이 바로 우리 종이 생명을 이어가는 방식이다.

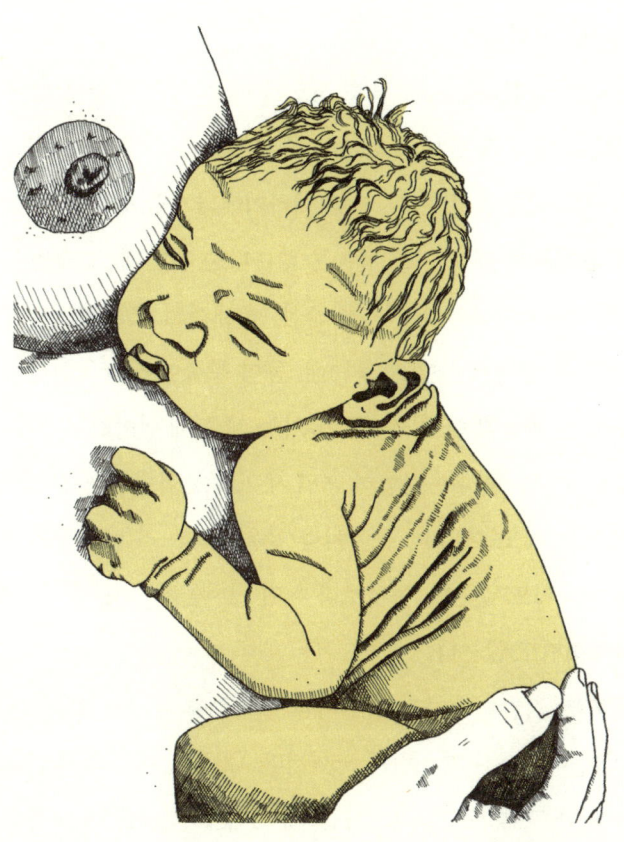

내 아기에게 처음으로 젖을 물리는 이 순간, 나는 여전히 출산을 시
작할 때의 그 호르몬들의 홍수 속에 있다. 그래서 내 고통을 느끼기
보다 이 작고 주름진 생명체를 미치도록 사랑하게 된다. 나는 내가
이 아름다운 아기를 낳았다는 느낌에 취해 지난 기나긴 아홉 달이
충분히 가치 있었다고 생각한다.

만약 내가 그냥 알을 낳고, 남편이 그것을 품어 부화시킬 수 있었다면 어땠을까?

아니면 출산하는지도 모를 정도의 아주 작은 아기를 낳아 그 아이를 주머니 속에 넣어 충분히 클 때까지 키울 수 있다면?

그래도 다행인 건, 내가 점박이하이에나처럼 길쭉한 음경 모양의 음핵을 통해 아이를 낳지는 않는다는 것인데 그 구멍이 너무 좁아 점박이하이에나는 첫 출산 때 새끼의 60퍼센트가 죽는다. 전갈은 뼛속에 새끼를 품는데, 등이 부풀어오른 풍선처럼 되어 단단한 외골격 아래 새끼들을 가득 채운 채 살아간다. 나는 참솜깃오리처럼 둥지에 가만히 누워 새끼가 부화할 때까지 움직이지 못하는 것도 아니고, 문어처럼 알을 지키느라 굶어죽기 직전까지 버티지도 않는다. 무엇보다 어떤 거미들처럼 내 새끼들에게 잡아먹히지도 않는다.

하지만 지금, 내 아기에게 처음으로 젖을 물리는 이 순간, 나는 이게 너무나 자연스럽게 느껴진다. 내 몸은 여전히 출산을 시작하게 한 그 호르몬들의 홍수 속에 있다. 그것들은 내 고통을 덜어주고 이 작고 주름진 생명체를 미치도록 사랑하게 만든다. 나는 내가 이 아름다운 아기를 낳았다는 느낌에 취해 지난 기나긴 아홉 달이 충분히 가치 있었다고 생각한다.

하지만 임신 기간 내내, 나는 내가 다른 종이기를 수도 없이 바랐다. 어떤 방식이든 좋으니, 내 자궁을 수정된 난자가 침범하고, 태아가 내 호르몬을 조종하며 내 몸을 장악하는 이 방식만 아니기를 하고 말이다.

　내 아기가 세상에 나온 바로 이 순간, 그와 동시에 태어난 수많은 생명들이 있다. 어떤 생명체는 자신을 둘로 쪼개어 번식하고, 어떤 생명체는 수정되지 않은 알을 물속에 흩뿌려 정자가 우연히 찾아오기를 기다린다. 또 어떤 생명체는 알껍데기를 뚫고 나오는 작은 머리를 바라보고 또 다른 생명체는 등껍질이나 울음주머니 속에서 새끼가 꿈틀거리는 걸 느낀다. 어떤 생명체는 극도로 좁은 산도를 통해 새끼를 밀어낸다. 우리는 모두 생명의 나무 끝자락에서, 저마다 다른 가지를 뻗고 있지만 결국, 우리는 한 뿌리에서 시작되었다. 우리는 모두 35억 년 전, 최초의 살아 있는 생명체에서 비롯되었다. 그것이 인간이든, 아메바든, 섬유세닐말미잘이든, 하이에나든, 참솜깃오리든, 캥거루든. 우리는 모두 후손을 남길 만큼 충분히 오래 살아남았다. 이 과정에서 우리보다 앞선 생명체들은 조금씩, 조금씩 변화해가며 각자의 방식으로 생명을 이어갔다. 그리하여 우리는 지금 이 순간, 이 경이로운 번식의 다양한 형태를 마주하고 있다. 이것은 우리가 세상에 새 생명을 탄생시키는 수많은 놀라운 방법들에 대한 이야기다.

1주

휴대폰 앱 알림이 울렸고, 나는 약 5,000만 년 동안 반복되어온 패턴이 내 몸에서 시작될 것임을 알 수 있었다.[2] 하지만 생리에 대해 생각하고 싶지 않았던 나는 알림을 무시했다. 다음날 아침, 침대 시트에 선명한 핏자국이 묻었다.

나는 피가 싫다. 그것은 이번 달도 임신이 되지 않았다는 명확한 신호이니 말이다. 내가 원하는 건 한 달마다 나를 찾아오는 신체적인 신호가 아니라 아기다. 난자, 정자, 두꺼워지는 자궁 내막, 호르몬 변화와 불러오는 배. 계획, 섹스, 기다림. 이런 것들이 내가 바라는 것이다.

어떤 생명체들은 이처럼 복잡한 과정을 거치지 않고 훨씬 더 쉽게 번식한다. 섬유세널말미잘Metridium senile은 식물처럼 보이지만 사실 인간과 더 가까운 쪽(동물계)에 해당한다. 그들은 부두 기둥에 몸을 붙인 채 살아가는데, 따뜻한 여름날 머리를 부두 난간 밖으로 내밀고 바다를 내려다보면 그 모습을 볼 수 있을 정도로 얕은 곳에 서식한다.[3] 섬유세닐말미잘은 위쪽에 촘촘한 촉수를 가진 긴 원통형 몸을 가지고 있어, 마치 흰 카네이션 꽃잎 아래 두껍고 주황빛이 감도는 갈색의 줄기를 단 것처럼 보인다. 노르웨이 해안 어디에서나 흔히 볼 수 있는 이 산호 동물은 놀랍게도 자기 몸에서 유전적으로 완전히 동일한 새로운 개체를 '싹틔우듯' 만들어낸다. 물속으로 촉수를 뻗어 먹이를 잡듯이, 돌기를 만들어 새로운 생명을 탄생시키는 것이다.

섬유세닐말미잘의 몸 한쪽에서 작은 혹처럼 새끼 섬유세닐말미잘이 돋아난다. 그 새끼는 몸통과 촉수 그리고 가운데에 작은 입이 생기면(사실 섬유세닐말미잘의 몸은 그것이 전부다), 이윽고 어미의 몸에서 떨어져 나와 자기만의 작은 삶을 시작한다.[4]

섬유세닐말미잘은 자신의 몸에서 작은 새끼가 자라나는 것을 과연 느낄 수 있을까? 지금이 아이를 낳을 때라고 능동적으로 선택하고 결정하는 걸까? 그런 변화가 일어나면 피로를 느낄까? 또는 새끼가 돋아날 때나 떨어져 나갈 때 고통스러울까?

인간처럼 자궁이라는 특수한 기관에 자식을 품는 것이 생명을 잉태하는 유일한 방식은 아니다. 어떤 부모들은 새끼를 입안에서 키우거나, 다리 사이에 품기도 하고, 음식 소화에도 쓰이는 커

번식을 위해 꼭 자궁이 필요한 것은 아니다. 섬유세닐말미잘은 자기 몸의 일부에서 새끼가 자라나고 어느 정도 크면 분리해서 떨어져나간다. 유전자를 다음 세대로 이어가는 번식의 방식은 실로 무한에 가까운 다양성을 보여준다.

다란 체강 속에서 기르기도 한다. 등에 있는 작은 주머니 안에서 새끼를 키우는 종도 있고, 수정된 알을 둥지에 두고 지키는 종도 있고, 섬유세닐말미잘처럼 몸에서 새끼를 돋아나게 하는 종도 있다. 혹은 알과 정자를 물속에 방출하고 자연에 맡기기도 한다. 인간인 나의 방식은 자궁과 태반을 통해 여러 달 동안 밀접한 영양분을 교환하는 방법이다. 이 방법은 유구한 생명 탄생의 역사에서 꽤나 새로운 방식이라 할 수 있다.[5] 지구상의 생명은 이미 약 35억 년 처음 나타났을 때부터 끊임없이 자신을 복제하며 번식해왔다.

생물은 유전자를 다음 세대로 이어가는 방식에서 실로 무한에 가까운 다양성을 보여준다. 내가 시작을 하기도 전에, 단세포 박테리아인 대장균Escherichia coli은 이미 모든 과정을 마쳐버린다.

대장균은 보통 우리 장 속에 존재하지만 일부 변종은 독소를 생성해 섭취 시 심각한 질병을 일으킨다. 대장균이 인간의 장처럼 영양이 풍부한 좋은 환경을 만나면, 스스로를 복제할 준비를 한다. 이 과정을 '이분법적 분열binary fission' 또는 '이진 분열'이라고 하는데, 먼저 박테리아는 자신의 DNA를 복제하기 시작한다. 두 개의 완전한 유전체 복사본이 형성되면 각각 세포의 양쪽 끝으로 이동하고 막대 모양의 대장균은 점점 길어지다가 어느 순간 기운데에서부디 세포벽이 안쪽으로 자라기 시작한나. 결국 두 개로 나뉘어 각자 독립적인 개체가 되고, 단 20분 만에 한 개의

17

세포가 두 개로 분열한다. 이에 반해 인간은 40주가 걸린다. 물론 인간을 만드는 것은 대장균을 복제하는 것보다 훨씬 더 복잡한 일이다. 하지만 이론적으로 내가 아이를 출산할 즈음이면, 대장균은 충분한 영양과 서식지가 제공된다는 가정하에, 우주에 존재하는 원자의 수보다 더 많은 후손을 낳을 수도 있다.[6]

그렇다면 과연 누구의 생존 전략이 더 성공적이라고 할 수 있을까?

내 몸 안의 세포는 오늘 이진 분열을 하지 않았다. 대신에 침대 시트 위에 피를 흘린다. 이 피는 지난 3주 동안 자궁이 열심히 준비한 점막의 결과물이다. 성숙한 난자가 난소에서 방출되어 나팔관을 지나 자궁으로 향했다. 난자는 자궁에 자리 잡으려 했지만 정자와 결합해 필요한 염색체 조합을 제공하지 못했거나 수정된 난자와 자궁이 제대로 협력하지 못했을 것이다. 내가 출혈을 겪는 이유는 난자가 자궁내막에 착상되지 못했기 때문이다. 그렇게 되면 자궁은 지난 몇 주간 준비한 점막을 버린다. 난자와 점막이 출혈과 함께 몸 밖으로 방출되며 태아와 태반(진화적으로 비교적 새로운 기관으로 약 1억 4,000만 년 전에 등장해 엄마와 태아 간 영양 교환을 담당하는 조직)은 형성되지 않는다. 그리고 약 8센티미터 길이의 자궁은 다시 한번 새로운 난자를 맞이할 준비를 한다.

샤워를 하는 동안 피가 내 다리를 타고 흐른다. 나는 섬유세닐말미잘처럼 몸 한쪽에서 반쯤 성장한 새끼를 끌어안고 살 필요는 없다. 하지만 때로는 내 배에 작은 혹처럼 생명이 태어나면 좋겠다고 생각했다. 피는 욕실 바닥의 타일 위에 복잡한 무늬를 만들다가 결국 배수구로 사라진다. 수정되지 못한 난자와 그것을 둘러싸 보호막을 형성해야 했던 점막도 함께 하수구를 타고 바다로 흘러간다. 어쩌면 바닷속 어딘가에서 내 난자와 핏속 영양분을 필요로 하는 생명체가 있을지도 모른다. 하지만 내 몸은, 내자궁은 그것을 원하지 않았다.

노르웨이의 작은 섬 뢰스트Røst 근해에 서식하는 세계에서 가장 큰 냉수 산호초 중 하나인 붉은해산호Lophelia pertusa가 번식할 때는 자궁 같은 것이 필요 없다. 그들은 알을 바다에 그대로 방출하기 때문이다. 암컷은 화산이 용암을 뿜어내듯이 알을 짜내는데 만약 그 순간 근처에 있다면 알이 구름처럼 물속으로 퍼져나가는 모습을 볼 수 있을 것이다. 이에 맞춰 수컷은 정자를 방출하고 그것은 바닷물 속에서 알과 섞인다.[7] 그렇다면 어떻게 그들은 동시에 알과 정자를 내보낼 수 있는 걸까? 암컷 산호는 자신이 뿜어낸 알이 수정될지 안 될지 궁금해할까? 알이 몸을 빠져나올 때 산호의 몸도 민감해지거나 부풀어 오를까?

나는 몸의 물기를 닦고 생리대를 찾는다. 지구상이 수많은 생물 중에서 생리를 하는 종은 극히 일부에 불과하다. 자궁은 수정된 난자가 배아, 태아 그리고 결국 아기가 될 수 있도록 보호하는 역할을 한다. 하지만 매달 이렇게 자궁내막을 출혈과 함께 흘려보내는 일은 엄청난 자원 낭비가 아닐까? 이윽고 나는 철분제를 꺼낸다. 몸에서 흘러 나간 피 속의 중요한 성분을 다시 채워야하니까.

내가 피를 흘리는 동안, 큰 몸집과 화려한 빛깔을 가진 시클리드 어종 체노크로미스호레이Ctenochromis horei는 자신이 사는 호수 바닥에 둥지를 틀고 알을 낳을 준비를 한다. 콩고민주공화국과 탄자니아 사이에 자리한 거대한 담수호, 탕가니카호Lake Tanganyika에 사는 이 물고기는 세계에서 두 번째로 깊은 호수 속 바위와 진흙 사이, 약간의 모래가 깔린 곳에 서식한다. 체노크로미스호레이 수컷은 매우 화려한 색을 띤다. 머리에는 노란색과 검은색 무늬가 있고 옆구리 쪽은 은회색 바탕에 붉은 점들이 흩어져 있으며 그 사이사이에 연한 하늘색이 섞여 있기도 하다. 몸길이 15~20센티미터인 수컷보다 약간 작은 암컷은 그렇게 화려하지는 않지만 눈길을 끌기에는 충분해서 아쿠아리움 애호가들이 대형 수조에 이 물고기들을 기르려고 시도하곤 한다.

여기, 호수 속 자연에서 수컷은 자신의 둥지에 만족할 만큼 충분한 모래와 돌을 조심스럽게 옮긴다. 둥지는 모래 바닥에 움푹 파인 형태로 잔잔한 청록색 물속에서 흔들리는 초록색 식물들로 둘러싸여 있다. 둥지는 오래 쓰기 위한 것이 아니라 짝짓기 춤을 위한 것으로, 알들은 그곳에 잠깐 머무를 뿐이며 곧 부화될 장소로 옮겨진다. 수컷은 암컷 앞에서 춤을 추기 시작하고 동시에 몸 색깔은 더욱 선명해진다.[8] 암컷은 수컷과 함께 춤을 추며 한 번에 몇 개씩 알을 둥지에 낳는다. 암컷이 알을 낳을 때, 수컷은 그 위에 정자를 뿌린다. 이후 암컷은 재빨리 알과 정자를 모두 입으로 집어넣는다. 입안에서는 알이 물살로부터 더 잘 보호되고 수정도 더 쉽게 이루어질 수 있기 때문이다. 암컷의 계획은 앞으로 일주일 내내 입속에서 알을 품는 것이다. 체내수정과 체내 부화를 하는 물고기는 거의 없기 때문에 이 종은 입을 자궁처럼 사용하는 방식으로 이를 보완하려 한다. 이들은 입으로 알을 품어 다른 물고기들이 알을 잡아먹지 못하도록 알을 보호한다. 이들이 사는 탕가니카호는 물고기가 매우 밀집해 서식하고 있어서 아주 쉽게 일어날 수 있는 일이다.

그러나 근처에 숨어서 기회를 엿보는 자들이 있다. 그들은 단순히 시클리드의 알을 먹으려 하는 것만이 아니다. 시클리드 한 쌍이 짝짓기 춤을 추는 순간, 불청객이 등장한다. 뻐꾸기메기 Synodontis multipunctatus 한 쌍이 무대를 가로지르며 시클리드의 산란을 방해한다. 그들 또한 이 둥지에 알을 낳으려는 것이다.[9] 흰색과 노란색 몸에 검은 반점을 가진 뻐꾸기메기는 지금 헤엄쳐 가는 시클리드보다 크기가 작다. 긴 수염 같은 더듬이를 가진 이들은 납작한 배를 이용해 호수 바닥에 바짝 붙어 돌과 모래 사이에서 먹이를 찾으며 살아간다.

뻐꾸기메기는 몰래 다가와 시클리드 수컷이 만든 둥지에 알을 낳고 정자를 뿌리는 동시에 시클리드의 알도 몇 개 먹어 치운다. 시클리드 수컷은 뻐꾸기메기를 쫓아내려 애쓰며, 암컷은 급히 모든 알을 입속에 담는다. 이제 '뻐꾸기메기'라는 이름이 붙은 이유를 쉽게 이해할 수 있다. 왜냐하면, 그 와중에 암컷 시클리드는 자신도 모르는 사이에 자신의 알뿐만 아니라 뻐꾸기메기의 알도 입안에 가져오게 되기 때문이다. 며칠 후, 시클리드 암컷의 입속에서는 자신의 알이 아닌, 다른 종의 알이 부화할 것이다. 그 사실을 전혀 알지 못한 채 시클리드 암컷은 입속에 알을 품고 조용히 시간을 보내며 부화할 준비를 한다. 한편, 뻐꾸기메기 한 쌍은 계속해서 자신의 알을 키워줄 시클리드들을 찾아다니며 헤엄쳐 나아간다.

체노크로미스호레이가 입을 부화실과 먹이 섭취라는 역할로 사용하는 것처럼 내 자궁에도 태아를 보호하는 하나의 기능 이상의 역할이 있다. 우선, 자궁은 내 몸을 보호하는 역할을 한다. 자유로운 낙태, 육아휴직, 어린이집 등이 생기기 전, 우리의 몸은 우리가 부양할 능력이 없는 아이를 임신하지 않도록 하는 방어 메커니즘을 만들어냈다. 새는 알이 부화하지 않을 것 같으면 둥지를 떠날 수 있지만 우리는 자궁에 두꺼운 자궁내막이 있다.

이 점막 벽을 만들어냈다가 다시 허무는 것이 태아를 9개월 동안 보호하는 것보다 훨씬 에너지 소모가 적다.

우리가 아침을 먹는 동안에도 자궁내막은 무너지고 있다. 3년 전, 나는 처음으로 출산을 했고, 이 인생을 뒤흔든 사건의 결과로 태어난 아이는 우유를 스스로 따르겠다고 고집하다 테이블 위에 쏟는다. 아이 아빠는 테이블을 닦고 강아지는 바닥에 떨어진 우유를 핥아먹는다. 출산 후에도 생식 활동(아이를 키우고 돌보는 모든 과정)은 몇 년 더 계속된다. 아이를 돌보는 아침은 이제 일상이 되고, 나는 예전보다 좀 더 일찍 잠에서 깬다. 도시가 서서히 깨어날 동안 나는 아이와 놀고, 추운 날에도 두꺼운 옷 입기를 싫어하는 세 살짜리를 달래기 위해 실랑이를 한다. 강아지를 산책시키고 커피를 마시며, 신문을 휘리릭 넘겨본다. 그 후 아침을 먹고, 흘린 것을 닦고, 아이의 짜증을 달래고, 오늘도 정해진 시간에 출근하지 못할까 봐 스트레스를 받으며 지저분한 주방을 뒤로한 채 8시간 후 그 결과를 감수할 준비를 한다. 이 와중에도 자궁 속 근육세포들이 수축하면서 피를 밀어내고 있음을 느낀다.

생리는 사실 그렇게 실용적이지 않다. 우리가 물건을 쥘 수 있도록 해주는 엄지손가락처럼, 생존에 직접적인 이점을 주는 특성도 없다. 사실 인간이 왜 생리를 하는지는 아직 정확히 규명되지 않았다. 이에 대해 몇 가지 가설이 존재하는데, 그중 하나는 생리가 임신 가능성에 대비해 자궁을 준비시키는 과정에서 나타나는 부작용이라는 것이다. 마치 일종의 방어기제처럼 말이다.[10] 왜냐하면, 수정란이 자궁에 착상해 아이로 자라나는 과정에 언제나 행복과 공존만 있는 건 아니기 때문이다. 역사적으로 노동, 기아, 전염병, 이미 태어난 다른 아이들의 존재는 자궁을 가진 이들에게 끊임없는 부담이 되어왔다. 그렇기 때문에 지금 이 시점에서 몸이 새로운 생명을 받아들이고 기를 에너지와 여유가 없을 수도 있다. 배아는 가능한 한 크고 강하게 자라려 하고 받을 수 있는 것은 전부 받으려 하지만 몸은 그 작은 수정란이 원하는 모든 것을 내줄 준비가 되어 있지 않을 수 있다. 이러한 관점에서 제기된 가설이 바로 '모체-태아 갈등 이론mother-fetus conflict'이다. 곧 이 이론이 왜 중요한지 살펴보게 될 것이다.

또 다른 가설은 왜 자궁이 난자가 오기 전에 미리 준비를 하는지에 초점을 맞춘다. 그 가설에 따르면, 자궁은 수정란이 생존 가능한지 점검할 수 있도록 준비를 한다. 난자와 정자의 세포분열이 제대로 이루어졌는지, 두 세포가 정확히 융합되었는지 그리고 지금 한창 세포분열을 하며 새로운 인간을 만들어가고 있는 그 작은 세포 덩어리가 정말로 9개월 뒤 자궁이라는 안전한 벽 너머에서 살아갈 수 있을 만큼 튼튼한지를 확인하는 것이다.

만약 수정란이 자궁내막 깊숙이 파고들 수 있을 정도로 강하다면, 아마도 그 배아는 자궁 밖에서도 생존 가능한 아기로 자라날 힘을 가지고 있을 가능성이 높다. 난자의 초기 단계에는 많은 문제가 생길 수 있다. 임신 중 약 5분의 1은 자연유산으로 끝난다고 알려져 있지만, 실제로는 수정된 난자 중 최대 50퍼센트가[11] 생존 가능한 태아로 발전하지 못한다고 한다. 많은 경우 여성들은 자신이 임신했는지도 모른 채 유산으로 이어지기도 하고, 그저 평범한 생리라고 느낀 출혈이 실제로는 아주 초기의 자연유산일 수 있기 때문이다. 이러한 점에서 보면 자궁내막은 몸이 생존 가능성이 없는 배아에 에너지를 낭비하지 않도록 막아주는 일종의 안전장치일 수 있다. 그렇다면 그런 경우에는 차라리 배아를 목욕물과 함께 흘려버리는 편이 나은 셈이다.

나는 이번 달의 난자가 보살필 가치가 있는지 자궁에게 묻지 않는다. 임신을 할지, 아니면 피를 흘릴지를 결정하기 전에 찬반을 따져볼 수도 없다. 나를 비롯해 몇몇 다른 영장류, 일부 박쥐 그리고 길쭉한 주둥이를 가진 작은 유럽땃쥐Sorex araneus들이 피를 흘리는 존재가 된 것은 진화의 산물일 뿐이다.[12] 그렇다면 왜 모든 포유류가 아닌, 우리만 생리를 할까? 생명의 나무에서 여러 갈래로 진화한 특성은 그 종에게 어떤 진화적 이점을 제공하기 때문일 가능성이 크다. 인간을 비롯해 생리를 하는 소수의 종에서 태어나는 배아는 극도로 침습적이다. 그들은 조심스럽게 문을 두드리지 않고, 몸 안으로 밀고 들어와 우리의 신체에 대한 통제권과 영양분에 대한 무제한적인 접근을 원한다. 다른 종들은 그렇지 않다.

집을 나서며 나는 세 살배기 아이의 손을 잡는다. 난 핸드백을 들고, 아이는 책가방을 메고 어린이집을 향하며 깡충깡충 뛴다. 우리는 빠르게 서식지를 가로질러 간다. 우리의 서식지는 우리 집 문에서부터 어린이집 그리고 마트를 지나 도심에 있는 내 직장까지 이어진다. 반면 섬유세닐말미잘은 바위에 단단히 달라붙어 있다. 이 생물은 움직일 필요가 없기 때문에 자기 몸에 아기를 붙여 키워도 아무 문제가 없다.

단 이틀 만에 뻐꾸기메기의 알이 시클리드의 입속에서 부화한다. 시클리드의 알도 그곳에 함께 있지만 부화하는 데는 좀 더 시간이 걸린다. 그 차이가 시클리드의 알에게는 치명적으로 작용한다. 뻐꾸기메기 새끼들은 기다리는 동안 그 시간을 아주 잘 활용한다. 모든 태아처럼, 이들도 알 속에 먹이를 하나씩 가지고 태어난다. 바로 난황낭이다. 우리에게는 달걀 속 노란 노른자로 가장 잘 알려진, 영양이 풍부한 그 부분이다. 대부분의 물고기들이 부화한 뒤 며칠 동안은 난황낭에 들어 있는 영양분으로 살아가며 스스로 먹이를 먹을 수 있을 만큼 자랄 때까지 버틴다. 뻐꾸기메기 새끼들도 마찬가지다. 문제는 시클리드의 알들이 닷새 뒤에나 부화한다는 점이다. 그때쯤 뻐꾸기메기 새끼들은 이미 더 많은 먹이를 원할 만큼 충분히 성장해 있다. 그리고 곧, 엄마 시클리드가 자기 입속에 안전하게 품고 있다고 믿었던 작은 시클리드 새끼들을 먹기 시작한다. 결국에는 입안에는 뻐꾸기메기 새끼들만 남는다. 시클리드는, 다른 새들이 둥지에 몰래 알을 낳는 뻐꾸기에게 당하듯 완전히 속아 넘어간 것이다.[13]

아프리카의 따뜻한 호수에서 멀리 떨어진 남극의 얼음 깊숙한 곳, 황제펭귄Aptenodytes forsteri들이 마침내 번식지에 도착했다. 이들은 현재 지구에 살고 있는 펭귄 중 가장 크다. 이 펭귄의 키는 네 살짜리 아이와 비슷한 110센티미터 정도지만, 몸무게는 훨씬 더 무거워서 35~40킬로그램에 달한다. 황제펭귄은 남극에서 겨울이 한창일 때 알을 낳는 유일한 펭귄종이다. 아기 펭귄들이 바다로 갈 준비가 될 때까지 얼음이 단단히 얼어 있는 안전한 번식지에 도달하려면, 약 200킬로미터를 이동해야 한다. 다른 새들과 마찬가지로 이들도 일년 내내 서식지를 바꾸지만 이들은 날 수도 달릴 수도 없다. 그들은 짧은 다리로 뒤뚱뒤뚱 긴 줄을 이루며 이동한다.

검은색과 흰색의 깃털에 큰 노란 반점이 있는 새들이 이제 짝을 이루기 시작한다. 그들은 서로를 따라 춤을 추고 서로의 움직임을 모방하고 서로를 알아가며 다시 만날 수 있도록 기억한다. 이들이 서로를 기억하는 것은 매우 중요하다. 그래야만 알을 품는 오랜 기간 동안 암컷이 수컷과 그리고 수컷이 품어야 할 새끼를 다시 찾을 수 있기 때문이다. 암컷은 알을 낳고 혹독한 추위 속에서 알이 잘못되지 않도록 발 위에 알을 올리고, 깃털로 보호해 차가워지지 않도록 해야 한다.

새끼가 자라기 위해 필요한 모든 것을 담은 알을 낳고 나면 암컷은 기진맥진하게 된다. 이제는 수컷이 다음 세대를 위해 일을 할 차례다. 암컷은 알을 땅에 떨어뜨리지 않도록 조심스럽고 부드럽게 발로 수컷에게 옮긴다. 수컷은 알을 자신의 깃털로 덮고, 알을 완벽하게 감싸 다리 사이의 깃털이 없는 피부에 알을 가까이 놓는다. 암컷은 이 모든 과정의 첫 번째 일을 마쳤고 이제 바다로 돌아간다.[14, 15]

수컷 펭귄은 추운 겨울 내내 알을 지켜내기 위해 움직이지 않고 가만히 서 있어야 한다. 일 년 중 가장 추운 겨울에 알을 낳는 것은 미친 짓처럼 보인다. 수컷이 잠깐의 부주의로 알을 발 밑으로 떨어뜨리면 알 안의 생명은 바로 죽어버리기 때문에 잠시도 방심할 수 없다. 이렇게 무서운 추위지만 동시에 이 시기는 그 어떤 맹금류도 없는 때이기도 하다. 그들은 따뜻한 북쪽으로 떠났기 때문이다. 그리고 알이 부화하고 새끼가 얼음 위로 나아갈 준비가 될 때면 봄이 오고 그와 함께 먹이가 온다. 이 모든 과정은

힘들지만 두 달을 버티면 새끼들이 부화하므로 수컷은 그저 견 뎌낼 뿐이다.[16]

나는 벌써 어린이집 모래 놀이터에 앉아 놀고 있는 세 살 난 아이에게 손을 흔들며 인사를 하고 집으로 달려가 자전거를 타고 언덕을 내려가며 거리들을 지나 사무실 앞에 자전거를 세운다. 여름 휴가가 막 끝났고, 아침은 아직 쌀쌀하지 않다. 셔츠 위에 자켓을 입을 필요도 없다. 나는 엘리베이터를 기다리면서 남편에게 메시지를 보내 오늘도 아이를 잘 데려다주고 회사에 도착했다고 그를 안심시킨다. 오후에는 남편이 아이를 데리러 간다. 우리는 이렇게 번갈아가며 아이를 돌보고 서로에게 소식을 전하고, 늘 아이를 생각하며 저녁이 되면 가족이라는 울타리 안으로 다시 돌아간다. 펭귄도 우리처럼 알에 대해 걱정할까? 알을 지키고 싶어 할까? 펭귄 암컷을 그렇게 오랫동안 떠나 있다가도 또다시 돌아오게 만드는 것은 무엇일까?

2주

생리혈이 잦아들고 자궁은 점액과 피를 모두 비워내는 작업을 마쳤다. 겉으로는 평범해 보이지만, 내부에서는 자궁, 난소 그리고 뇌의 작은 부분인 뇌하수체가 호르몬을 몸속으로 방출하기 시작한다. 호르몬은 마치 무대 위의 폭죽처럼 혈관을 통해 퍼져나간다. 몸은 새로운 생명을 위해 할 수 있는 모든 일을 하고 있다. 곧 난자가 정자를 향해, 자궁을 향해, 생명으로 향하는 여행을 시작할 것이다.

나는 저녁을 준비하고, 우리는 최근 뉴스에 나온 사건에 대해, 예전처럼 어른의 대화를 나눠보려 하지만 세 살짜리 아이가 끝없이 질문을 던지고 책을 읽어달라고 고집부려서 대화는 이내 흐지부지된다. 마침내 식탁에 앉았지만 아이는 밥 먹는 것보다 공룡에 대해 이야기하고 싶어 한다. 벨로키랍토르가 날카로운 발톱을 가졌다거나 어린이집에서 트리케라톱스 장난감을 두고 싸웠다는 이야기다. 우리는 어른의 대화를 할 수 없는 대신, 우리가 가장 좋아하는 공룡에 대해 이야기해야 하고 아이가 좋아하는 공룡들을 하나하나 나열하는 것을 들어야 한다.

한편, 북미 어딘가에서는 버지니아주머니쥐Didelphis virginiana가 이미 임신을 마쳤다. 얼굴이 희고 몸집이 고양이만 한 주머니쥐는 길고 매끈한 꼬리를 가지고 있으며 미국의 여러 지역에서 볼 수 있다. 이 주머니쥐는 나무와 지붕을 능숙하게 오르내리며 먹이를 찾아 쓰레기통을 뒤엎으며 살아간다. 반쯤 자란 새끼들을 등에 업고 옮기는 모습은 제법 귀엽지만, 입을 벌려 날카로운 이빨을 드러내면서 쉿쉿 소리를 낼 때면 위협적으로 변한다.

불과 12일 전, 암컷 버지니아주머니쥐는 혀로 딸깍거리는 소리를 내며 유혹하는 수컷 버지니아주머니쥐에게 넘어갔다. 교미 과정에서 수컷은 두 갈래로 나뉜 음경을 암컷의 (생식과 배뇨에 모두 사용되는) 총배설강에 삽입하고 두 갈래는 각각 암컷의 두 개의 질에 도달한다. 암컷의 자궁은 각각 독립된 난관을 가지고 있어, 정자는 각각의 자궁으로 헤엄쳐 올라간다. 짝짓기가 끝난 뒤 두 주머니쥐는 각자 길을 갔고 암컷은 혼자서 삶을 이어간다. 이제 더 이상 새로운 생명의 탄생에 있어 수컷의 역할은 없다. 이후 모든 일은 암컷 혼자 감당해야 한다. 암컷은 출산할 때가 되면 배쪽 털을 핥아 육아낭 입구에서 젖꼭지까지 이어지는 길을 만든다. 새끼들은 태어나자마자 그 침으로 만든 길을 따라 젖꼭지가 있는 주머니까지 기어간다.

쌀알보다 작고 털이 없어 거의 투명해 보이기까지 하는 주머니쥐 새끼들은 이제 인생에서 가장 중요한 여정을 시작해야 한다. 이들은 일시적으로 형성된 산도를 통해 재빨리 세상에 모습을 드러낸다. 이 통로는 두 개의 질 사이에 있는 세 번째 산도로 좁지 않아 어깨가 끼일 위험은 없다. 쌀알만큼 작은 새끼들은 엄마의 도움을 받지 않고 육아낭 입구의 둥근 구멍까지 스스로 기어간다. 이동하는 동안, 그들은 앞다리를 이용해 털 사이를 헤엄치듯 나아가는데 그 앞다리에는 오직 이 여정을 위해 발달한 임시 발톱이 있다. 육아낭에 도착하면 임시 발톱은 떨어져 나가고 이후 영구적인 발톱이 자라기 시작한다. 모든 과정은 빠르게 진행되어 대부분의 주머니쥐 새끼들은 2~4분 안에 도달하지만 얼마나 먼저 도달하느냐 하는 것이 관건이다. 주머니 안에는 13개의 젖꼭지가 있으며 태어난 새끼들은 각자 하나씩 차지하게 된다. 주머니쥐는 평균적으로 한 번에 16마리의 새끼를 낳는데 육아낭에 늦게 도착해 젖꼭지를 차지하지 못한 새끼는 결국 죽게 된다.[17] 자연에는 신생아 중환자실 같은 곳이 없기에 모두가 살아남는 것은 아니다.

호주에는 아주 작은 불가사리인 크립타스테리나히스테라Cryp-tasterina hystera가 있다. 이 종은 알을 품지도 않고 주머니 안에서 태아를 품지도 않는다. 암컷이며 수컷이기도 한 이 불가사리는 자웅동체인데, 대부분의 다른 불가사리처럼 난자와 정자를 바닷물에 방출하여 생식 활동을 하지 않는다. 대신 생식공gonopore을 통해 정자를 안으로 들여보내고 그 안에서 난자를 수정시킨다. 정자와 난자 생산자이기도 한 '난정소ovotestis(난소와 고환이 결합된 기관)' 안에서 알이 자라고 분열하여 유충이 되고 그곳에서 유영하다가 약 2주 후에 작은 불가사리로 태어난다.[18, 19] 크립타스테리나히스테라는 진화적인 측면에서 볼 때 매우 최근에 생긴 종으로 약 6,000년 전쯤 등장한 것으로 보인다.[20] 따라서 이 종은 태아를 몸속에서 기르는 방식이 진화 과정에서 여러 번 발생했으며 앞으로도 다시 나타날 것임을 보여주는 사례다.

마침내 아이가 브로콜리 줄기와 파스타 몇 가닥을 입에 넣었다. 그러면서도 계속 공룡에 대해 중얼거린다. 아이의 목소리는 우리가 대화를 나눌 때마다 배경에 깔리는 사운드트랙 같다. 때로는 희미하게 들리지만 대개는 너무 크고 집요해서 다른 말을 들을 수 없을 정도다.

아이는 유치원에 있는 트리케라톱스 장난감이 엄마라고 말한다. 제일 크기 때문이란다. 사자 피규어도, 양도, 벨로키랍토르도 모두 트리케라톱스의 아기들이라고 한다. 작기 때문이다. 아이는 의자를 밀고 일어나 거실로 달려가더니 우리에게 오라고 소리친다. 주의를 끌고 보살핌을 요구하며 우리가 선택한 이 작은 번식 단위인 가족 속에서 주인공 역할을 한다. 아이는 기찻길을 만들자고 다시 외친다.

버지니아주머니쥐 암컷은 수컷의 딸깍이는 소리를 듣고 입가에 미소를 지었을까? 수컷을 보고 나비가 뱃속에서 날아다니는 듯한 설렘을 느꼈을까? 교미를 하고 싶었던 걸까, 아니면 그저 본능적으로 꼬리를 옆으로 젖혀 교미가 가능하게 만든 것뿐이었을까?

인간은 성관계가 즐거울 수 있다는 걸 안다. 많은 동물들과 달리, 우리는 임신이 가능할 때뿐만 아니라 불가능할 때도 성관계를 가진다. 하지만 이는 인간만의 특징은 아니다. 침팬지속에 속하는 유인원인 보노보Pan paniscus는 갈등을 해결하고 무리 내 사회적 유대를 강화하기 위해 성관계를 한다.[21] 성관계가 좋지 않았다면 하지 않았을 것이다. 참돌고래Delphinidae 암컷은 가임기가 아니더라도 서로의 음핵을 쓰다듬는 등의 성행위를 한다.[22]

유전자는 번식을 원하고 성적 욕구는 그것을 실현한다. 그리고 우리가 알고 있는 것보다 훨씬 더 많은 생명체에게 성은 단지 번식을 위한 행위만은 아니다. 버지니아주머니쥐도 자발적으로 교미에 임했다. 암컷 주머니쥐는 발정기였고, 수컷 주머니쥐를 받아들였다. 원하지 않았다면 수컷이 내는 소리를 따라가지 않고 다른 곳으로 도망쳐 달아났을 것이다.

오늘은 내가 아이를 재울 차례가 아니어서 강아지와 산책을 다녀온 후 소파에 눕는다. 그 사이 아이와 남편은 잠옷, 양치질 그리고 잠자리에서 몇 권의 책을 읽을지를 두고 티격태격한다. 우리는 서로를 선택했고 함께 보금자리를 만들었으며 이 아파트는 우리에게 세상의 기반이 된다. 이제 우리는 가족을 하나 더 늘리고 싶다. 깨어 있는 밤이 더 많아져도 좋고 누가 누구의 이를 닦아줄지를 두고 다투는 일이 더 많아져도 좋다. 콧물 묻은, 하지만 사랑이 가득 담긴 아이의 입맞춤도 더 많이 받고 싶다.

빈대Cimex lectularius 암컷은 선택할 수도 도망칠 수도 없다. 인간의 보금자리, 즉 집에 사는 이 적갈색의 5~6밀리미터 길이의 곤충은 인간의 피를 빨아먹고 산다. 이들은 우리가 잠든 사이 우리를 찔러 피를 빨아먹고 다시 벽이나 침대, 소파 틈 사이로 숨는다.[23] 하지만 이들이 찌르는 대상은 인간만이 아니다. 수컷 빈대는 정자를 퍼뜨리기 위해 암컷을 찌른다. 수컷 빈대는 다른 곤충들처럼 구애하거나 유쾌한 방식이 아닌, 떡떡한 바늘 모양의 기관을 이용해 정자를 전달한다. 예를 들어, 꽃등에Syrphidae 수컷은 암컷 머리 위를 맴돌며 구애를 하고[24] 일부 톡토기Collembola 수컷은 암컷을 향해 춤을 추고 암컷 머리를 부딪히며 다가간다. 그러다 암컷이 받아들이거나, 아니면 정말 매력을 느껴 그를 원하게 되면 수컷은 정자를 조심스레 암컷 옆 잎사귀 위에 남긴다. 암컷이 그것을 주워가도록 말이다.[25]

그러나 수컷 빈대는 춤을 추거나 관계를 쌓거나, 정자를 조심스레 놓고 암컷이 그것을 집어 들기를 기다리지 않는다. 수컷과 암컷 모두 번식을 원하고 그 방식에 대해 각자 통제권을 갖고자 한다. 수컷은 다른 수컷들과 치열하게 경쟁하며 자신의 정자가 난자와 수정되어 경쟁에서 이기길 바란다. 반면 암컷은 어떤 빈대의 정자가 자신의 소중한 난자와 수정할지를 스스로 선택하길 원한다. 그래서 암컷은 원치 않는 수컷의 접근을 막기 위해 생식기에 날카로운 돌기를 진화시켰다. 언제, 누구와 수정할지를 결정할 수 있게 하기 위해서다. 하지만 진화는 수컷 빈대에게도 이 돌기를 피할 수 있는 속임수를 허락했다. 수컷은 단단한 바늘 모양의 성기를 이용해 암컷의 몸을 직접 뚫는다. 그렇게 해서 암컷의 생식기 안으로 정자를 삽입하는 절차를 건너뛰는 것이다. 만약 생식기로 정자를 삽입하다가 암컷이 중간에 마음을 바꾸기라도 하면 돌기 때문에 수컷은 큰 상처를 입을 수 있기 때문이다. 따라서 수컷은 암컷의 의사와 상관없이 자신의 정자를 퍼뜨리는 방식으로 진화했다. 정자는 그 후 스스로 난자에 도달하는 길을 찾아 나선다. 그것이 어떤 기관을 통해 주입되었는지는 중요하지 않다.

그러나 자연선택은 언제나 상호작용 속에서 일어나며, 진화에는 반드시 공진화가 따른다. 따라서 암컷도 방어 수단을 진화시켰는데 수컷이 보통 찌르는 암컷 복부의 껍질은 더 두꺼워졌고, 그 껍질 안쪽에는 면역 세포로 가득 찬 주머니가 있어 과학자들이 '외상성 수정Traumatic Insemination'이라 부르는 수컷의 행위 뒤에도 빠르게 몸을 치유할 수 있다.[26]

세 살 아이가 마침내 잠들고 나면 우리는 함께 영화를 본다. 소파에 꼭 붙어 앉아 나는 그의 손을 잡고 팔을 살며시 쓸어내린다. 영화가 끝난 뒤 일어나길 바라는 일을 천천히, 조심스레 그에게 암시한다.

지난주 생리를 하던 그 순간부터, 내 몸은 이미 새로운 난자를 준비하기 시작했다. 내 머릿속에 있는 작은 뇌하수체는 다시 한번 새로운 기회를 위해 몸을 준비시킨다. 뇌하수체는 이름 그대로의 역할을 하는 호르몬, 난포자극호르몬FSH, Follicle Stimulating Hormone을 분비한다. 내가 아직 태아였을 때부터 난소 안에 있던 난자들은 에스트로겐을 생성할 수 있는 세포층에 둘러싸여 있다. 이 난자와 그 세포층을 합쳐 '난포follicle'라고 부른다. 뇌하수체에서 난포자극호르몬이 분비되면 난포들이 자라기 시작하고 자랄수록 더 많은 에스트로겐을 만들어낸다.[27] 에스트로겐은 자궁 내막을 두껍게 만들어 다시 한번 임신을 준비하는 상태로 몸을 이끈다. 이렇게 호르몬은 뇌에서 난소로 난소에서 자궁으로 쉼 없이 흐르며 성숙한 난자를 준비한다. 과연 이 난자는 정자를 만나 수정이 되어, 새로운 생명의 시작이 될 수 있을까?

난소에서 난자가 튕겨져 나가고, 난소를 떠난 난자는 자유롭게 나팔관을 따라 자궁 쪽으로 이동한다. 이 난자가 정자와 만날 수 있는 시간은 약 하루뿐이다.[28] 난소를 떠난 난자에게는 지금이 절호의 기회다. 그리고 이번에는 모든 상황이 난자에게 긍정적인 신호를 보내고 있다. 내 남편은 내 곁에 있다. 우리는 소파에서 침대로 자리를 옮겼고, 콘돔은 침대 옆 서랍에 그대로 남아 있다. 정자들은 죽기 살기로 헤엄치며 난자를 향해 돌진하고 난자는 그중 하나를 골라 들여보낸다.

깊은 바다, 수심 500미터 아래에서 한 암컷 물고기가 산다. 이물고기는 한 번 짝을 이루고 나면 더 이상 관계를 공들여 유지할 필요가 없다. 열대 및 아열대의 깊은 바다에는 마치 털 없는 페르시안 고양이 같기도 하고 낚싯대를 단 불도저 같기도 한 존재가 헤엄치고 있다. 바로 심해 아귀류 트리플워트시데블Triplewart seadevil이다. 넓은 입을 가진 아귀과의 친척으로 머리 위에는 길쭉한 돌기가 나 있다. 그 돌기의 끝 즉, 변형된 등지느러미뼈 끝에는 생체 발광 박테리아가 살고 있어 햇빛이 닿지 않는 어두운

심해에 사는 아귀류 물고기인 트리플워트시데블의 성체는 놀랍게도 암컷과
수컷이 한몸을 이루고 있다. 번식기에 암컷의 유인으로 암컷의 몸에 달라붙은
수컷은 이후 떨어지지 않고 그 몸에 기생하며 그저 하나의 생식기관으로 퇴화
한다

심해에서 빛을 낸다. 그 빛은 길을 찾기 위한 것이 아니라 먹잇감을 유인하기 위한 것이다. 먹이가 빛에 끌려 가까이 다가오면 암컷은 재빨리 그것을 삼켜버린다. 이 물고기의 입은 닫혀 있을 때 거의 수직을 이루고 앞부분은 평평해 마치 절벽에 정면충돌한 것처럼 생겼다. 몸길이는 20~30센티미터 정도이며 몸 옆, 약간 뒤쪽 꼬리 근처에는 길이가 약 2센티미터에 달하는 돌기가 있다.

지느러미처럼 보이는 돌기는 사실 수컷 트리플워트시데블이다. 이 수컷은 암컷의 몸에 붙으면 다시는 떨어지지 않는다. 수년 전 암컷 트리플워트시데블이 성적으로 성숙해졌을 때 수컷은 큰 눈으로 암컷을 찾아냈다. 그때 이 암컷은 머리에 달린 낚싯대 모양의 발광체뿐 아니라 몸통 아래쪽에도 있는 생체 발광 박테리아 돌기로 수컷을 유인했다. 수컷은 암컷의 몸을 물어 달라붙었고 이후로는 점차 눈이 퇴화되었으며 피부는 암컷의 피부와 융합되었다. 수컷은 이제 스스로 먹이를 사냥하지 못하고 암컷에게서 영양분을 공급받으며 살아가며, 기관 중 유일하게 잘 발달된 것은 정소(고환)뿐이다. 수컷은 이제 암컷의 몸에 달린 하나의 부속물, 즉 느슨하게 달린 생식기관이 되어버렸다.[29] 트리플워트시데블 수컷은 기생체라고도 할 수 있는데, 마치 임신이 되면 내 몸속에서 자라날 수정란을 떠올리게 한다. 다만 트리플워트시데블 수컷은 자유로운 존재였다가 암컷의 몸에 달라붙었고, 내 난자는 자궁에 착상한 뒤 아홉 달이 지나면 자유로워질 것이다.

세계에서 현존하는 가장 큰 도마뱀인 코모도왕도마뱀Varanus komodoensis이 유명한 이유는 염소 한 마리를 통째로 삼킬 만큼 거대해서가 아니다. 그들은 홀로 새끼를 낳는 능력으로 우리를 놀라게 했다. 길이 2.5미터에 달하는 이 동물은 갈라진 긴 혀를 가지고 있으며 인도네시아의 몇몇 섬에만 서식한다. 몸무게는 100킬로그램까지 나갈 수 있고 염소 외에도 돼지, 사슴, 심지어는 사람까지 먹는다. 사람들은 이 도마뱀이 해변 모래 위에 누워 햇볕으로 몸을 데우며 조는 평온한 모습을 기대하지만 방심해서는 안 된다. 가까이 다가가는 사람들을 향해 갑자기 폭발적인 속도로 돌진해 야성적인 공격성을 드러낼 수도 있다.

코모도왕도마뱀 암컷은 짝을 만나면 교미하고 알을 낳지만 근처에 수컷이 없을 때도 있다. 이럴 경우에 암컷은 유정란을 낳아, 수컷의 수정 없이도 새끼 코모도왕도마뱀을 부화시킬 수 있다. 정자가 없어도 혼자의 힘으로 새끼를 만들어내는 이 과정을 단위생식partenogenese이라고 한다. 암컷 코모도왕도마뱀은 자손을 얻는 데 정자가 필요하지 않으며, 단위생식partenogenese 과정을 통해 전적으로 혼자의 힘으로 새끼를 만들어낸다.

난자와 정자가 결합할 때는 각각 절반의 염색체(우리의 유전자가 담긴 구조물)를 제공한다. 대부분의 종에서는 수정되지 않은 난자기 생존 가능한 성체로 자랄 수 없는데, 생물이 제대로 기능하려면 올바른 수의 염색체가 필요하기 때문이다.[30] 코모도왕도마뱀은 교미 없이 생존 가능한 알을 낳기 위해 염색체를 복제하여 자신의 알에 전달한다. 이는 난자 자체가 염색체 수를 두 배로 늘리거나 두 개의 난자가 서로 결합함으로써 이루어진다.[31] 그 결과 엄마로부터 모든 유전자를 물려받은 생존 가능한 알이 탄생한다. 하지만 그렇다고 해서 완벽한 복제(클론) 개체는 아니다. 유전물질은 어느 정도 재조합되어 있고 단위생식의 결과로 코모도왕도마뱀이 낳는 모든 알은 수컷이다.[32]

섬에 사는 종에게 혼자서도 번식할 수 있는 능력은 여러 면에서 생존에 유리하다. 예를 들어, 암컷이 폭풍에 휩쓸려 새로운 섬에 도달했을 경우, 알을 낳아 자신의 자손들로 이루어진 새로운 무리를 만들 수 있다. 또한 먹이가 부족한 시기에 수컷들이 모두 죽게 될 경우(수컷은 암컷보다 체구가 크고 에너지를 더 많이 필요로 하기 때문에 이런 일이 일어날 수 있다) 암컷은 스스로 새로운 수컷을 만들어 다시 교미할 수 있는 개체를 얻을 수 있다.[33]

인도네시아의 한 섬, 사슴들이 풀을 뜯고 야자수로 둘러싸인 그림 같은 모래 해변 사이에 한 마리의 코모도왕도마뱀이 2주 전에 낳은 알을 지키고 있다. 알들은 미리 파놓은 굴 바닥에 자리했는데 깊이가 무려 최대 2미터에 달한다. 암컷 코모도왕도마뱀은 약 20개의 알을 낳았고 앞으로 14~15주 동안 둥지 근처에 머물며 지키다, 알이 부화하기 전에 그곳을 떠날 것이다.[34]

알은 부화 전까지 둥지 안에서 7개월 이상을 보내야 한다. 알 안의 작은 배아가 자라고 세포는 분열해 발톱이 달린 발과 갈라진 혀를 형성한다. 하지만 부화 기간의 중간쯤에 암컷은 알 곁을 더 이상 지키지 않고 떠난다. 어쩌면 모성 본능이 점차 사그라드는 것일 수도 있고, 알을 지키는 동안 너무 쇠약해져 먹이를 찾기 위해 알을 떠날 수밖에 없게 되는 것일 수도 있다. 아니면 우기가 시작되면서 먹이가 충분히 생겨 더 이상 알을 노리는 위협이 사라졌기 때문일 수도 있다.

나는 부엌에서 남편이 설거지하는 소리를 들으며 잠자리에 든다. 밝은 8월의 밤이 짙은 암막 커튼 사이로 스며들려 애쓰고 있다. 내일 아침 일찍 일어나야 하기에 일단 눕는다. 이렇게 일찍 잠자리에 드는 건 예전에는 상상도 하지 못한 일이다. 내일 아침 일찍 나를 깨울, 아직 자신이 곧 언니가 될 거라는 것을 모르며, 우리 가족이 더 늘어날 거라는 사실을 모르는 아이에게 나는 보살핌과 음식, 따뜻한 품을 내어줄 것이다.

호주에는 호주숲칠면조Alectura lathami라는 칠면조를 닮은 검은 새가 있는데 머리는 털이 없고 선명한 붉은색이다. 이 새도 올 한 해의 산란을 마쳤다. 하지만 호주숲칠면조 암컷은 알을 돌보지 않는다. 이 큰 새들은 호주에서 '브러시 터키brush turkey'라고 불리지만 사실상 칠면조와는 별 상관이 없다. 꼬리는 칠면조만큼 크지만 옆으로 납작하게 눌려 부채 모양이고, 잘 날지 못해 날개는 밤에 나무로 올라가거나 포식자에게서 도망칠 때에만 사용한다.

지난 몇 주 동안, 호주숲칠면조 암컷은 자신이 선택한 수컷의 둥지 근처에 머물러 있었다. 둥지는 외부인이 보기에는 그저 엄청나게 큰 나뭇잎 더미처럼 보일 뿐이다. 두 새는 교미를 했고 암컷은 여러 개의 알을 낳았다. 수컷의 머리는 최근 들어 더욱 붉어졌고 마치 잘못 붙은 볏처럼 생긴 목에 있는 선명한 노란색의 육수肉垂(칠면조·닭 같은 조류의 목 부분에 늘어져 있는 피부)는 더욱 커졌다. 이것 역시 번식기에 암컷들의 관심을 끌기 위한 것이겠지만 수컷이 진짜 자랑해야 할 것은 바로 둥지다. 수컷은 떨어진 나뭇잎, 흙 그리고 땅에 떨어진 다양한 재료들을 모아 정성스럽게 큰 더미를 만든다. 마치 퇴비가 쌓인 것처럼 나뭇잎이 썩기 시작하면 내부 온도가 올라가는데 수컷은 그 온도가 약 33도 정도로 일정하게 유지되도록 관리한다. 수컷은 나뭇잎 더미를 뒤적이며 새 나뭇잎을 섞어 넣으며 암컷들이 알을 낳을 때 생기는 구멍을 다시 메운다.

호주숲칠면조 암컷은 한 수컷의 둥지에 충분히 많은 알을 낳았다고 생각하면 둥지를 떠나 또 다른 수컷을 찾아가 그의 둥지에도 알을 낳는다.[35] 알을 분산시켜 위험을 줄이는 전략이다. 알을 한 바구니에 담지 않는 것이다. 수컷은 알을 돌보며 적절한 온도를 유지하는 일을 도맡아 한다. 이 일을 약 7주 동안 지속하지만 알이 부화하고 나면 새끼들은 혼자 살아가야 한다. 물론 어떻게 살아야 하는지, 둥지는 어떻게 지어야 하는지, 알은 어디에 낳아야 하는지에 대한 가르침은 없다.[36]

3주

나는 임신 중이다. 하지만 지금은 너무 이른 시기라 아직 그 사실을 모른다.

알을 낳기만 하고 바로 떠나는 종이 아니라면 보통은 암컷이 알을 품거나 몸속에서 배아를 키운다. 하지만 해마의 경우는 이 역할이 완전히 뒤바뀐다. 해마는 수컷이 배에 육아낭을 가지고 있으며, 그들의 가장 효과적인 구애 방법은 그 주머니에 물을 불어넣어 부풀리는 것이다. 그러면 잠재적인 엄마 해마들에게 자라나는 해마 배아를 담을 충분한 공간이 있음을 과시할 수 있다.

'S'자 모양의 몸체를 가진 해마는 똑바로 서서 수영하며 아주 작고 투명한 지느러미, 길고 단단한 주둥이 그리고 돌돌 말린 꼬리를 가지고 있다. 겉으로 보기에는 물고기처럼 보이지 않지만, 사실 이들은 실고기과Syngnathidae에 속하는 어류로 긴 입으로 작은 갑각류를 빨아들여 먹고 산다. 해마는 주로 열대지방에 분포하며 유럽 해역에는 50종 중 2종이 서식한다. 흔하게 발견되는 종인 뉴홀랜드해마Hippocampus whitei는 남서 태평양에 사는데, 이 해마는 길이가 최대 13cm에 달하며 색상은 연한 갈색에서 검은색까지 다양하지만 일부 개체는 완전히 노란색을 띠기도 한다.

수컷은 비교적 얕은 물에서 다니며 꼬리를 해초, 산호, 기타 감을 수 있는 물체에 감고 암컷에게 구애를 한다. 수컷은 대략 1평방미터 정도의 영역을 지키는 반면, 암컷은 더 먼 곳까지 이동한다. 암컷은 마음에 드는 수컷을 찾을 때까지 헤엄치며 그를 발견하면 구애를 시작한다. 수컷이 이를 받아들이면 며칠 동안 함께 시간을 보낸다. 이들은 꼬리를 맞잡고 함께 헤엄치거나, 같은 해초에 달라붙거나, 빙글빙글 돌면서 색을 변화시키는 등의 교감 행동을 한다.[37]

암컷의 알이 성숙해지면 두 해마는 입을 서로 맞대고 마주 서고, 암컷이 난자를 방출한다. 한때 사람들은 암컷 해마의 난자가 수컷의 육아낭 안으로 바로 들어가고 수컷은 그 안에서 정자를 방출할 것이라고 유추했다. 마치 우리의 난자가 나팔관이나 자궁 밖으로 나오지 않고 체내에서 수정되는 것과 비슷하다고 생각한 것이다. 하지만 수컷 해마의 몸 안에서 바로 육아낭으로 정자를 전달하는 통로는 없다. 진화를 통해 수컷이 임신을 할 수 있게 되었지만 정자는 여전히 체외에서 난자와 만난 후 안전한 육아낭 안으로 들어가야 한다. 아마도 구애의 춤을 추면서 암컷이 난자를 내놓는 동시에 수컷도 정자를 방출하는 것으로 보인다. 정자는 난자와 섞이고 우리가 아직 정확히 알지 못하는 어떤 방식으로 난자와 정자가 수컷 주머니 안으로 들어가 그곳에서 작은 해마 새끼들로 자라며 외부 위험으로부터 보호받는다.[38]

수컷 해마는 3주 동안 알을 품는데, 배가 불러오면 움직임이 점점 둔해진다. 새끼를 품는 일은 무척이나 힘든 일이다. 해마의 육아낭은 단순히 주변 환경으로부터 알을 보호하는 보호막 역할만 하는 것은 아니다. 태반과 유사한 연결 부위를 통해 혈액이 주머니 조직을 지나며 흐르고, 그 혈액은 자라는 알에 영양분을 공급한다. 해마 아빠는 염분과 산소 농도를 새끼들에게 딱 맞게 조절해준다.[39] 암컷은 매일 수컷의 영역에 찾아와 그의 꼬리에 자신의 꼬리를 감고 함께 헤엄치며 잠시 해초 주변을 춤추듯 돌면서 교감을 나눈다.

마침내 3주가 지나면 수컷 해마는 새끼를 낳기 위해 꼬리를 해초 줄기에 감아 몸을 고정한다. 이때 근육수축으로 온몸이 떨리는데 마치 인간의 진통과 비슷하다. 그리고 아주 작은 해마 새끼들이 육아낭에서 쏟아져 나온다. 뉴홀랜드해마는 한 번에 최대 200마리의 새끼를 낳는다. 이제 아빠의 역할은 끝났다. 새끼들은 주머니 밖으로 나와 이제는 드넓은 바다에서 각자 자신의 길을 헤쳐 나가야 한다.

수컷 해마가 새끼를 쏟아내는 바로 그 순간, 내 안의 수정란은 자궁내막에 착상된다. 우리는 수백만 년 전 바다에서 올라왔고, 포유류가 알을 몸 안에 품는 방식으로 진화한 지는 오래되었다. 나는 진화적으로 그렇게 설계되어 있기 때문에 해마처럼 난자를 수컷에게 넘길 수 없다. 이제는 '배아'라고 불리게 될 수정란에서 세포분열이 빠르게 일어난다.

성장하는 세포 덩어리의 가장 바깥층 세포들은 자궁내막 안으로 침투함과 동시에 분열하면서 태반을 형성하기 시작한다. 태반은 나와 배아를 연결해주는 기관으로 내 몸에서 배아로 영양분을 강제로 이동시켜주는 역할을 한다. 이 바깥층 세포들은 내 혈관 깊숙이 침투하여 감싼다. 동시에 태반은 '인간융모성성선자극호르몬hCG, Human Chorionic Gonadotropin'을 생산하기 시작한다. 이 부분이 조금 복잡하지만, 인간융모성성선자극호르몬의 전반적인 목적은 내 몸에 임신 사실을 알려주는 것이다. 만약 몸이 배아가 자궁내막에 착상되었음을 인지하지 못하면 평소처럼 생리주기가 계속 진행되어 자궁내막이 허물어질 수 있기 때문이다. 그럼 일주일 뒤면 다시 생리혈을 맞이해야 할 것이다.

성숙한 난자가 난소에서 방출된 자리에는 여전히 몇몇 난포

세포들이 남아 있다. 이때 황체라는 구조가 형성되는데, 이 작은 기관은 프로게스테론progesteron과 에스트로겐estrogen이라는 호르몬을 생성한다. 초기 태반 구조에서 사람융모성성선자극호르몬을 분비하면 황체는 계속해서 프로게스테론을 생산하고, 이로 인해 자궁내막이 허물어지지 않게 된다. 하지만 수정된 난자가 자궁내막에 도달하지 못해 태반을 형성하지 못하고 따라서 사람융모성성선자극호르몬을 생산하지 못하면 황체는 프로게스테론 분비를 멈춘다.[40] 그러면 생리 주기가 정상적으로 진행된다.

이번에는 내 몸이 평소의 생리 주기 리듬을 따르지 않는다. 임신이 되면서 신체가 평소의 생리 주기 리듬에서 벗어나게 된 것이다. 이제 배아가 주도권을 잡는다. 사람융모성성선자극호르몬의 농도는 날이 갈수록 증가한다. 머지않아 바로 이 호르몬이 내 자궁 속에 무엇이 자리 잡고 있는지를 밝혀줄 것이다.

내가 갓 태어난 아기를 가슴에 안고 있는 평화로운, 성모 마리아처럼 보이는 사진을 가족과 친구들에게 보내려면 아직 37주가 남았다. 그러나 지금 이 순간, 나와 배아 사이의 관계는 평화롭지 않다. 나는 작은 배아를 위해 무엇이든 희생하는 헌신적인 어머니가 아니고 배아 역시 작고 연약한 존재만은 아니다. 지금 우리 사이에는 일종의 전쟁이 벌어지고 있으며 사람융모성성선자극호르몬은 그 전쟁의 일부다.

흔히들 수정란이 자궁벽에 '착상된다'고 말한다. 물론 그것이 내 몸이 만들어낸 자궁내막에 '착' 달라붙는다는 점에서 그렇게 표현하는 것도 전적으로 틀린 말은 아니다. 하지만 배아 세포가 자궁 조직을 파고들고 내 혈관계를 장악하며 영양분을 얻기 위해 하나의 독립된 기관을 구축하는 과정을 단순히 '착상'이라고 표현하는 것은 지극히 순화된 묘사라고 할 수 있다.[41]

난자가 수정되기 전, 자궁이 내막을 구축하던 시점에 자궁의 안쪽 벽으로 혈액을 공급하는 혈관에서는 변화가 일어난다. 특히 자궁강에 가까운 바깥쪽 혈관들은 나선형 동맥spiral arteries이라고 불리는데, 배란기에 이 혈관들이 길게 늘어나 나선형 또는 코르크 마개 모양으로 꼬이기 때문이다. 나선형 동맥은 내막을 구성하는 조직에 혈액을 공급하고, 이후 내막이 떨어져 혈류와 함께 배출될 수 있도록 하는 동시에, 혈류를 멈춰 과다 출혈이 일어나지 않도록 한다. 나선형 구조와 이 동맥의 두꺼운 혈관 벽에 있는 평활근 세포 덕분에 혈류를 빠르게 차단할 수 있는 것이다.

그러나 배아가 자궁내막에 착상되고 조직 속으로 파고들기 시작하면 상황이 달라진다. 배아의 세포들이 나선형 동맥을 향해 확산되면서, 나선형 동맥의 두꺼운 혈관 벽은 분해되고 더 직선적이고 얇은 벽으로 재형성된다. 이제 내 몸은 더 이상 이 혈관들을 수축시켜 혈류량을 조절할 수 없게 된다.[42] 배아가 혈류에 대한 통제권을 쥐게 되는 것이다. 이 과정은 극심한 충돌을 불러온다. 배아는 자신이 필요로 하는 영양소를 확보하고자 최대한 많은 통제권을 확보하려 하는 반면, 내 몸은 오직 생존 가능한 배아에 한해 영양을 제공하려 한다. 배아에게 내 생명을 위협할 정도로 지나치게 많은 자원을 주지 않도록 하려는 것이다.

내 작은 배아는 혈류를 찾아 자궁내막을 파고든다. 몇 주 안에 내 혈액은 양막 깊숙이까지 흐르게 되고 미래에 인간이 될 이 작은 세포는 내 몸에서 에너지와 영양분을 빨아들인다.

진화의 역사 속에서 태아와 엄마 사이에는 일종의 줄다리기가 계속되어왔다. 호주의 유전학자이자 진화생물학자인 데이비드 헤이그David Haig가 제안한 모체-태아 갈등 가설에 따르면 이 둘은 반드시 같은 생물학적 이해관계를 공유하지는 않는다. 태아에게 가장 중요한 것은 살아남는 것이다. 자신이 가진 유전자형의 조합은 오직 지금, 이 개체 안에서만 존재한다.[43] 따라서 엄마가 현재 뱃속의 태아에게 얼마나 많은 에너지를 할애하느냐가 그 태아가 무사히 태어나 생존할 수 있을지에 결정적인 영향을 미친다. 그렇기에 태아는 가능한 한 많은 영양분을 확보하려 한다.

하지만 엄마의 입장은 조금 다르다. 그녀의 유전자는 지금 이 태아 속에도 존재하지만 이미 태어난 자녀들 그리고 앞으로 태어날 태아들 속에도 존재하게 될 것이다. 따라서 어머니는 태아의 요구를 모두 들어주기보다 현재의 태아에게 어느 정도 에너지를 쓸 것인지, 자신을 위한 혹은 다른 자녀를 위한 에너지를 얼마나 남겨둘지를 전략적으로 조절하고자 한다. 그녀는 지금 당장 두 살배기 아이를 수유하고 있을 수도 있고, 출산 후 너무 기력이 소모되지 않도록 에너지를 아껴야 할 수도 있다. 그렇게 하지 않으면 회복하지 못하고 다시는 임신하지 못할 수도 있다.

태아는 모체로부터 더 많은 영양분을 얻기 위해 자궁 내로 깊이 파고들고 나선형 동맥을 조절하도록 발달해왔다. 동시에 모체의 유전자는 태아가 가져갈 수 있는 자원의 양을 제한해, 자신과 앞으로 태어날지 모를 또 다른 자손에게 최적인 수준을 유지하려는 방향으로 진화해왔다.[44]

생리를 하지 않는 종의 태아가 자궁내막에서 약간의 영양을 얻을 수 있는지 조심스럽게 요청하는 정도라면 인간의 태아는 진화 과정에서 더 많은 영양을 얻기 위해 점점 더 자궁 깊숙이, 영양이 풍부한 혈액 쪽으로 침투하려 한다. 이에 맞서, 엄마들은 점점 더 두꺼운 자궁내막(자궁점막)으로 대응해왔다. 결국, 수정되지 않았거나 수정되었더라도 충분히 강하지 않아 방어 체계를 뚫지 못하는 배아는 자궁에 착상하지 못하게 되고, 결국 자궁내막이 떨어져 나가며 생리로 배출되는 것 외에 다른 선택지가 없게 된다.

가을이 머지않은 신선한 여름밤, 우리는 발코니에 앉아 있고 나는 남편의 맥주를 두 모금 마신다. 어쩌면 당분간은 마지막으

로 맛보는 술일지도 모른다. 지금 마시는 몇 모금의 맥주는 금지
되었기에 더욱 달게 느껴진다. 앞으로 1년은 어떻게 흘러갈까?
내가 맥주를 마시게 될지 아니면 아기를 품게 될지는 지금 내 자
궁 안에서 조용히 벌어지고 있는 싸움의 결과에 전적으로 달려
있다.

4주

원래라면 오늘쯤 생리를 시작했어야 했지만 하지 않았다. 그리고 그 이유를 나는 곧 알게 되었다. 오늘 아침, 나는 세 살 아이에게 스티커 한 장을 쥐여주고 관심을 돌린 후, 혼자 화장실에 들어갔다. 욕실 거울 장 맨 위에 있던 흰색의 길쭉한 비닐 포장에서 임신 테스트기를 꺼내 소변을 묻힌 뒤 다시 뚜껑을 닫고 잠시 선반 위에 올려두었다. 그 사이 스티커의 마법은 끝나 아이가 나를 찾고 있다. 나는 오트밀과 우유를 그릇에 붓고 아이와 함께 잼을 얼마나 넣을지 협상했고 그동안 내 소변 속 사람융모성선자극호르몬에 의해 임신 테스트기에는 두 줄의 선이 천천히 나타나기 시작했다.

이제 내 몸은 더 이상 혼자가 아니다. 어떻게 보면 나는 인큐베이터이자 배양 상자가 된 셈이다. 물론 100퍼센트 확신할 수는 없다. 임신을 확신하거나 주위에 알릴 수 있으려면 아직 몇 주는 더 기다려야 한다. '슈뢰딩거의 배아'[45]에게는 모든 가능성이 열려 있다. 그것은 살아 있으며 내 몸을 점점 장악해가지만 언제든 성장을 멈출 수도 있고 피와 점액 덩어리가 되어 떨어져 나갈 수도 있다. 하지만 나는 이 작은 세포가 앞으로 여러 달 동안 내 뱃속에서 자랄 수 있기를 바란다.

참솜깃오리는 4주 동안 거의 꼼짝하지 않고 둥지에서 알을 품는다. 알 속의 배아가 차가운 바닷바람에 죽을 수도 있기 때문에 그 기간 동안은 먹이를 찾으러 둥지를 떠날 수 없다. 참솜깃오리 암컷은 물을 마시기 위해 아주 잠시 둥지를 비울 뿐, 굶주림과 추위를 참고 견딘다. 왜냐하면 곧 새끼들이 작은 부리 끝에 임시로 달린 난치로 알껍데기를 깨고 솜털 가득한 작은 머리를 내밀 때가 오기 때문이다. 그 순간이 오면 그녀는 새끼들을 물가로 데려가야 한다. 알이 마침내 부화할 즈음이면 어미는 체중이 40퍼센트 가까이 줄어든다. 그 시간 내내 어미 참솜깃오리는 고민을 할 것이다. 지금처럼 둥지에 남아 굶주리며 새끼들을 지킬 것인지, 아니면 살아남기 위해 먹이를 찾아 떠날 것인지. 살아남아야 내년에도 새끼들을 기를 수 있으니 말이다.

4주 동안 둥지를 지키는 참솜깃오리. 추위와 굶주림을 견디며 자리를 뜨지 않기 때문에 알이 부화할 즈음에는 체중이 40퍼센트 가까이 줄어든다. 진정 삶과 죽음의 경계선이라 할 수 있다.

참솜깃오리는 자신의 부드러운 솜깃털로 둥지를 안락하게 꾸민다. 이 부드러운 솜깃털 덕분에 참솜깃오리는 닭이나 집오리보다 훨씬 앞서 북유럽에서 사육된 최초의 가금류가 되었다. 암컷은 몸집이 크고 갈색 반점 무늬를 가지고 있으며 이마에서 부리 끝까지 곧게 이어지는 독특한 부리를 지녔다. 노르웨이, 아이슬란드, 페로 제도 해안 지역 사람들은 오랫동안 참솜깃오리 암컷이 인간의 거주지 근처에 둥지를 틀도록 유도해왔다.[46] 수컷은 바다에 남아 다른 수컷들과 무리를 이루어 털갈이를 하지만 암컷은 내륙으로 돌아와 해마다 같은 장소에 둥지를 튼다. 사람들이 참솜깃오리 암컷을 위해 작은 집을 지어주고 고양이나 개가 방해하지 않도록 보호하며, 해조류를 미리 둥지 재료로 준비해두어서 암컷에게 그곳이 더 안전하기 때문이다. 고된 포란 기간에는 인간 근처에 있는 편이 포식자로부터 보호받을 수 있다. 대신, 암컷과 새끼들이 둥지를 떠나면 인간은 둥지에 남은 암컷의 솜깃털을 챙긴다. 이 솜깃털은 세계에서 가장 품질 좋고 비싼 이불을 만드는 데 쓰인다. 노르웨이산 참솜깃오리 솜깃털 이불은 가격이 5만 크로네(약 수백만 원)에 이를 정도로 고가이며, 한번 장만하면 몇 세대에 걸쳐 사용할 만큼 내구성이 뛰어나다.[47]

참솜깃오리 암컷이 부화한 새끼들과 함께 둥지를 떠나는 것은 겨우 첫 번째 임무를 마친 것에 불과하다. 이후 몇 주 동안은 새끼들이 깊은 바다로 나가 먹이를 찾아 잠수할 수 있을 만큼 성장할 때까지 얕은 물가에서 집중적인 육아가 이어진다. 하지만 이때의 참솜깃오리 암컷은 지치고 굶주려 있다. 만약 어미가 너무 탈진해서 새끼들을 돌볼 수 없을 경우, 새끼들을 다른 암컷 참솜깃오리에게 맡기고 떠나기도 한다. 실제로 전체 참솜깃오리 암컷의 절반 가까이가 새끼들을 물가까지 데려다주고 나서는 다른 암컷에게 맡기고 떠나는 것으로 알려져 있다. 깊은 바다에는 훨씬 더 먹이가 풍부하지만 새끼들은 아직 그곳까지 갈 수 없기 때문이다. 어쩌면 모두가 살아남을 수 있는 유일한 방법은 어미가 새끼들을 떠나는 것인지도 모른다.

참솜깃오리 암컷들은 여러 마리가 모여 무리를 이루어 새끼를 돌보는 경우가 많다. 새끼를 함께 돌보면 새끼들 곁에서 잠시 더 멀리 떨어져 있을 수 있고, 더 깊이 잠수해서 더 좋은 먹이를 찾을 수 있기 때문이다. 또한 갈매기처럼 새끼를 노리는 포식자를 함께 경계할 수도 있다. 하지만 다른 암컷의 새끼까지 맡는 것은 이야기가 다르다. 왜 그런 수고를 할까? 단지 친절해서일까? 아니면 또다른 이득이 있는 걸까? 이 질문에는 나름의 그럴듯한 답이 있다. 참솜깃오리 새끼들은 어미에게서 직접 먹이를 받아먹지 않고 스스로 먹이를 찾기 때문에 새끼가 몇 마리 더 따라다닌다고 해서 큰 부담이 되지 않는다. 어쩌면 참솜깃오리는 확률 계산을 하고 있는지도 모른다. 새끼기 많을수록 자신의 새끼가 굶주린 갈매기에게 잡아먹힐 확률은 낮아진다. 심지어 자기와 혈연관계가 없는 새끼들을 데리고 다니는 것은 또다른 전략적 이점이 될 수도 있다. 포식자가 다가올 때 경고음을 내면 자신의 생물학적 새끼들은 어미의 목소리를 알아듣고 반응해 날개 밑으로 재빨리 숨을 수 있다. 반면, 다른 암컷의 새끼들은 반응이 느려 포식자의 표적이 되기 쉽다. 다시 말해, 그 새끼들은 자신의 새끼를 지키기 위한 일종의 희생양이 되는 셈이다.[48]

둥지에 자리 잡고 알을 품는 참솜깃오리 암컷에게 이 모든 것은 치밀한 진화적 계산에 따른 것이다. '내가 이 새끼들을 제대로 길러낼 수 있을까, 아니면 그 과정에서 죽게 될까?' '이번 해에는 힘을 아껴서 내년에 새끼를 낳는 게 더 나은 선택일까?' 참솜깃오리 암컷은 이미 올해 알을 낳을 것인지 아니면 여름 내내 체력을 비축하고 지방을 축적해 다음 해를 준비할 것인지에 대해 고민을 마쳤다. 이처럼, 지금 임신(번식)해야 할지 고민하는 동물들은 많다.

불곰Ursus arctos의 난자는 수정이 되더라도 수정란이 즉시 자궁벽에 착상하지 않는다. 급속히 성장하여 태아로 발달하는 대신, 몇 차례 세포분열을 거쳐 작은 세포 덩어리가 된 후 자궁으로 이동하기 전 단계에서 발달이 중단된 채로 수 개월간 유지된다. 이러한 '발달 정지'는 여름철 교미 이후부터 엄마가 안전하게 겨울잠을 자기 위해 굴에 자리 잡을 때까지 계속된다. 하지만 이 시점에서도 작은 배아들이 마음대로 착상할 수 있는 것은 아니다. 어미 곰이 겨울잠을 자면서도 임신과 수유를 감당할 만큼 충분한 지방층을 축적하지 못했다면 수정란은 자궁벽에 착상되지 않는다.[49, 50] 어미 불곰은 자신이 끝까지 키워낼 수 없는 새끼에게 에너지를 낭비하지 않고, 겨울잠을 자며 더 나은 시기를 기다릴 뿐이다.

인간도 충분한 에너지가 없다면 임신이 되지 않는다. 불곰처럼 착상 지연embryonic diapause이라는 생리적 조절 기능은 없지만 체지방이 충분하지 않으면 배란이 일어나지 않는다.[51] 이것은 기근이 들었을 때나, 음식 섭취가 부족할 때, 혹은 기타 여러 조건들로 상황이 임신에 적절하지 않을 때 임신을 피하도록 돕는 현명한 생존 전략이다.

나는 궁핍한 상태에 있지 않고 배란이 일어났으며 임신했다. 나는 스스로 움직일 수 있고 필요한 음식을 섭취할 수 있으며 꼼짝 않고 누워서 알을 품고 있어야 할 필요도 없다. 이 배아는 자궁 내벽에 필사적으로 달라붙어 세상에 태어나려는 강한 의지를 지니고 있다. 나는 이 생명체로 인해 몇 달 동안 일상적인 활동이 제한될 것이며 곧 입덧에 시달릴 것이다.

오리너구리Ornithorhynchus anatinus의 알은 4주 후에 부화하며 이는 참솜깃오리와 같다. 하지만 오리너구리의 알은 그중 거의 3주를 엄마의 몸 안에서 보낸다. 오리너구리는 알을 낳는 포유류로 수달을 닮은 몸에 넓은 꼬리와 평평한 부리를 지녔으며 물에서 살고 알을 낳지만 동시에 인간처럼 새끼에게 젖을 먹이는 포유류이기도 하다. 우리와 비슷하면서도 또 다르다. 알이 어미의 몸 안에 있을 때는 자유롭게 움직이며 먹이를 찾을 수 있지만 알이 몸 밖으로 나온 후, 부화하기 전까지의 마지막 열흘 동안은 굴 속에서 조용히 누워 지낸다. 이때 어미 오리너구리는 알을 배 위에 품고 긴 꼬리를 부리까지 말아 올려 알을 감싸 보호한다.

이제 새끼 오리너구리들이 부드러운 알껍데기를 부리에 달린 작은 난치로 깨고 나온다. 이 작은 이빨은 새들의 난치나 버지니아주머니쥐 새끼들의 첫 번째 발톱처럼 나중에 떨어져 나간다. 어미 오리너구리는 임신을 끝냈고 자유로워졌지만 갓 태어난 새끼들은 털이 없는 벌거숭이에 완전히 어미에게 의존하고 있다. 어미는 새끼들에게 젖을 먹여야 하지만 오리너구리에게는 젖꼭지가 없다. 젖은 배에 있는 작은 구멍에서 그녀의 털을 따라 흘러나온다. 새끼들은 어미의 털을 따라 흘러나온 젖을 부리로 핥아먹으며 3~4개월이 지나야 굴 밖으로 나온다. 시간이 지나면서 어미 오리너구리는 먹이를 찾아 굴 밖으로 나가기 시작하고 점점 더 오래 새끼들 곁을 떠난다. 젖을 만들기 위해서는 먹이가 필요하다. 이제 어미는 하루에 자기 체중만큼의 곤충, 새우, 가재를 먹어야 하며, 이는 평소 먹는 것보다 4~5배 더 많은 양이다.[52, 53] 한편, 모유 수유 중인 인간 여성은 식사량을 대략 25퍼센트 정도만 늘리면 된다. 물론 내가 그 시기에 도달하려면 36주나 더 기다려야 한다.

아이가 어린이집에서 집으로 돌아온 후 우리는 뒷마당에서 돌을 들춰보고 화단을 파헤치며 곤충 놀이를 한다. 살짝 흔들리는 평평한 돌을 하나 들어 올리자, 그 아래에 숨어 있던 공벌레들이 허둥지둥 도망치며 숨으려 한다. 우리는 그중 몇 마리를 잡아 관찰하고 다리 사이에 알이 숨겨져 있는지 찾아보기도 한다.

공벌레Armadillidium vulgare는 약 18밀리미터 길이의 삼엽충을 닮은 생물로 유럽 전역의 돌 아래에서 발견되지만 곤충이 아니라 갑각류다. 우리 조상처럼 이들도 새로운 방목지를 이용하고 새로운 서식지를 찾기 위해 물에서 육지로 올라왔다. 공벌레는 진화적 계통수에서 등각류Isopoda에 속하며 이 목目에는 바다, 민물, 육지를 포함해 1만 종 이상의 갑각류가 포함된다.

공벌레는 여전히 아가미로 호흡하며 습한 장소에 서식하지만, 단단한 등껍질이 체액을 잘 유지해줘서 햇볕에 쉽게 마르지 않도록 한다. 공벌레는 일곱 쌍의 다리를 가지며 이는 세 쌍의 다리를 가진 곤충이나 네 쌍의 다리를 가진 거미류와는 명백히 구분

되는 특징이다.

공벌레는 다리 사이에 있는 육아낭에 새끼들을 4주 동안 품는다. 육아낭 속의 새끼들은 체액에 잠긴 채 외부 환경으로부터 보호받으며 자라난다. 그리하여 포란 기간이 끝나갈 무렵이 되면 어미 공벌레는 가장 중요한 방어기제인 '몸을 공처럼 말기'를 할 수 없게 된다. 배가 너무 커져서 방해가 되기 때문이다. 번식 방법의 진화로 인해 어미 공벌레는 출산 무렵이면 몸도 무거워지고 활동도 둔해질 것이다. 몇 달 뒤면 나 또한 그렇게 배가 불러 허리를 굽히거나 신발 끈을 묶는 일조차 어려워질 것이다. 하지만 새끼들이 모두 세상에 나오고 육아낭이 비게 되면 공벌레는 다시 새끼를 가질 수 있게 된다. 어미 공벌레는 앞으로도 여러 해를 더 살며 여러 번의 번식을 거듭할 것이다.[54]

5주

내 뱃속에 있는 작은 세포 덩어리는 계속해서 분열하고 있다. 출혈을 시작하지 않는 한, 이 세포 덩어리는 살아 있다고 생각해야 한다. 작은 공 모양의 세포들은 이제 모양을 갖추기 시작한다. 위와 아래, 앞과 뒤가 생겼고 척추가 될 희미한 윤곽까지도 나타나기 시작한다.[55] 그리고 나에게는 임신의 고충이 시작되었다. 입덧이 존재감을 드러내며 배아가 실제로 존재한다고 확인시켜 준다. 기생체는 내 안에 단단히 들러붙었고 내 몸은 점령당했다. 처음엔 가벼운 불편함으로 시작되지만 나는 이미 한 번 경험한 적이 있기에 이것이 어디로 이어지는지 잘 알고 있다. 회사 측에도 내가 임신했음을 일려야 할 시기다. 몇 개월 후 한동안 자리를 비울수도 있다는 점을 미리 알려 대비해야 한다. 동시에 불안감은 점점 커진다. 지금이 과연 이 아이를 임신하기에 가장 적절한 시기인 걸까?

다섯 주가 지나면 집토끼Oryctolagus cuniculus는 작은 새끼들을 낳는다. 아직 털이 없지만 이미 완벽한 토끼의 형태를 갖추고 있으며, 털은 곧 자라날 것이다. 머리 위에는 긴 귀가 있고 부드러운 아랫배가 있으며, 앞에는 코, 뒤에는 꼬리를 갖추고 있다. 새끼 토끼들은 어미가 마른풀과 자신의 부드러운 털을 사용해 만든 포근한 보금자리 속에 누워 있다. 포식자로부터 새끼들을 보호하고 냄새를 남기지 않기 위해 어미 토끼는 하루에 한두 번 수유할 때만 보금자리에 잠깐 들른다.

어미 토끼는 새끼들 곁을 떠나 있는 동안에도 새끼들을 생각할까? 새끼들에게 줄 충분한 젖을 만들기 위해 먹이를 찾으면서 혹시 포식자가 둥지를 찾아내지는 않았을지, 새끼들이 서로 꼭 붙어 누워 있으면서 여전히 심장이 잘 뛰고 있을지 같은 생각들을 할까?

나는 거의 하루 종일 내 세포 덩어리에 대해 생각한다. 아직도 분열하고 있을까? 혹시 임신이 아닐 수도 있을까? 병원에서 초음파검사를 통해 임신을 확인할 수 있을 때까지는 아직 몇 주나 남았다. 그제야 비로소 내 안에 무언가가 정말 있는 것인지, 아니면 그저 공기와 허상일 뿐인지를 확인할 수 있다. 그때까지는 내 몸을 믿을 수밖에 없다.

이제 임신 5주 차에 접어든 나마쿠아카멜레온Chamaeleo nama-quensis이 알을 낳는다. 지난 다섯 주 동안 암컷은 알을 몸속에 품고 있었지만 이제는 땅에 묻고 놓아준다. 아기 카멜레온들이 알을 깨고 비틀거리며 세상 밖으로 나올 수 있으려면 아직도 15주나 더 남았다. 그러나 이제부터는 엄마의 몸이 아닌 그녀가 파고 있는 작은 구덩이 속의 촉촉한 모래가 그들을 보호하게 될 것이다.

나마쿠아카멜레온은 사막에 서식하는 카멜레온으로 나무에서 생활하는 대부분의 카멜레온들과는 달리 땅 위에서 생활한다. 뜨거운 모래 위를 달리며 곤충과 작은 도마뱀을 사냥하고 긴 혀로 그것들을 낚아챈다. 영역을 순찰하며 짝짓기 철이 아닐 경우에는 낯선 카멜레온들을 몰아낸다. 5주 전, 나마쿠아카멜레온 암컷은 자신의 영역을 찾아온 한 수컷과 교미를 했다. 의례적인 구애 행위를 거친 뒤, 교미는 꽤 빠르게 진행되었다.

두 마리는 처음에는 서로를 응시했다. 수컷은 교미 의사가 있다는 것을 보여주기 위해 몸과 머리를 흔들었고 암컷은 수컷을 쫓아낼지 받아들일지를 고민했다. 암컷은 수컷보다 크기 때문에 상황을 결정할 수 있다. 이번에는 교미를 선택했다. 수컷은 자신의 반음경hemipenis 중 하나를 암컷의 총배설강cloaca에 삽입했고 암컷의 알을 수정시켰다. 그 후 암컷은 수컷을 자신의 영역 밖으로 쫓아냈다.

카멜레온은 대부분의 파충류처럼 하나의 개구부만을 갖고 있으며 이곳에서 생식과 배설이 모두 이루어진다. 이 개구부는 총배설강이라고 하며 수컷의 성기는 그 안에 숨겨져 있다. 수컷의 성기는 양쪽으로 나뉜 두 개의 구조로, '헤미hemi(절반)'라는 이름은 바로 이 이중 구조에서 유래했다. 이 구조는 팽창할 수 있고 인간의 음경과 비슷해 보일 수도 있지만 결정적인 차이는 암컷의 몸에 고정되기 위한 가시나 갈고리를 가지고 있다는 점이다. 그리고 반음경은 각각 한 개의 정소(고환)와 연결되어 있다. 이러한 구조 덕분에 수컷은 한 번에 모든 정자를 사용하지 않으며 사용된 반음경이 회복되기 전에 또 다른 암컷이 나타날 경우를 대비해 번식 가능성을 항상 유지할 수 있다.[56]

이제 암컷 나마쿠아카멜레온은 모래에 구덩이를 판다. 때로는 자신이 살던 굴을 더 깊이 파서 사용하기도 하고 아니면 영역 안의 알맞은 다른 장소를 고르기도 한다. 암컷은 알이 마르지 않도록 습기가 머무는 모래층까지 파고들어야 한다. 구덩이가 마음에 들면 암컷은 알을 한두 개씩 층층이 낳고 모래로 덮은 뒤 또 몇 개를 더 낳는다. 대개 열 개 정도의 알을 낳으며, 마지막에는 구덩이를 모래로 덮는다. 이제 암컷은 잠시 쉬며 몸을 회복하기 위해 먹이를 먹는다. 그리고 다시 이 작업을 반복한다. 첫 번째 알들이 부화되는 동안 암컷은 또 다른 알 무더기를 낳는다. 보통 한 번식기 동안, 두세 번에 걸쳐 알을 낳는다.[57]

내 수정란이 자궁벽 안으로 파고들 때, 동부회색캥거루Macropus giganteus의 태아는 엄마의 배를 타고 기어오른다. 암컷 캥거루는 몸을 뒤로 젖히고 꼬리와 뒤꿈치에 체중을 실은 채 총배설강을 위로 향하게 밀어 올린다. 그래야 그 작고 벌거벗은, 콩알만 한 태아가 육아낭까지 기어 올라가기 쉬워진다.[58]

그런데 이 시점의 새끼를 과연 '태아'라고 불러야 할까? 분명히 출산은 이루어졌지만 아직 털이 없고 뒷다리는 발달이 덜 되었으며 눈꺼풀도 붙어 있다. 이제 이 콩알만 한 새끼는 육아낭 속으로 들어가 몇 달 동안 성장할 것이다. 새끼는 육아낭 안에서 젖꼭지를 물고 매달리는데, 그 젖꼭지는 새끼의 입안에서 부풀어 올라 떨어지지 않도록 빨판처럼 고정된다. 이 젖꼭지는 이제 새로운 탯줄이 되고 태아는 몸 밖에 있으면서도 여전히 어미의 보호 아래 있게 된다. 동부회색캥거루 암컷은 이미 출산 전에 육아낭을 깨끗이 하고 새끼를 맞을 준비를 마쳐둔다. 새끼는 이곳에서 11개월간 머물게 되며, 이후에도 9개월간 더 엄마의 젖에 의존해 살아간다.[59]

방금 태어난 아기 캥거루는 인생의 첫 여정을 성공적으로 마쳤다. 이제 이 작은 생명은 수개월 동안 엄마의 육아낭 속에서 영양분을 공급받고 보호를 받으며 지내게 된다. 동시에 어미 캥거루는 다시 발정기에 들어가 교미하고 또 하나의 난자가 수정된다. 어미 캥거루는 말 그대로 '멀티태스킹' 중이다. 암컷은 주머니 안에 있는 새끼, 자궁으로 향하고 있는 수정란 그리고 이미 너무 커서 더 이상 주머니에 들어갈 수는 없지만, 다른 젖꼭지에서 젖을 먹고 있는 또 다른 새끼까지, 세 생명을 동시에 돌보고 있는 것이다.

하지만 새로 수정된 난자는 곧바로 발달을 시작하지 않는다. 그것은 세포 덩어리 상태로 성장을 멈춘 채 대기한다. 발달할 준비는 되어 있지만 육아낭 안의 새끼가 젖꼭지에 연결되어 있는 한, 이 세포 덩어리는 기다려야 한다. 육아낭 속 새끼가 세상에 나올 만큼 충분히 자라서 밖으로 나와 가끔 젖을 먹으러 고개를 들이밀 수 있을 정도가 되면, 비로소 대기 중이던 태아가 다시 발달을 시작한다. 그리고 약 5주 동안 자란 뒤, 또다시 육아낭으로 올라가는 그 여정을 떠나게 되는 것이다.[60]

캥거루 역시 불곰처럼 태아의 발달을 잠시 멈출 수 있는 것이다. 작은 배아는 자신의 차례를 기다리며 대기 상태로 머무르다가, 어미의 몸에서 '이제 자리가 났다'는 신호가 오면 발달을 시작한다. 이렇게 해서 어미는 언제든 다음 새끼를 준비해두는 셈이 된다. 예를 들어, 어미 캥거루가 산불을 피해 도망치거나 혹은 먹이가 부족해서 육아낭 속 새끼를 잃게 되는 경우를 대비해서 말이다. 또는 어쩌면 운이 좋아서 그 새끼가 잘 자라 스스로 살아갈 수 있을 정도로 자랐다면, 그 즉시 다음 새끼를 맞이할 수 있다. 새로운 수컷을 기다려 정자를 받을 필요도 없이 암컷은 이미 준비된 수정란을 곧바로 발달시키면 되기 때문이다.

곰을 비롯한 많은 다른 동물에게 있어 착상 지연, 즉 발달 대기 기간은 생존을 위한 필수 조건이라고 보면 된다. 이러한 특성 덕분에 이들은 가을철에는 짝을 찾느라 에너지를 쓰지 않고, 먹이를 충분히 먹고 체지방을 축적하는 데 집중할 수 있다. 하지만 캥거루의 경우, 착상지연은 선택적이다. 이는 새끼를 잃을 수 있는 위험에 대비해 다시 새로운 수컷을 찾지 않아도 되는 적응 전략으로 생식상의 유연함을 제공해준다.[61]

우리도 캥거루와 비슷한 방법을 사용할 수 있다. 난임 클리닉에서 수정란을 보관하는 행위는 일종의 기술적 지연technological diapause이며 이 덕분에 우리는 수정란을 하나씩 자궁에 이식하고 여러 이유로 도움이 필요한 자궁에 잘 착상되기를 바라며 두 손을 모아 기도한다. 나는 그런 도움은 필요하지 않았지만 내 안의 배아가 아직 세포 덩어리 상태일 때 그 발달을 잠시 멈출 수 있다면 정말 좋겠다고 생각했다. 나는 이미 임신을 해본 적이 있고 입덧 때문에 무척이나 힘들었다. 그렇기에 가능하다면 그 시간을 조금 미루고 싶었다.

물론 이번 임신은 계획된 것이다. 우리는 임신을 시도했고 결국 성공했다. 그런데도 마음은 복잡하다. 정말 임신이 맞는지, 배아가 제대로 착상했는지 확실히 안 다음에 발달을 잠시 멈출 수 있다면 얼마나 좋을까. 내 배아를 '은행에 맡겨두고' 회사의 중요한 프로젝트를 마무리한 다음 새 생명에게 내 몸을 점령하라고 허락할 수 있도록 말이다.

대다수의 사람들은 정확히 언제 임신할지를 계획할 수 없다. 그저 노력하고 그리고 임신이 이루어졌을 때 기뻐하는 수밖에 없다. 그 말은 임신의 시점이 반드시 이상적인 때가 아닐 수도 있다는 뜻이다. 햇살 좋고 단풍이 아름다운 가을날보다는 차라리 긴 겨울의 어두운 날들에 입덧을 하고 싶다. 몇 주 후에 있는 직장 세미나에도 정말 참석하고 싶었지만 이제 그럴 수 없다. 배아가 내 생각과는 다른 결정을 내렸기 때문이다.

6주

메스꺼움이 온몸을 뒤덮으며 마치 파도처럼 내 안으로 몰아치고 나는 변기 위에 몸을 웅크린 채 엎드려 있다. 욕실에서 비틀거리며 나와 마른 비스킷을 조금씩 씹어 먹고 아주 조금씩 물을 천천히 홀짝인다. 몸은 점점 약해지고 뇌는 오직 버텨내는 일에만 집중할 수 있다. 하루아침에 나는 아침 회의에서 새로운 아이디어를 제시하고 점심시간에는 재치 있는 농담을 주고받으며 친구와 커피를 마실 시간도 있던 이성적인 사람이었다가 단지 태아를 담는 그릇, 태아를 감싸는 껍데기, 태아가 살아남기 위해 내가 살아남아야만 하는 존재가 되어버린 것이다.

처음 며칠 동안은 아침에 일어나자마자 구토를 하고 그 후에 남은 하루는 비교적 정상적으로 보내는 식이었다. 그러나 어느

날 아침, 갑자기 나는 본격적으로 입덧이 시작되었음을 느낀다. 이제 평온한 날들은 끝났다. 한 번 토하고 그리고 또 한 번 토한다. 메스꺼움이 지나가기를 바라며 출근하기 전에 소파에 잠깐 누워 쉬려고 하지만 또 화장실로 달려가고 만다. 그리고 또다시 반복된다. 나는 직장에 나가지 못한다는 연락을 겨우 하고 지금 몸 상태가 매우 안 좋다는 것을 남편에게 알린다. 그 후 이성적인 뇌는 완전히 차단된다.

이제는 오로지 침대와 화장실을 왔다 갔다 하는 것만이 나의 일과가 되었다. 물을 조금씩 홀짝이는 것조차 다시 토해내고 만다. 커피는 아예 불가능하다. 나는 어떤 일을 해내던 인간에서 단지 욕구만 남아 있는 몸이 되어버렸다. 영양분은 들어오고 노폐물은 배출되어야 하지만 지금 내 몸의 시스템은 균형을 잃었고 (먹은) 모든 것이 다시 위로 올라온다. 시스템이 제대로 작동하지 않는 것이다. 이 낯선 유기체가 나를 사고하는 뇌에서 단지 살아만 있는 육체로 변화시키고 있는 것이다.

누군가는 곧 괜찮아질 거라며 나를 안심시키려 하지만 나는 그 말이 사실이 아니라는 것을 안다. 어떤 임산부는 입덧이 너무 심해서 임신 기간 내내 정상적인 일상생활을 하지 못하기도 한다. 태아는 점점 커지고 강해지는 반면, 임산부는 점점 더 기력이 빠져간다. 나는 따뜻한 침대에 누워 바깥세상이 휙휙 지나가는 것을 간신히 인지할 뿐이다. 세 살배기 아이가 침대 주변을 정신 없이 돌아다니면 그 작은 움직임 하나에도 속이 울렁거린다. 나는 하루 종일 문자메시지로 남편에게 '지금 먹고 싶은 음식'을 보내고, 남편은 점점 더 구체적으로 변해가는 내 요구를 충족시키기 위해 애쓴다. 오늘은 버터와 치즈를 얹은 살짝 구운 식빵 한 조각, 양념 없는 감자튀김 그리고 고급 품종의 핑크 레이디 사과를 얇게 썰어서 먹고 싶다.

내 배아는 이제 본격적으로 내 몸에 연결되었다. 그 작은 생명체가 내 몸에서 영양분을 원함에 따라 나는 점점 힘들어진다. 고작 3밀리미터에 불과한 이상하고 작은 생명체 때문에 나는 가장 기본적인 일조차 해내기 어렵게 된다. 평범한 저녁 식사를 하는 것, 반려견을 산책시키는 것, 세 살배기 아이에게 책을 읽어주는 것 같은 일들 말이다.

문득 이런 생각이 든다. 이렇게까지 내가 힘든 건 진화적 오류가 아닐까? 남편이 침대 옆에서 건네는 자극 없는 음식들, 의사가 처방해준 항구토제, 세 살배기 아이가 어린이집에 가 있는 동안 하루 종일 침대에 누워 있을 수 있도록 해주는 병가가 없었다면, 나는 과연 살아남을 수 있었을까? 동료들이 덴마크행 유람선에서 열린 연례 세미나 사진을 보내오는 동안, 나는 침대에 누워 이렇게 생각한다. 과연 내가 누워 있는 장소가 구석기시대의 동굴이었다면, 혹은 내가 20만 년 전 초기 인류였다면 살아남을 수 있었을까?

유력한 과학적 가설에 따르면, 입덧은 임신부와 태아를 모두 보호하기 위한 것이라고 한다.[62] 입덧 증상은 뱃속의 작은 생명이 유해한 물질(내가 먹거나 마실 수도 있는 것들)에 의해 손상될 위험이 가장 클 때 절정에 이른다. 동시에, 나 역시 부패한 음식을 통해 심각하게 아플 위험이 커지는 시기이기도 하다. 내 면역 체계가 자궁을 점유하고 있는 이질적인 존재를 배척하지 않기 위해 저활성 상태로 전환되기 때문이다.

입덧에 대해서는 여전히 밝혀진 것이 많지 않다. 왜 어떤 여성들은 유독 입덧이 심해 스스로를 돌볼 수조차 없게 되는 걸까? 어쩌면 내 태아가 유난히 생존력이 강해서 내 혈류 속으로 엄청난 양의 호르몬을 분비하고 그래서 나만 더 심하게 입덧을 하는 것이 아닐까 생각해볼 수도 있다. 그러나 입덧을 하는 여성과 하지 않는 여성 사이에는 혈중 호르몬 수치에 차이가 없다. 내가 위안을 삼을 수 있는 유일한 사실은 입덧 기간 동안 구토를 하는 여성들이 단순히 메스꺼움만 겪는 여성들보다 자연유산의 위험이 아주 조금, 정말 아주 조금 더 낮다는 점뿐이다. 하지만 이 극히 미미하게 낮은 위험 가능성이 이 끝없는 구토를 감내할 만큼의 가치가 있는지는 잘 모르겠다.

입덧에 관한 연구에서 가장 흥미로운 사실은 임신 기간 내내 전혀 입덧을 경험하지 않는 일부 원주민 사회가 존재한다는 점이다. 전 세계 곳곳에는 임신한 여성이 토하지 않고 하루 종일 속이 울렁거리지도 않으며 세상이 빙빙 도는 것 같은 고통 속에 살지 않는 공동체들이 있다. 이들 사회는 대체로 식물성 식단을 유지하며 특히 옥수수를 주된 식재료로 하는 경우가 많다. 하지만 옥수수를 중심으로 한 식물성 식단을 가진 다른 공동체들 중에도 입덧을 겪는 여성들이 존재하기 때문에 평생 옥수수만 먹는다고 해서 입덧을 막을 수 있는 것은 아니다.

임신한 몸이 동물성 식품을 피하는 것은 어쩌면 매우 이성적인 반응이다. 임신한 여성들이 가장 많이 메스꺼움을 느끼는 음식은 고기, 생선, 달걀이다. 날고기뿐 아니라 조리된 고기 역시 실온에서 보관될 경우 박테리아나 곰팡이가 자라기에 좋은 환경을 제공한다.[63] 어떤 연구에서는 한 사회에서 입덧이 얼마나 많이 발생할지를 예측할 수 있는 지표로 곡물 섭취량이 적고 육류, 설탕, 유지작물, 알코올 섭취량이 높은 식단 구성을 제시한 바 있다.[64] 하지만 이런 통계는 집단 수준의 경향성에 불과하다. 나는 알코올도 거의 마시지 않고 육류도 먹지 않지만 여전히 침대에 쓰러져 속을 게워내는 것 외에는 아무것도 할 수 없는 상태다.

그렇다면 다른 동물들도 메스꺼움을 느낄까? 임신한 어미 기니피그가 굴 속에 누워 신선한 풀잎만을 간절히 바라면 누군가 암컷을 위해 그것을 가져다주기도 할까?

임신과 관련된 구토가 문서로 기록된 대상은 인간이 유일하다. 다른 동물에서 보고된 사례는 주로 식습관 변화에 대한 것이다. 예를 들어, 개는 임신 9주 중 3~5주차에 식욕이 현저히 감소하는 경향이 있다. 또한 사육된 붉은털원숭이rhesus monkeys는 임신 23주 중 3~5주차에 식욕이 줄어들며 이는 인간의 임신 초기에 나타나는 호르몬 변화와 유사한 생리적 변화를 동반한다. 침팬지의 경우, 사육된 개체에서 입덧과 유사한 증상이 단 한 번 문서화된 적 있으나 (이 종은 상당히 많이 연구된 편임에도 불구하고) 그 외의 연구에서는 유사한 사례가 보고되지 않았다. 그렇다면 왜 우리와 가장 가까운 종들조차 겪지 않는 심한 구토와 메스꺼움을 우리만 겪는 걸까?

만약 입덧이 적응적 행동adaptive behavior, 즉 우리에게 이점이 있기 때문에 진화한 행동이라면 인간만이 이를 겪는다는 사실에는 분명한 이유가 있을 것이다.

인간은 대부분의 다른 포유류, 심지어 다른 유인원들과 비교해도 압도적으로 다양한 식단을 가지고 있다. 우리가 섭취하는 음식 속의 모든 독성 물질을 분해할 수 있는 효소를 진화시키는 것은 매우 비용이 많이 드는 일이며, 그처럼 광범위한 범위의 효소를 진화시키는 것이 실제로 가능한지도 확실치 않다. 그리고 적어도 인간에게는 그런 형태의 효소 진화가 아직 일어나지 않았다. 그렇기 때문에 메스꺼움과 구토 그리고 특정 음식에 대한

강한 혐오 반응은 우리가 유해한 독성 물질을 피하도록 돕는 하나의 전략일 수 있다.[65]

덧붙이자면, '입덧morning sickness'이라는 명칭은 아침에만 괴롭다는 오해를 불러일으키기 쉽다. 내가 그 대표적인 예가 될 수 있다. 임신한 사람은 아침뿐 아니라 아침저녁 가리지 않고 메스껍고, 운이 정말 나쁘면 하루 종일 구토를 반복하기도 한다.[66] 이러한 증상을 단순히 '임신은 병이 아니다'라는 말로 가볍게 치부할 수 없으므로 이러한 부작용들을 무시하지 않는 보다 중립적인 표현이 필요하다. 의학적으로는 '임신으로 인한 메스꺼움 및 구토NVP, Nausea and vomiting in pregnancy'라는 용어를 사용한다.

앞으로 몇 달 동안 내가 스스로 음식을 구하거나 자신을 돌보지 못하더라도 나는 죽지 않을 것이다. 나는 사회적 종sosial art의 구성원이기 때문이다. 우리는 생식을 함께하고 먹이를 사냥하며 집을 짓고 아이를 함께 양육한다. 우리는 서로 도움을 주고받는 존재이며 이러한 방식으로 살아가는 것은 인간만이 아니다.

아프리카사회성거미Stegodyphus dumicola라는 이름을 가진 작은 거미의 알들이 지금쯤 부화한다.[67] 이 공동체 거미들은 몸길이가 몇 센티미터에 불과한 털복숭이 거미로 크고 조밀한 거미집을 함께 지어 가지와 잎사귀에 단단히 고정시킨다. 먹이는 인근에 있는 평면적 구조의 거미줄을 통해 포획한다. 이 집은 여러 세대에 걸쳐 사용되며 한 집에는 수십에서 수천 마리의 개체가 함께 살기도 한다. 아프리카사회성거미는 높은 수준의 근친교배가 이루어지는 작은 사회를 형성한다. 아마도 이 점이 많은 암컷들이 자기 자신이 낳은 알이 아님에도 불구하고, 무리의 새끼들을 위해 모든 것을 희생하는 이유일 것이다.

알들이 부화하는 시점에 알을 돌보는 것은 암컷들뿐이다. 수컷들은 성체가 된 지 몇 주 만에 죽는 반면, 암컷들은 수컷보다 성적으로 성숙해지는 데 더 오랜 시간이 걸린다. 이 때문에 지금 새끼 거미들을 돌볼 준비가 된 암컷들 중 약 60퍼센트는 사실 자신이 직접 알을 낳지 않은 개체들이다. 그럼에도 이들은 알이 6주 후에 부화할 수 있도록 중요한 역할을 한다. 이들은 알이 담긴 주머니를 짓고 돌보며, 침입자로부터 집을 보호하고, 공동체를 위해 먹이를 구해온다.

알이 부화하고 털이 복슬복슬한 작은 새끼들이 기어 나오면 도움의 형태는 새로운 국면을 맞이한다. 알을 낳은 암컷이든 아직 낳지 못한 암컷이든 모두 새끼들에게 곤충과 자신의 몸에서 분비하는 일종의 영양 액체를 먹이기 시작한다.[68] 이는 치명적인 결과를 초래한다. 다음 몇 달 동안, 성체 거미들은 먹잇감을 분해해 새끼들에게 직접 입으로 토해 먹인다. 하지만 분해하는 것은 먹잇감만이 아니다. 그들은 자신의 몸도 함께 분해하여 토한다. 한 달이 지나면 첫 번째 암컷이 새끼들에게 자신의 장기를 토해 먹이다가 죽는다. 암컷이 죽으면 새끼 거미들은 그녀의 체액을 모두 빨아먹어 결국 빈 껍데기만 남긴다.

이와 같이 새끼가 어미를 먹는 현상을 '모체포식matriphagy'이라고 하는데 아프리카사회성거미종에서는 어미뿐 아니라 많은 암컷 거미들이 새끼들에게 먹힌다. 몇 달에 걸쳐 대부분의 암컷들이 새끼들의 먹이가 되며, 성체 암컷들은 새끼 세대를 보호하는 동시에 살아 있는 먹이 주머니가 된다. 새끼들이 독립할 수 있을 만큼 성장하면 다시 그들의 차례가 되어 먹히고 또 먹는 사이클이 이어진다.

자신의 자식이 없는 거미 '이모'들은 일반적인 이모와는 다르다. 이들은 자신들을 먹어 치우는 새끼 거미들과 훨씬 더 가까운 유전적 관계를 맺고 있는데, 이는 인간 사회에서 이모나 삼촌이 조카와 맺는 관계보다도 더욱 밀접하다. 앞서 말했듯 아프리카사회성거미는 높은 수준의 근친교배를 하는 종으로, 여러 세대에 걸쳐 형제자매끼리 교미를 한다. 수컷의 정자를 얻는 시기를 놓쳐 짝짓기를 하지 못한 암컷 거미들은 다른 수컷을 찾을 수도 없다. 또한 다른 곳으로 가서 기회를 노릴 수도 없다. 그들이 자신들의 유전자를 후세에 전할 수 있는 가장 좋은 방법은 지금 부화하는 새끼들(설사 그 새끼들이 자신의 자식이 아니더라도)을 돌보는 것이다.

이 거미들이 마치 무조건적인 이타주의자들처럼 누가 부모인지에 관계없이 새끼 거미들을 위해 모든 것을 희생하는 것은, 어쩌면 그것이 진화의 다음 단계에서 자신의 유전형질을 남길 수 있는 유일한 기회여서일지도 모른다.[69]

7주

메스꺼움이 통째로 나를 삼켜버린 듯하다. 그 속에서 나는 마치 파도에 휩쓸린 조각배처럼 이리저리 흔들릴 뿐이다. 라디오 소리만 들어도 속이 뒤집히고, 화면을 보기만 해도 울렁거리고, 생각을 하려는 것만으로도 멀미가 난다. 나는 하루를 토하면서 시작하고, 토하면서 마친다. 어린이집에서 돌아온 세 살배기 아이와 잠깐 이야기를 나누는 데 그나마 남은 에너지를 사용한다. 아이는 나에게 안기고 싶어 하지만 아이의 갑작스러운 움직임 때문에 입덧이 심해질 수도 있고, 혹여 아이가 배를 잘못 건드리기라도 할까 봐 두려운 게 사실이다. 그래도 잠들기 전에는 아이를 안아주는데, 아이의 능글고 삭은 팔이 내 목을 감싸면 나도 모르게 헛구역질이 나기도 한다. 나는 이 메스꺼움의 구덩이에서, 바깥세상으로 다시는 나가지 못할 것만 같다. 내 몸은 자라는 배아를 위한 도구일 뿐이고 세포분열이 일어날 때마다 배아는 더 강해지는 반면, 나는 점점 더 약해진다.

기생 곰팡이들 중에는 숙주의 몸을 완전히 장악하는 무리가 있다. 그들은 코디셉스Cordyceps 또는 '기생곤봉균snylteklubbe'이라 불리며 자신이 기생하는 곤충의 몸속에서 살아간다. 예를 들어, 곰팡이 포자는 나비 애벌레 같은 곤충을 감염시키고, 애벌레를 내부에서부터 서서히 먹어 치운다. 곰팡이는 애벌레가 살아 있는 동안, 그 몸을 영양원으로 삼으며 애벌레의 뇌를 조종해 땅속이든, 바람에 흔들리는 풀잎 끝이든 자기에게 적합한 장소로 기어가게 만든다. 결국 애벌레는 죽어 곰팡이로 가득 찬 껍데기가 되고 곰팡이는 숙주인 애벌레의 머리를 뚫고 곤봉처럼 솟아나 새로운 포자를 퍼뜨리며 다른 애벌레들을 감염시킨다.[70]

나 역시 지금 하나의 배아에 의해 조종당하고 있다. 그것은 언젠가 내 안에서 폭발하듯 튀어나올 것이다. 물론 머리가 아닌 자궁에서 나오겠지만 말이다. 나는 뱃속의 배아에게 먹히지는 않겠지만, 그렇게 느껴지는 것은 어쩔 수 없다.

문자메시지가 왔다. 늘 그랬듯이 같이 운동하자며 친구가 보낸 것이다. 나는 못 간다고 답장을 보내며 내 기생체에 대한 비밀을 그녀에게 털어놓는다. 그러자 놀랍게 그녀도 임신 중이라고 밝혀왔다. 나보다 몇 주 더 전에 임신 사실을 알게 되었다고 한다. 그런데 나와는 달리 그녀는 한 번도 이렇게 몸이 좋았던 적이 없다고 한다. 운동도 하고 회사도 가고 피부는 빛이 난다고 한다. 진심으로 그녀의 임신을 축하하지만 끔찍한 입덧 때문에 힘겨운 나는 도무지 답장을 할 힘이 나지 않는다. 임신을 한 것이 기쁘면서도, 이 메스꺼움이 언제 끝날지 알 수 없다는 사실이 나를 완전히 고립시킨다. 나는 그저 누워 있어야 한다는 생각에 빠져 축하한다는 말조차 건넬 여력이 없다.

　나는 아직 임신을 지속할지 여부를 선택할 수 있다. 아이를 지워 기생체로부터 내 몸을 되찾고 앞으로 닥쳐올 거대한 일들을 피할 수도 있다. 노르웨이에서는 임신 12주까지 낙태가 합법이다. 여성의 몸에 배아가 자리 잡더라도 자신의 몸에 대한 결정권을 지키기 위해 오랜 시간 싸워 얻어낸 권리다. 하지만 나는 이 아이를 원한다. 앞으로 몇 달 동안의 안락함보다 뱃속 태아가 훨씬 더 중요하게 느껴진다. 나는 이 아이가 무사히 태어나 내 배 위에 누워 있는 순간을 기다리고 싶다. 안아주고, 가슴에 품고, 세상으로부터 지켜주고 싶다. 따라서 나는 내 몸을 이 작은 존재에게 기꺼이 내어줄 것이다. 앞으로 몇 달 동안, 나를 움직이는 수인은 이 아이가 될 것이다. 그리고 지금 아이는 내가 침대에 누워 있어야 한다고 결정했다.

나는 왜 이 아이를 갖고 싶어 하는 걸까? 아이가 없다면 밤샘도, 이른 아침도, 기저귀에 묻은 똥도 없는 그런 평온한 삶을 살 수 있었을 텐데. 나는 다른 성인들과의 대화도 좋아하고 신문을 조용히 읽는 것도, 내 취미를 즐기는 것도 좋아한다. 나뿐만 아니라 아주 많은 사람이 그렇다. 어떤 사람들은 아이를 낳고, 어떤 사람들은 낳지 않기로 결정하고, 어떤 사람들은 아이를 가질 수 없어서 슬퍼하며 살아간다. 어쩌면 정말 중요한 질문은 왜 내가 갑자기 아이를 원하게 되었는가가 아니라 '진화란 대체 무엇인가'일지도 모른다. 아이를 낳는 것이 개인의 삶에서 반드시 큰 의미가 되는 것은 아니다. 그런데도 우리는 아이를 낳는다. 많은 종에서, 많은 개체들이 그렇게 해왔듯이.

모든 생명 개체의 근본적인 진화적 원동력은 번식, 즉 자신의 유전자를 다음 세대로 전달하는 것이다. 번식은 진화의 핵심 원리이자 작동 단위라고 할 수 있다.[71] 만약 모든 개체에게 죽기보다 살아남고, 먹히기보다 먹고, 사라지기보다 번식하려는 추진력이 없었다면 우리는 지금 이 자리에 존재하지 않았을 것이다. 원시 수프에서 오늘날에 이르기까지, 우리의 조상들은 최초의 단세포 생물일 때부터 끊임없이 번식을 해왔다. 35억 년 전, 원시 수프 속 단순한 세포분열에서 시작해 우리는 바다에서 기어 나와 나무 위로 올라갔다 다시 땅으로 내려왔다. 지금 우리의 몸은 그 오랜 시간 동안 유전자를 이어준 존재들의 산물이다.

하지만 부모, 조부모, 증조부모 그리고 35억 년의 역사를 거쳐 우리를 지금 이 자리에 있게 한 모든 존재들이 살아남아 번식해왔다고 해서, 당신 역시 꼭 그래야 한다는 의미는 아니다. 무수히 많은 개체들이 유전자를 다음 세대로 전달하지 못한 채 사라졌다. 대부분은 우연에 의해, 때로는 특정한 유전자 변이나 돌연변이 탓에 죽음에 더 쉽게 노출되었기 때문이다. 진화는 우리 인간에게 번식이라는 행위 자체에 의문을 제기하고 아이가 아닌 다른 삶을 선택할 수 있는 능력을 가진 뇌를 부여했다.

진화는 어떤 의도를 가진 힘이 아니다. 진화는 조종되지 않으며 특정한 방향성도 없다. 진화란 개체군의 유전적 구성이 변화하는 현상이며 이는 시간이 지남에 따라 새로운 유형의 생물이 출현하는 결과를 낳을 수 있다. 이러한 변화는 자연선택을 통해 일어난다.[72] 즉, 어떤 개체가 다른 개체들보다 더 잘 생존하고 자손을 더 많이 남기는 이유는 그들이 당시 그 환경에서 유리하게 작용하는 특정 유전자형(유전자 변이)을 가지고 있어서다.

내가 이 아이를 꼭 가져야 한다고 느끼는 것은, 내면에서 작동하는 어떤 생물학적 시계 때문일까? 아니면 나를 둘러싼 사회가 나에게 두 아이가 가장 이상적이라고, 세 살배기 아이에게는 형제나 자매가 있어야 한다고 끊임없이 영향을 주기 때문일까? 저렴한 보육 시설을 약속하는 복지국가의 제도가 그런 생각을 들게 만드는 걸까?

회색큰캥거루는 다음 새끼를 낳을지, 아니면 좀 더 기다릴지를 고민할까? 섬유세닐말미잘은 미래의 복제 기술이 어떻게 될지 생각할까? 참솜깃오리는 지금쯤 다른 무언가를 하고 싶다고 느끼진 않았을까? 혹시 오리너구리는 알을 품는 데 시간을 쓰기보다 다른 취미를 즐기고 싶었지만 잘생긴 수컷을 보고는 임신을 피하지 못했고 지금은 그것을 후회하고 있는 것은 아닐까?

8주

대문어Enteroctopus dofleini는 자신의 굴 안에서 거의 움직이지 않는다. 암컷 문어는 굴 천장에 알을 커다란 송이 형태로 붙여두었고, 그 수는 수십만 개에 이른다. 문어 암컷의 한쪽 팔 끝에서 다른 팔 끝까지의 길이는 4미터에 달한다. 8주 전 이 굴 안으로 기어들어 갈 당시 암컷 문어의 몸무게는 거의 50킬로그램에 달했지만, 그 이후로 아무것도 먹지 않았고 밖으로 나간 적도 없으며 오직 알을 돌보는 일만 하고 있다.

이 문어가 하는 거의 유일한 움직임은 커다란 수관siphon으로 알 위에 신선한 물을 불어넣는 일이다. 수관은 원래 바닷속에서 물을 강하게 분사하여 몸을 추진시키는 데 사용하는 관이다. 이 어미 문어는 알들이 산소를 충분히 공급받고 기생충이나 조류가

새끼를 낳으러 굴 속으로 들어간 문어는 천장에 붙은 수십만 개의 알에 계속 신선한 바닷물을 불어넣는다. 어미 문어는 다섯 달 동안 먹지도 않고 새끼들 이 부화할 때까지 이 과정을 계속한다.

알 표면에 붙지 않도록 돌보며, 섬세한 흡반suction cup으로 알들을 쓸어내리듯 어루만져 안쪽의 알들까지 신선한 물이 닿게 한다. 어미 문어는 굶주림에 지쳐가면서도 새끼들을 위해 희생하고 있으며 네다섯 달 후 알들이 부화할 때까지, 이곳에 그대로 있을 것이다. 정확히 언제쯤 알들이 깨어날지는 물의 온도에 달려 있다.[73, 74] 그렇다면 어미 문어는 배가 고플까? 몸에 아무런 영양분도 공급하지 않는데, 소화기관은 과연 아무런 반응도 하지 않을까?

나는 나만의 동굴, 침실에 누워 있다. 마치 내가 내 자손, 내 몸 안에 있는 배아胚芽를 지키는 것이 유일한 목적이 된 문어가 된 것 같은 기분이다. 나는 내 알 근처에 기생충이 다가오지 못하도록 구토를 하고 배를 부드럽게 어루만지며 지킨다. 나는 아직 이곳에 한참 더 누워 있어야 한다.

나는 뱃속에서 새로운 생명이 자라고 있다는 사실에 기뻐해야 하고 지금까지 별문제 없이 잘 지나온 것에 감사해야 한다고 생각하지만, 쉬운 일은 아니다. 입덧의 메스꺼움이 주는 고통은 단순히 발이 좀 아픈 것과는 다르다. 진통제로 고통에 무디게 만들어 일상생활을 계속할 수 있는 종류가 아닌 것이다. 이 메스꺼움은 내가 하려는 모든 것을 불가능하게 만든다. 그리고 내가 무엇을 하든 그 감각은 사라지지 않는다. 메스꺼운 상태에서는 생각할 수도 없고, 토하고 있을 때는 세 살배기 아이를 돌볼 수 없으며, 위장이 뒤집힐 것 같은 순간에는 남편과 대화를 나눌 수도 없다. 나는 그저 가만히 누워서 이 모든 것이 지나가기를 바랄 수밖에 없다.

9주

어렸을 때 나는 기니피그Cavia porcellus를 키웠지만, 그것이 새끼를 낳으리라곤 생각하지 못했다. 왜냐하면 우리는 두 마리 암컷 기니피그를 키운다고 생각했기 때문이다. 하지만 갈색과 흰색의 털이 복슬복슬했던 페르닐레는 사실 수컷이었고 결국 페르닉스로 이름을 바꾸게 되었지만 그때는 이미 한참 늦은 뒤였다.

기니피그가 임신했다는 사실을 알았을 때부터 출산할 때까지의 시간은 마치 영원처럼 길게 느껴졌다. 암컷 기니피그의 배가 점점 불러왔고 결국에는 엄청나게 커졌다. 재빠르게 뛰어다니던 모습은 옛말이 되고 어기적어기적 걸어다녔다. 하지만 기니피그의 임신 기간인 9주는 지금 내게 남은 시간에 비하면 찰나처럼 느껴진다.

내 몸은 아직 임신한 티도 나지 않지만 기니피그는 9주가 되면 거의 다 자란 새끼들을 여러 마리 낳는다. 새끼들은 세상에 나온 지 한 시간이 채 되지 않아 이미 위험에서 도망칠 준비를 마친다. 태어날 때부터 털이 나 있고 눈을 뜨고 있으며 작고 사람처럼 털 없는 귀를 가지고 있다. 몇 주 동안은 젖을 먹어야 하지만 태어난 순간부터 이미 스스로 먹이를 찾을 수도 있다.

내 작은 배아는 이제부터 태아라고 불리며 아직 몇 그램밖에 되지 않지만 빠르게 자라고 있다. 이번 주 초에는 길이가 2센티미터였던 것이 주말에는 3센티미터까지 자란다. 심장은 뛰고 있으며 바깥쪽 귀는 제모습을 갖추기 시작했지만 눈꺼풀은 여전히 서로 붙어 있다. 한때 아가미처럼 보이는 구조는 사라졌고 인두궁은 우리 귀 속 구조로 변해간다. 태아는 스스로 먹이를 찾지도 못하고 혼자 살아갈 수도 없으며 앞으로 여러 달 동안 나에게 의존해 살아가야 한다.[75]

어미 기니피그는 출산 직후 바로 교미할 수 있으며 다시 9주 후에 다음 새끼를 낳을 수 있다. 출산 직후에 성관계를 갖는다는 생각 자체가 말도 안 되게 느껴진다. 지난번 출산 후 내가 원했던 것은 오직 도뇨관 없이 스스로 소변을 보는 것, 자궁이 출산 경로를 통해 빠져나오는 듯한 느낌 없이 의자에서 일어서는 것, 내 아기를 돌보는 것뿐이었다. 나는 그저 다음 수유 때까지, 다음 샤워 때까지, 다음에 침대에 누워 눈을 감을 수 있는 순간까지 살아남고 싶을 따름이었다.

　기니피그는 아주 작고 네 발로 걷는 데 비해 인간은 크고 두 발로 걷는다는 차이점이 있음에도 불구하고 우리의 골격 구조는 매우 비슷하다. 거의 같은 위치에 비슷한 뼈를 가지고 있으며 갈비뼈, 어깨뼈, 척추 그리고 골반을 갖고 있다. 골반은 모든 네발로 걷는 공통 조상에서 진화해 나온 구조로, 척추와 뒷다리를 연결하는 뼈들의 집합이다. 기니피그 암컷의 골반 지름은 임신 전과 임신 초기에는 약 11밀리미터에 불과하다. 하지만 갓 태어난 기니피그 새끼의 머리 지름은 20밀리미터로 거의 두 배에 달한다. 새끼가 태어나려면 골반이 변화해야 한다. 새끼가 골반의 고리를 통과해야 하기 때문이다. 인간과 기니피그의 골반뼈는 앞쪽에서 만나는데 이 부분을 치골결합symphysis이라고 하며 연골 원반이 채우고 있다. 또한 양쪽 뼈는 인대로 이어져 치골결합을 지탱한다. 임신이 진행되는 동안 기니피그의 골반은 바로 이 부분이 늘어나면서 최대 23밀리미터까지 확장된다. 기니피그의 골반을 확장시키는 호르몬은 우리 인간과 동일하다. 하지만 내 골반의 치골결합은 몇 밀리미터만 벌어져도 고통을 동반하는 반면, 기니피그의 골반은 두 배 가까이 확장되어야 한다. 만약 이러한 변화가 일어나지 않는다면 새끼들은 태어날 수 없다.[76]

하지만 이번에도 결국 무사히 성공했다. 새끼들은 세상 밖으로 나왔고 숨을 쉬며 살아 있고 혼자 힘으로 견뎌내고 있다. 이제 어미 기니피그의 뱃가죽과 골반은 다시 수축하겠지만 내 골반은 아직 전혀 움직일 기미도 보이지 않는다. 내 뱃속의 태아는 아직 올리브 열매만 한 크기이고 내 배는 전혀 불러오지 않았으며 나는 여전히 눈을 감은 채 침대에 누워 있다. 그래야 토할 위험이 줄어들기 때문이다. 나는 마치 자궁 같은 어두운 침실을 둥둥 떠다니는 듯하다. 세상과 나를 이어주는 탯줄 같은 스마트폰을 손에 쥔 채, 나도, 태아도 눈을 감고 있다.

남극에서는 황제펭귄 수컷이 살을 에는 추위와 눈보라 속에서 9주 동안 알을 품는다. 거대한 번식 집단 속에서 수컷들은 서로 밀착해 추위를 견뎠고, 번갈아가며 무리 중심에 서거나 바깥쪽 자리를 맡으며, 바람을 등지고 서서 체온을 유지하려 애쓴다. 수컷의 발등 위에서 알이 떨어지면 얼음 위에서 순식간에 얼어붙고 이는 작은 알에게는 치명적이다. 하지만 우리의 수컷 펭귄은 알을 발등 위 피부에 바짝 붙인 채로 잘 지켜냈다.

이제 수컷은 지칠 대로 지친 상태다. 알은 며칠 전에 부화했고 수컷은 자신의 위 속에서 만들어지는 젖 같은 물질을 솜털이 덮인 작은 새끼에게 먹였다. 하지만 이제 그에게는 더 이상 먹이를 만들어낼 영양분이 남아 있지 않다. 크릴과 물고기로 배를 가득

남극에서 황제펭귄의 수컷은 새끼가 얼어죽을까 봐 발등에 올려놓고 키운다. 황제펭귄 부부는 3~4주씩 번갈아가며 바다에서 먹이를 잡아와 새끼를 기른다. 이렇게 반 년이 지나야 새끼는 혼자 살아갈 수 있다.

채운 어미 펭귄이 돌아와야 할 시간인 것이다.

다행히도 암컷 펭귄이 돌아왔다. 레오파드바다표범이나 범고래에게 잡아먹히지 않고, 새끼를 키우는 대신 자아를 실현하겠다며 떠나버리지도 않았다. 긴 여정을 마치고 번식지로 다시 걸어 들어오는 엄마 앞에는 이미 부화해 있는 새끼가 기다리고 있다.

이제는 엄마가 새끼를 돌볼 차례다. 그동안 거의 체중의 절반 가까이를 잃은 수컷은 이제 바다로 돌아가 살을 찌워야 한다. 3~4주 후면 수컷은 다시 돌아올 것이고 그때는 다시 수컷의 차례다. 이렇게 그들은 번갈아가며 새끼를 돌본다. 알을 낳은 후 약 반년이 지나 새끼가 혼자 살아갈 수 있을 때까지 말이다.[77]

나는 알을 품는 시간을 나눠 가질 수는 없지만 내 아이가 태어난 후에는 나 역시 남편과 함께 육아를 할 것이다. 아이를 재우고, 달래고, 안고, 같이 놀고, 가르치고, 먹을 것과 입을 것을 마련하고, 아이들을 지키며 그들이 성장해가는 모습을 지켜보고, 결국 그들이 우리를 떠나 자신의 삶을 살아가고, 언젠가 우리가 돌봄과 보살핌이 필요한 존재가 되었을 때 그들이 다시 돌아오기를 기다릴 것이다.

10주

키위는 다른 새들과는 다르다. 날지 못하고 깃털은 털처럼 생겼으며 몸의 무게가 앞쪽에 실려 있어 긴 부리를 바닥 쪽으로 향한 채 몸을 앞으로 숙이고 걷는다. 앞으로 넘어질 것처럼 보이지만 큰 발과 긴 발가락, 발톱이 균형을 잡아주어 넘어지지 않는다. 키위는 뉴질랜드에 서식하는데, 그들이 진화하던 시기에는 천적이 거의 없었기 때문에 날개가 필요하지 않았다. 또 키위의 콧구멍은 대부분의 새들과 달리 거의 부리 끝에 있다. 키위는 야행성이며 비가 많이 오는 지역에서 지렁이와 곤충을 찾아 돌아다니며 주로 후각을 통해 먹이를 찾기 때문에 콧구멍이 부리 끝에 있는 것이 이들에게는 오히려 큰 이점이다. 키위는 일부일처제로 한 쌍을 이루어 살며 작은점박이키위Apteryx owenii는 10년 넘게 짝을 유지한 사례도 관찰되었다. 이 종은 뉴질랜드 일부 지역에서만 발견되며, 키위 중에서도 크기가 작은 편으로 무게는 약 1킬로그램 정도 나간다.

작은점박이키위 수컷과 암컷은 서로가 함께 있으며, 서로를 위해 존재한다는 것을 보여주기 위해 부리를 맞대고 춤을 춘다. 두 마리는 부리를 교차시키고 부리를 아래로 내리며 서로를 향해 둥글게 돌고 부드럽게 그르렁거리며 최대 20분간 춤을 춘다. 이 춤은 둘의 유대를 더욱 깊게 하고, 그들이 한 쌍임을 서로 확인하는 과정이다. 마치 내가 입덧을 하며 힘들어하고 있을 때 남편이 치즈를 얹어 구운 빵을 가져다주며 그가 나와 함께 있으며 나를 돌봐주고 있다고 확인시켜주는 것처럼 말이다.

작은점박이키위가 번식할 때 수컷은 땅에 구멍을 파고 암컷이 그곳에 큰 알을 낳는다. 작은점박이키위의 알은 어미 몸무게의 약 4분의 1에 해당할 만큼 크다. 암컷은 배아에게 엄청난 양의 영양분을 제공하는 알을 만드는데 이 알은 다른 새들의 알보다 훨씬 많은 비율인 60퍼센트가 노른자로 구성되어 있다.[78] 키위의 작은 배아는 이 엄청난 양의 노른자를 영양분 삼아 알껍데기 밖에서 살아갈 수 있을 만큼 충분히 자랄 때까지 오랫동안 그 안에 있어야 한다.

암컷 키위는 알을 만들기 위해 많은 자원을 사용하며, 영양가 있는 노른자를 생산하기 위해 평소보다 훨씬 많은 음식을 먹는다. 암컷의 몸 안에 알이 형성되는 데는 약 30일이 걸리지만 이 시간은 키위 새끼가 태어나는 데 걸리는 시간에 포함시키지 않는다. 연구자들은 알이 암컷의 몸 밖으로 나온 뒤 부화할 때까지 걸리는 10주 동안의 시간만 계산한다. 이 기간은 다른 많은 새들과 비교했을 때 매우 긴 것이다.

암컷 키위가 자신의 몸 속에서 알을 만드는 데 4주나 걸리고 알을 만들 때 평소보다 세 배나 더 많은 음식을 먹어야 한다는 사실에도 불구하고 암컷이 알을 만드는 데 들이는 노력이 계산되지 않는 이유는 그 시간이 얼마나 걸리는지 알아내기 위해 수많은 키위를 해부하여 난소를 살펴봐야 했기 때문일 수 있다. 이는 멸종 위기 종에게는 적합하지 않은 방식이다. 아니면, 새 연구자들이 전통적으로 남성들이었기 때문에 뱃속에 알이 있다는 것이 너무나 흔한 일이어서 번식 과정에서 누가 가장 크게 노력하는지 계산할 때 그 과정이 고려되지 않았을 가능성도 있다.

알을 낳기 직전, 암컷은 몹시 지쳐 있다. 배는 너무 불룩 튀어나와 땅에 질질 끌릴 정도이며 그 무거운 짐을 지탱하기 위해 다리를 넓게 벌리고 걸어야 한다. 암컷 키위가 차가운 물속에서 휴식을 취하는 모습이 관찰된 적도 있는데, 이는 팽창된 뱃가죽을 진정시키고 물속에 몸을 담궈 무게를 분산시킴으로써 온몸과 근육에 가해지는 부담을 덜기 위한 것으로 보인다. 알을 낳기 직전,

어미의 몸 속에서 자라는 작은점박이키위의 알은 어미 몸무게의 4분의 1에 달할 만큼 크다. 세상 밖으로 나온 알을 품는 것은 수컷 키위의 몫이다. 무려 10주 동안의 헌신이 이어진다.

곧 암컷의 '출산'이라고 할 수 있는 그 순간이 올 때까지 암컷은 음식을 먹지 못한다. 알이 몸속에서 너무 많은 공간을 차지하여 음식이 들어갈 자리가 없기 때문이다.[79]

하지만 작은점박이키위 새끼는 암컷이 알을 낳는 순간에 태어나는 것이 아니다. 새끼의 시간은 어미가 그 거대한 노력을 마친 뒤부터 비로소 시작된다. 여러 키위종에서는 암컷과 수컷이 포란을 분담하지만 이 작은점박이키위는 수컷만이 그 일을 맡는다. 수컷은 10주 동안 알을 품어야 하며, 이를 관찰하는 인간의 눈에는 극도로 헌신적인 아버지처럼 보인다. 그러나 암컷 역시 자기 체중의 4분의 1에 달하는 알을 낳는 일을 해냈다는 점에서 마땅히 찬사를 받아야 할 것이다. 암컷은 수컷이 둥지에 누워 있는 동안 근처에 머무르며 영역을 지킨다. 이 둘은 앞으로도 수년간 함께 지낼 것이다. 출산 이후, 암컷의 총문에는 찢어진 상처가 생길까? 커다란 알이 빠져나간 뒤, 내장이 마치 다시 재배열되는 기분이 들지는 않을까?

거대한 알을 지탱하고 또 낳기 위해 키위의 골반은 크게 구부러져 있고 꼬리뼈는 단단하며, 확장된 갈비뼈를 지니고 있다. 이 특이한 골반 구조 덕분에 암컷 키위는 거대한 알을 골반으로 지탱할 수 있다. 또한 키위는 독특한 방식으로 걷는데, 속도를 높이기 위해 보폭을 늘릴 수는 있지만 보행 속도 자체는 빨라지지 않는다. 이 특이한 보행 방식은 아마도 이동 능력과 거대한 알을 지탱하는 능력 사이의 진화적 절충의 결과일 것이다.[80]

수컷 키위는 매일 먹이를 먹기 위해 알을 떠난다. 가끔은 나뭇가지와 나뭇잎으로 둥지를 덮기도 하지만, 매번 그러는 것은 아니다. 유럽인들이 뉴질랜드에 들어오기 전까지는 그렇게 신경 쓸 필요가 없었다. 키위에게는 천적이 거의 없어 숲속을 자유롭게 돌아다녀도 포식당할 위험이 없었으며 알을 두고 떠나도 도난당할 일이 없었기 때문일 것이다. 그러나 유럽인들이 고양이, 개 그리고 다른 동물들을 데려오면서, 암컷과 수컷은 물론 알까지도 이 외래종들에게 잡아먹힐 위험에 처하게 되었다.

새끼 키위는 다른 새들처럼 난치를 가지고 있지 않기 때문에 알을 깨고 나올 때 발을 사용한다. 새끼는 완전히 발달된 상태로 알에서 깨어나며, 거칠고 털처럼 생긴 깃털을 가지고 있다. 새끼는 난황낭 안의 영양분을 몸 안에 가지고 있으며 그것만으로 약 일주일 정도 생존할 수 있어 이후에야 스스로 먹이를 먹기 시작한다. 부모 키위는 새끼에게 먹이를 주지 않기에 새끼는 한동안 둥지 근처에 머무르다 스스로 살 영역을 찾아야 한다. 5~6일이 지나면 새끼는 둥지 밖으로 움직이기 시작하고 2~3주가 지나면 부모로부터 완전히 독립할 수 있을 정도로 성장한다. 물론 그 이후에도 한동안 부모의 영역 내에 머무를 수 있다.[81]

그런데 왜 키위의 알은 임신 말기에 암컷이 거의 걷지도 못할 만큼 그렇게 큰 것일까? 왜 다른 일반적인 새들처럼 좀 더 일찍 알을 낳으면 안 되는 걸까? 아마도 암컷 키위는 부화 직후 새끼가 거의 곧바로 스스로 살아갈 수 있도록, 알이 충분히 클 때까지 기다리는 것으로 보인다. 그렇게 태어난 새끼는 깃털이 이미 나 있고 걷는 것도 가능하며 난황으로 가득 찬 위장을 가지고 있어 초기 생존에 필요한 에너지를 공급받을 수 있다.

과거에는 키위가 알을 먹는 지상의 포식자를 두려워할 필요가 없었다. 그 당시 주된 위협은 작고 무력한 새끼 새들을 잡아먹는 다른 조류들뿐이었다.[82] 그러므로 쉽게 먹을 수 없을 만큼 크고 부화하자마자 자립할 수 있는 새끼가 나오는 알을 만드는 데 시간을 들이는 전략은 일리가 있었다. 적어도 새로운 형태의 공격에 대한 진화적 방어를 전혀 갖추지 못한 키위들이, 새로 등장한 포식자들에게 속수무책으로 노출되기 전까지는 말이다.

하와이와 기타 태평양 섬들에 서식하는 바퀴벌레 디플롭테라 푼타타Diploptera punctata 역시 10주 간의 임신 끝에 새끼를 낳는다. 작고 갈색을 띤 암컷 바퀴벌레는 9~14마리 사이의 새끼를 낳는데, 새끼들은 여러 단계의 탈피를 거쳐 성체가 된다. 이들은 다른 곤충들과 달리 외부에 노출된 형태의 알이 아니기 때문에 포식자에게 잡아먹힐 위험이 없고 어미의 몸속에서 보호받으며 어미의 체내에서 영양을 공급받는다. 어미는 성장 중인 태아들에게 일종의 자궁유 같은 영양분을 제공하는데 이는 탄수화물과 단백질이 풍부한 물질로 새끼들은 어미의 체내 번식 주머니 안에서 그것을 먹으며 성장한다. 새끼들이 엄마 몸속에서 점점 커지면서 임신한 암컷 바퀴벌레는 더 이상 예전처럼 빨리 움직일 수 없게 된다.

또한 임신한 암컷 바퀴벌레는 더 많은 먹이를 필요로 하며 마치 나처럼 자궁 속 태아들에게 충분한 영양을 공급해야 한다.[83] 이것은 대부분의 다른 곤충들처럼 알을 외부에 낳는 대신, 자기 몸으로 새끼들을 직접 보호하기 위해 치르는 대가다. 우리는 같은 처지에 있는 셈이다.

남아메리카 남부 서해안에 위치한 발디비아 온대 우림 어딘가에서 다윈코개구리Rhinoderma darwinii의 새끼들이 마침내 아빠의 울음주머니에서 기어 나왔다.[84] 갈색과 녹색이 섞인 몸에 뾰족한 주둥이를 가진 암컷 개구리가 축축한 땅 위에 알을 낳으면 수컷은 그것을 수정한 뒤, 약 20일 동안 그 자리에 앉아 알을 지킨다. 그리고 알이 움직이기 시작하면 수컷은 입으로 그것들을 집어 올린다. 평소라면 움직이는 곤충을 보았을 때처럼 집어삼켰겠지만 이번에는 먹지 않고 자신의 울음주머니 안에 넣는다. 이 주머니는 원래 울음을 내기 위한 목의 돌출 기관이지만 번식기에는 육아낭으로 기능한다.

그 안에서 부화한 작은 올챙이들은 울음주머니 안에서 50일

넘게 지내면서 성장한다. 올챙이들은 자신이 가지고 있는 난황에서 영양을 얻을 뿐 아니라 수컷 다윈코개구리의 울음주머니에서 분비되는 영양분도 추가로 섭취한다. 아가미와 꼬리를 지닌 채 태어난 올챙이들은 울음주머니 안에서 폐와 다리를 갖춘 작은 개구리로 성장하고, 그동안 수컷은 이 새끼들을 품은 채 돌아다닌다.

이제 새끼들과 수컷 다윈코개구리가 함께 지내는 시간도 끝났다. 수컷은 울음주머니를 되찾았고 다시 울부짖으며 새로운 암컷을 유인해 알을 얻고, 새로운 새끼들을 보호할 준비를 한다.[85, 86]

11주

나그네알바트로스Diomedea exulans는 알을 품는 기간이 가장 긴 새들 중 하나다. 이 거대한 바닷새는 날개 길이만 3미터가 넘으며 현존하는 조류 중 가장 큰 날개폭을 자랑한다. 이 새는 길이 약 10센티미터에 이르는 비교적 큰 알을 낳는데, 무려 11주 동안 둥지에서 알을 품은 뒤에야 부화된다. 나그네알바트로스는 격년으로 단 한 개의 알을 낳는데, 이는 새끼가 부화한 후 혼자 날아갈 수 있을 만큼 자랄 때까지 1년이 꼬박 걸리기 때문이다. 나그네알바트로스는 일생 동안 짝을 유지하는 일부일처 관계를 맺으며 새끼를 함께 돌본다.[87] 마침내 알이 부화하고 긴 날개를 가진 작은 새끼가 모습을 드러낸다. 새끼는 부모의 따뜻한 몸 아래에서 보호받으며 세상 밖으로 나온다.

나도 이제 긴 '알 품기' 기간의 11주 차에 접어들었다. 내 새끼가 모습을 드러내고 머리를 내밀 때까지는 아직도 한참 남았다. 나는 여전히 메스꺼움과 구토를 오가며 가만히 누워 있다. 오후에 어린이집을 다녀온 아이가 방으로 들어오면 아이에게서 신선한 가을 냄새를 맡을 수 있다. 아이의 차가운 뺨이 내 뺨에 닿는다. 아이의 피부는 내 땀에 젖은 피부와는 달리 생기 넘친다. 나는 이 침대에 나를 묶어둔 내 난소를 원망한다. 왜 하필 나에게 자궁이 있는 걸까?

이번 주가 끝날 무렵이면 초음파로 내 안에서 자라고 있는 아이의 성별을 확인할 수 있지만 우리는 확인을 몇 주 더 미뤘다. 현대사회에서 우리는 사람들을 흔히 두 가지 큰 성별 범주, 즉 여성과 남성으로 분류한다. 그 기준은 생식기나 생식세포에 따라 정해진다. 하지만 늘 그런 식이었던 것은 아니다. 역사적으로 보면, 성별을 단지 두 개의 고정된 범주로 나누지 않고 연속적인 스펙트럼으로 인식하거나, 또는 그 이상으로 세분화한 범주를 가진 인류 사회들도 많았다.[88]

태아의 성별을 알게 되는 순간, 나는 어쩔 수 없이 그 아이가 자라서 어떤 사람이 될지 상상하게 될 것이다. 성별에 따라 세 살 아이를 대하는 태도를 결정하지 않으려고 최대한 노력하지만 생식기의 형태에 따라 아이에게 하늘색이냐 분홍색이냐로 나누어 옷을 입히는 사회 속에서 이는 참으로 어려운 일이다. 대체 '성'

이란 무엇일까 그리고 그것은 우리가 누구인지에 어떤 의미를 갖는 걸까? 사람들을 생식기를 기준으로 명확하게 구분하려는 경향은 생물학적인 기원에서 비롯된 걸까, 아니면 사회가 만들어낸 개념일 뿐일까? 차라리 우리가 자웅동체라서 난자와 정자를 모두 만들 수 있다면 훨씬 간단하지 않았을까? 혹은 '치마버섯Schizophyllum commune(시조필리움콤뮨)'처럼, 2만 3,000가지가 넘는 짝짓기 유형[89]을 가질 수 있었다면 어땠을까?

모든 진핵생물, 즉 균류, 식물, 동물의 마지막 공통 조상에게서 성性이 처음 등장한 것은[90] 약 20억 년 전이었다고 한다.[91] 초기의 생식세포(성세포)는 아마도 서로 크기가 비슷했을 것이다. 하지만 수많은 세대를 거치며 이 생식세포들은 서서히 크거나 작아지기 시작했다. 그 변화는 아마 아주 조심스럽게 시작되었을 것이다. 어떤 개체들이 우연히 다른 개체들보다 약간 더 큰 생식세포를 만들었고 이러한 조금 더 큰 생식세포는 자라는 자손에게 더 많은 영양분을 공급할 수 있었다. 그 결과, 이 자손들은 진화 경쟁에서 유리한 출발선을 가지게 되었고 이러한 이점이 자손을 통해 다음 세대로 전해졌다.

하지만 모든 생식세포가 점점 커지기만 한 것은 아니었다. 어떤 개체들은 우연히 다른 개체보다 조금 더 작은 생식세포를 만들어냈고 이렇게 작은 세포를 더 많이 생산할 수 있었던 개체들은 수적으로 유리한 이점을 가지게 되었다.[92] 그리하여 점차 생식세포의 세계에는 큰 세포(난자)를 적게 만드는 전략과 작은 세포(정자)를 많이 만드는 전략이 공존하게 되었다. 한편, 중간 크기의 생식세포를 만드는 방식은 점점 진화적 이점을 잃게 되었다. 왜냐하면 많은 양의 영양분을 담은 큰 세포 혹은 수적으로 우위를 점한 작은 세포에 비해 생존경쟁에서 뒤처졌기 때문이다.

이렇게 해서 우리가 암컷과 수컷이라 부르는 구분이 생겨났다. 암컷은 큰 생식세포, 즉 난자를 만들며 그 수는 상대적으로 적다. 수컷은 작은 생식세포, 즉 정자를 만들며 훨씬 더 많이 생산할 수 있다. 이러한 차이를 우리는 일반적으로 생물학적 성별이라고 부른다.

이처럼 서로 다른 생식세포를 생산하는 전략은 그것이 처음 등장한 이래 오랜 세월 동안 진화적 효과를 만들어냈다. 서로 크기가 다른 생식세포를 만드는 종은 대부분 성별에 따라 생식기관의 외형이 구별되며 겉으로 보이지 않더라도 해부해보면 차이를 확인할 수 있다. 그런데 이 진화적 효과는 단지 외형에만 나타나는 것이 아니다. 전통적으로 생물학자들은 이 차이가 개체의 행동 방식에도 큰 영향을 미친다고 여겼다. 예컨대, 암컷은 소수의 크고 값비싼 난자를 만들고 수컷은 다수의 작고 저렴한 정자를 만든다. 암컷은 이미 번식에 더 많은 투자를 했기 때문에 이미

111

생산해놓은 난자를 최대한 성공적으로 활용하려는 행동을 하게 된다. 특히 수정 후에도 추가적인 육아 활동이 필요한 종들에서는 암컷이 더 많이 돌보고, 품고, 먹이고, 보호하고, 가르치는 역할을 하게 되는 경향이 있다고 해석되어왔다.

반면 수컷은 많은 정자를 퍼뜨리는 것이 목적이므로 최대한 많은 암컷과 교미하기 위해 다른 수컷과 경쟁하는 데 시간을 쓴다는 것이다. 즉, 암컷은 단 한 마리의 수컷과만 교미하려 하고 수컷은 여러 암컷과 교미하려 한다는 것이 성세포 크기 차이에 따른 번식 전략에 대한 오래된 해석이다. 이러한 해석은 우리가 생식의 작동 방식을 처음 이해하기 시작했을 때부터 성 역할을 설명하는 데 영향을 주었고 오늘날 인간 사회의 성별 고정관념, 즉 남자아이는 하늘색, 여자아이는 분홍색이라는 이분법적 인식의 기초로도 작용해왔다.[93] 하지만 우리가 이 이론을 더 면밀히 들여다보면 이러한 이해는 금세 한계를 드러낸다.

조류를 예로 들어보자. 새들이 대체로 일부일처제라는 얘기를 들어본 적이 있을 것이다. 많은 조류종들은 일종의 이성애적 이상 모델, 즉 '진정한 사랑'의 상징처럼 묘사되어왔다. 생물학자 루시 쿡Lucy Cooke은 《암컷들》이라는 책에서 이 믿음을 깨는 일이 얼마나 어려웠는지를 설명한다. 예를 들어, 진화 생물학자 패트리샤 고와티Patricia Gowaty 교수는 새들이 사회적으로는 일부일처제일지 몰라도 성적으로는 그렇지 않다는 사실을 최신 DNA 기술을 통해 밝혀냈다. 실제로 전체 암컷 조류의 90퍼센트가 한 마리 이상의 수컷과 교미를 한다는 결과가 나왔다. 하지만 고와티가 이 연구 결과를 발표했을 때, 남성 동료 과학자들은 이런 '혼외 성적 일탈'의 주도자는 수컷일 것이라고 가정했다. 그들은 수컷이 강제로 교미했을 것이라고 추측했고, 암컷은 여러 수컷과 교미하는 데 별다른 관심이 없을 것이라고 여겼다. 즉, 암컷은 수동적이며, 자신이 사회적으로 짝을 이룬 한 수컷에게만 충실하고 싶어 한다고 보았던 반면, 수컷은 그와 완전히 다른 계획을 품고 있다고 여긴 것이다.

이 가정의 문제점은 루시 쿡의 책에서 볼 수 있듯, 전체 조류 종 중에서 오직 3퍼센트만이 음경을 가지고 있다는 사실에 있다. 대부분의 조류 수컷은 음경이 없기 때문에 수컷과 암컷이 교미를 하려면 서로 협력해야만 한다. 즉, 양쪽 모두가 자신의 총배설강을 여는 동시에 서로에게 그것을 맞대어야 수정이 가능하다. 음경이 없는 수컷 조류는 강제로 암컷과 교미할 수 없다.

편견을 걷어내고 보면, 여러 수컷과 교미하는 것이 수컷뿐 아니라 암컷에게도 진화적으로 유리할 수 있다는 점은 그리 이해하기 어렵지 않다.[94] 여러 수컷의 유전자를 섞어놓으면, 혹시 어떤 유전형질이 덜 생존력 있는 것으로 밝혀지더라도 다른 자손들은 살아남을 가능성이 높아지기 때문이다. "모든 알을 한 바구니에 담지 말라"는 격언처럼, 모든 생식세포를 한 둥지에 담지 않는 것, 즉 유전적 다양성을 확보하는 것이 유리하다. 그런데 과학자들이 이 사실을 깨닫게 된 것은 비교적 최근의 일이다. 왜냐하면 자신이 기대하는 세상과 다른 세상이 존재할 수 있다는 상상력 없이는 눈앞에 뻔히 보이는 자연 현상조차 인식할 수 없기 때문이었다.

우리는 역사적으로 번식 행위에서 수컷이 항상 더 적극적인 쪽이라고 가정해왔을 뿐만 아니라, 두 마리의 성체가 새끼를 돌보는 종의 경우에도 그 양육 주체가 언제나 하나의 수컷과 하나의 암컷일 것이라고 가정해왔다. 그러나 많은 종에서는 수컷과 암컷이 겉모습부터 확연히 다르기 때문에 구별이 쉽지만 겉으로는 성별 구분이 전혀 안 되는 종들도 있다. 과학자들이 그런 외형이 비슷한 조류종들에서 실제 성별을 조사해본 결과, 한 쌍의 부모로 보이는 개체들이 모두 수컷이거나 모두 암컷인 경우가 의외로 드물지 않다는 사실이 밝혀졌다.

예를 들어, 킹펭귄King Penguin, 레이산알바트로스Phoebastria immutabilis, 큰기러기Anser anser 같은 종들에서, 이러한 동성 양육 쌍이 관찰되었다. 결국 자연은 우리가 눈을 조금만 돌려 보아도, '엄마-아빠-아이'라는 이성애 규범적 서사에 들어맞지 않는 수많은 생명체들로 가득 차 있다는 사실을 알 수 있다.[95]

우리가 성별에 대해 품고 있는 편견 즉, 우리가 보게 될 것이라고 믿는 것 외에는 상상조차 하지 못하는 한계는 아주 오래전부터 존재해왔다. 그리고 그런 편견은 찰스 다윈에 의해 더욱 공고해졌다. 그는 160년 전에 진화론을 제시함으로써 시간에 따라 종이 어떻게 변화하는지를 이해하는 방식에 큰 영향을 끼쳤다. 다윈은 틀 밖에서 사고할 수 있었고 그 누구도 설명하지 못했던 것들을 이해했으며 세계를 완전히 새로운 시각으로 바라보았다. 우리가 오늘날 알고 있는 진화에 대한 지식은 그가 1830년대 5년에 걸쳐 탐험선 HMS 비글호를 타고 전 세계를 항해하며 관찰한 것들에서 비롯된 것이다. 그리고 1859년, 그는 자연선택을 통한 진화에 관한 책을 발표했다. 하지만 10년 후, 그가 성선택 즉, 어떤 개체는 짝짓기를 할 수 있고 어떤 개체는 하지 못하는 이유에 대한 가설을 내놓았을 때, 그는 결국 자신이 자라온 시대의 좁은 성 역할 관념을 넘어서지 못했다.

다윈은 왜 암컷과 수컷이 다르게 생겼는지에 큰 관심을 가졌다. 예를 들어, 수컷 공작Pavo spp은 크고 화려한 꼬리를 가지고 있는데 왜 암컷은 상대적으로 단조로운 외형을 지녔는가? 그에 대해 다윈은 이렇게 설명했다. 수컷들은 암컷과 짝짓기를 하기 위해 경쟁하고, 암컷은 그중에서 한 마리를 선택한다. 즉, '암컷의 선택female choice'이라 불리는 메커니즘을 통혜, 암컷이 특정한 형질을 선호하게 되면 그 형질이 진화적으로 발달하게 된다는 것이다. 수컷 공작의 거대한 꼬리 깃털 같은 예를 들 수 있다.

하지만 다윈은 진화가 주로 수컷을 중심으로 일어난다고 주장했다. 그 이유는 진화로 인해 수컷의 생식 성공률이 훨씬 더 크게 달라지기 때문이다. 즉, 암컷은 대부분 짝짓기를 할 수 있지만 수컷은 다른 수컷과의 경쟁에서 얼마나 잘 살아남느냐에 따라 짝짓기 기회를 얻는다. 다윈은 수컷은 싸우고 경쟁하는 본능이 있고, 열정을 지니며, 암컷은 구애의 대상이며, '수줍고coy' 요염한 존재라고 여겼다. 그 결과, 진화는 수컷을 중심으로 이루어진다는 해석을 내놓은 것이다.

거침없는 남성과 수줍은 여성이라는 성 역할은 다윈이 살던 영국 빅토리아시대 사회에서 그대로 가져온 성 역할 규범이다. 다윈 이후에도 많은 백인 남성 자연과학자들이 그를 따랐으며, 이들은 자신들이 속한 사회의 성 역할 편견을 바탕으로 생물의 종과 암수의 차이를 묘사했다. 그러다 여성들이 생물학을 공부하기 시작하면서부터 비로소 학계는 좀 더 열린 시각으로 자연을 바라볼 수 있게 되었다.[96]

실제로는 암컷 역시 경쟁에 참여한다는 사실이 밝혀졌다. 먹이나 다른 자원을 확보하기 위해서 암컷들 또한 여러 수컷들과 교미한다. 무리 내에서 암컷의 사회적 지위나 위치, 또는 영역과 먹이에 대한 접근성은 암컷의 생식 성공률에 영향을 미친다. 즉, 경쟁해야 할 것이 있는 건 수컷만이 아니다. 암컷은 가장 우수한 수컷이 다가오기를 마냥 기다리지 않는다. 자신의 유전자를 다음 세대에 더 확실하게 전하기 위해 여러 수컷과 교미하는 편이 유리하다. 그리고 수컷이라고 해서 아무 암컷이나 교미하는 것은 아니다. 정자의 수가 많다고는 하나 무한정 쏟아낼 수 있는 자원은 아니다. 수백만 개의 정자를 한 번에 배출한다 해도 그걸 여러 암컷에게 나누어 배정하는 건 현실적으로 매우 어려운 일일 것이다. 또한 수컷의 사정 횟수에도 한계가 있다. 더구나 단 한 번의 정자 제공으로 반드시 자손을 얻을 수 있다는 보장도 없다.[97]

그렇다면 양육을 가장 많이 하는 쪽, 알을 돌보고 새끼를 보살피는 데 가장 많은 시간을 쓰는 쪽은 암컷이라는 주장은 어떤가? 이것 역시 꼭 그렇지만은 않다. 교미 후에 누가 주된 양육 부담을 지느냐는 종에 따라 다양하다. 물론 전반적으로 보면, 암컷이 양육을 더 많이 맡는 경향이 있지만 물고기와 새의 경우는 예외다. 물고기류에서는 수컷 혼자서 알과 치어(새끼)를 돌보는 종이 부모가 함께 양육하는 종이나 암컷만 돌보는 종보다 더 많다.[98] 조류에 대한 대규모 메타 연구에서는 암컷과 수컷이 생식세포를 생산하는 데 쓰는 에너지 양과 누가 알과 새끼를 더 많이 돌보는지 사이에는 아무런 상관관계가 없다는 결론이 나왔다.[99]

비록 많은 생물군에서 일반적으로 암컷이 양육과 새끼 돌봄에 더 많은 에너지를 쓰는 경향이 있긴 하지만 왜 그런지에 대해서는 아직 정확히 알지 못한다. 암컷이 이미 알에 더 많은 투자를 했기 때문에 수컷보다 더 많은 양육을 하게 된다는 전통적인 설명은 설득력을 잃고 있다. 이 관점이 암수 모두 경쟁한다는 사실을 무시할 뿐만 아니라, 암컷이 초기 생식세포에 더 많은 에너지를 들였기 때문에 그것을 포기할 경우 손실이 더 클 것이라는 가정을 전제로 하기 때문이다. 이는 암컷이 이후 자신의 번식 성공을 극대화할 수 있는 전략을 선택하는 대신에 이미 진행한 투자에 의해 행동이 결정된다는 뜻이기도 하다. 이것을 일명 '콩코드 오류Concorde fallacy'라고 한다. 이는 1980~1990년대 영국과 프랑스 정부가 콩코드 여객기 개발에 경제성이 없다는 사실이 명백해졌음에도, 이미 너무 많은 자금을 투입했다는 이유만으로 프로젝트를 중단하지 못했던 사례에서 따온 이름이다.[100] 예를 들어, 참솜깃오리 암컷이 알을 포기하고 떠나는 상황은 그해에 들였던 모든 에너지를 포기하는 것처럼 보일 수 있지만 사실은 자신의 생존을 택함으로써 앞으로 여러 번 번식할 수 있는 가능성을 높인 것이다. 만약 암컷이 콩코드 프로젝트처럼 계속해서 알에 에너지를 투자했다면 그해 낳은 알뿐 아니라 자신의 목숨까지 모두 잃었을 가능성이 크고 그로 인해 미래의 모든 자손까지도 잃는 결과를 낳았을 것이다.

성性은 유전적 다양성을 증가시킨다는 점에서 매우 큰 장점을 갖는다. 예를 들어, 섬유세닐말미잘이 자기 복제를 통해 새로운 개체를 만들어낼 때, 그 새끼는 부모와 완전히 똑같아진다. 만약 어떤 환경요인이 부모 섬유세닐말미잘에게 치명적이라면 그리고 그것이 유전적 요인에 기인한 것이라면, 그 새끼에게도 똑같이 치명적일 가능성이 크다. 하지만 '성'이 생겨난 이후, 개체들은 서로 유전자를 섞기 시작했고 그 결과 전혀 새로운, 유일무이한 개체들이 생겨났다. 오늘날 우리 모두는 각자 조금씩 다른 존재다. 왜냐하면 우리는 한쪽 부모에게서 온 특정 유전자 변이와 다른 쪽 부모에게서 온 다른 유전자 변이를 함께 갖고 있기 때문이다.

유성생식(교배를 통한 번식)은 개체 주변의 환경이 변할 때 그 진가를 발휘한다. 그리고 환경은 실제로 자주 바뀐다. 예를 들어, 기후가 조금 따뜻해졌을 때, 따뜻한 환경에 더 잘 적응된 유전적 조합을 가진 개체들은 그렇지 않은 개체들보다 더 많은 자손을 남기게 된다. 이러한 방식으로, 유성생식을 하는 종들은 시간이 지남에 따라 변화에 적응할 수 있게 된다. 하지만 성을 통한 번식에는 큰 대가가 따른다. 미래의 부모는 서로를 찾는 데 시간과 에너지를 써야 하고 둘이 함께 하나의 자손을 낳을 경우 개체 수는 절반으로 줄어든다. 게다가 교미 경쟁에 쓰이는 시간과 에너지를 아낀다면 수정된 알이나 새끼를 돌보는 데 더 효율적으로 사용할 수도 있지 않았을까? 그렇게 따지면 유성생식은 에너지 낭비다. 이 때문에 유성생식이 일반적인 번식 방식으로 자리 잡은 것은 생물학적으로 역설이라는 주장도 있다. 에너지 효율만 따진다면, 무성생식이 훨씬 이득이기 때문이다.[101, 102]

물벼룩Cladocera은 아주 작은 갑각류로 길이가 5밀리미터를 넘지 않는다. 이들은 전 세계 거의 모든 호수에 서식하며 몸 앞부분에 있는 팔처럼 생긴 돌기를 이용해 물속의 미세한 녹조류나 미생물을 걸러내어 먹는다. 환경조건이 좋을 때, 물벼룩은 (코모도왕도마뱀처럼) 무성생식을 통해 알을 낳는데 다른 개체 없이 스스로 만든 알은 등에 있는 부화주머니(부낭)에서 부화한다. 낮 시간이 길고 햇볕이 충분해 물벼룩이 좋아하는 작은 녹조류가 잘 자라는 조건에서는 짝을 찾거나 정자를 얻는 데 시간을 쓰지 않고 그저 호수를 자신의 자손으로 가득 채우고 최대한 많은 수를 번식시켜 확산하려는 전략을 쓰는 것이다. 하지만 낮의 길이가 짧아지거나, 기온이 내려가고, 호수가 과밀해지거나 영양분이 부족해지면, 물벼룩은 전략을 바꾼다. 그때는 수컷의 정자로 수정되는 알을 생산하며 이 알은 단지 암컷 자신의 유전자뿐만 아니라 양쪽 부모의 유전자가 섞인 형태가 된다.[103]

실험에 따르면, 기생충이 유성생식 또는 무성생식으로 태어난 물벼룩을 공격할 경우, 양쪽 부모의 유전자를 섞어 태어난 개체들이 훨씬 잘 살아남는 것으로 나타났다. 이들은 감염에 더 강한 반면 무성생식으로 만들어진 물벼룩에서는 기생충이 훨씬 더 빠르게 증식했다.[104] 무성생식은 조건이 좋을 때, 즉 먹이가 풍부하고 서식 공간이 여유로운 상황에서는 아주 효율적인 번식 방식이지만 환경이 바뀌면 서로 똑같은 유전자를 가진 개체들은 위험에 빠지기 쉽다.[105] 대장균 박테리아는 내가 한 사람을 키우는 시간 동안 어마어마한 수의 자손을 만들어낼 수 있다. 그럼에도 불구하고, 대부분의 생물은 성을 가지고 있으며 그 방식은 대개 효과적이다.

입덧으로 힘들어질수록 만약 남편이 자궁을 갖고 있고, 내가 정자를 제공할 수 있었다면 얼마나 좋을까라는 생각에서 벗어나기 힘들다. 왜 나만 태아를 품은 채 '걸어다니는 인큐베이터'가 되어야 하는 걸까? 만약 이 임무를 나눌 수 있고 임신을 번갈아가며 맡을 수 있었다면 정말 실용적이었을 것이다.

세상에는 한 개체 안에 두 성을 모두 지닌 종이 상당히 많다. 달팽이나 지렁이처럼 동시에 두 성을 가지는 경우도 있고 어떤 어류처럼 시간의 흐름에 따라 순차적으로 성이 바뀌는 경우도 있다. 디즈니 영화에 등장하는 유명한 물고기 니모, 즉 주황색과 흰색 줄무늬를 가진 흰동가리Amphiprion ocellaris는 모두 수컷으로 태어나며 무리 안의 암컷이 사라질 경우 사회적 신호에 의해 성전환이 일어난다. 수컷 중 일부가 암컷으로 성을 바꾸고 무리의 새로운 암컷이 되는 식이다.[106] 두 성을 동시에 가지는 것은 같은 종의 개체를 만나기 어려운 환경에서 특히 유리하다. 드물게 다른 개체를 만나게 되었을 때, 상대의 성이 무엇이든 확실히 번식이 가능하기 때문이다. 그리고 일부 종에서는 만약 다른 개체를 찾지 못할 경우, 스스로 번식 활동을 할 수도 있다. 하지만 교미할 상대를 만날 확률이 낮다는 점만으로는 우리가 알고 있는 모든 자웅동체종, 특히 식물계뿐만 아니라 많은 동물군에서 발견되는 자웅동체 현상을 모두 설명할 수는 없다.

일부 종 집단에서는 두 자웅동체가 만났을 때 서로 싸우기도 한다. 이들은 먼저 상대를 자신의 음경으로 찌르려고 하는데, 먼저 찌르는 쪽이 수컷 역할을 하게 되며, 찔린 쪽은 암컷 역할을 하게 된다. 이 특정 종들에서는 암컷이 되는 것이 곧 난자를 생산하는 데 더 많은 에너지를 소비해야 함을 의미한다. 반면, 지렁이 같은 종들에서는 서로의 정자로 상대방의 난자를 수정시키며 그 짐을 공평하게 나눈다.

처음에 어떤 한 성을 가지고 있다가 이후에 다른 성으로 바뀌는 순차적 자웅동체도 있다. 이러한 종에서는 일정 크기에 도달했을 때 성을 바꾸는 것이 유리한 경우가 많다. 충분히 커져야 많은 수의 크고 건강한 난자를 생산할 수 있거나, 혹은 일정 크기 이상이 되어야 암컷 개체들에게 접근할 수 있기 때문이다.[107] 하지만 왜 포유류는 자웅동체가 아닐까? 일부 어류를 제외하면 크기가 크거나 약간이라도 발달한 종은 자웅동체인 경우가 거의 없다. 어쩌면 그 이유는 생식에 성공하기 위해서는 단순히 생식기관만으로는 충분하지 않기 때문일 수 있다. 우리는 서로 경쟁해야 하고 다양한 방식으로 자손에게 투자해야 하며 스스로 살아남아야 또다시 번식할 수 있다. 일생 동안 유지해온 성을 바꾸는 것은 오히려 비용이 너무 많이 드는 전략일 수 있다. 현재 가지고 있는 생식세포(정자 또는 난자)를 최대한 활용하여 자손을 남기는 방식이 더 효율적일 수도 있다는 것이다.

자웅동체가 아닌 종들의 이야기로 돌아가보자. 어떤 개체는 알을 만들 운명으로 태어나고, 어떤 개체는 정자를 만든다. 그렇지만 왜 대체로 암컷이 새끼 양육에 더 많은 시간을 들이는지는 여전히 진화론적 수수께끼로 남아 있다.[108] 이는 생물학 이론가들도 설명하기 어려운 부분이다. 몇몇 연구자들은 찰스 다윈이 주목했던 것과 같은 성선택이 어떻게 양육 부담의 차이를 만들었는지 설명하려고 시도했다. 이 가설에 따르면 성선택은 수컷에게 더 강하게 작용한다. 이는 다윈이 주장했던 바와 비슷하다. 성선택이란, 어떤 개체가 자신의 유전자를 다음 세대로 얼마나 많이 전달할 수 있는지를 결정짓는 모든 특성들을 의미한다.[109]

앞서 언급했던 공작의 꼬리를 예로 들어보자. 수컷 공작의 꼬리는 매우 크고 날기가 힘들 정도로 무겁기 때문에 포식자들에게 더 쉽게 잡힐 위험이 있다. 그럼에도 불구하고 암컷들은 세대를 거치며 꼬리가 더 크고 화려한 수컷을 선택해왔다. 아마도 그 이유는 이런 불필요한 사치를 짊어지고도 살아남는 수컷이야말로 정말로 강하고 포식자를 잘 피할 수 있다는 것을 암시하기 때문일 것이다. 큰 꼬리를 가진 수컷은 상당히 건강하고 생존력이 뛰어나다는 신호를 보내는 셈이다. 그러나 이러한 수컷의 특성에 대한 성선택은 수컷에게 큰 대가를 요구한다. 수컷들은 암컷이 선호하는 특성에 에너지를 많이 투자해야 하기 때문에 동시에 알이나 새끼를 돌볼 에너지가 부족할 수 있다.

생물학 이론에서 성선택으로 암컷이 양육을 담당하는 이유를 설명하려면, 여러 가지 다양한 조건들이 충족되어야 한다. 이 이론적 계산식이 성립하기 위해서는 어떤 수컷이 짝짓기에 더 성공하는지가 단순히 우연이 아니어야 하며, 그들이 자원을 투자하는 특성(예를 들어, 공작의 꼬리)과 교미 성공 사이에 명확한 연관성이 있어야 한다. 또한 암컷이 여러 수컷과 교미를 해서 수컷이 어떤 새끼가 자신의 자식인지 알기 어려워 수컷이 양육에 에너지를 쏟지 않아야 하고 생존 과정에서 더 많은 수컷이 죽어 나가서 성체 개체군 내에 암컷이 수컷보다 훨씬 많아야 한다. 이러한 모든 조건들이 모든 종에서 항상 충족되지 않음에도 여전히 많은 경우 암컷이 주로 양육 부담을 지고 있으며 우리는 이것이 왜 그런지 완전히 설명할 수는 없다.[110]

이미 언급했듯이 우리는 사람의 성별을 어떤 크기의 생식세포를 생산하느냐에 따라 두 가지 유형으로 구분한다. 큰 생식세포를 만든다면 암컷이고 작은 생식세포를 만들면 수컷이다. 누군가를 만날 때마다, 우리의 뇌는 그들을 '여성/여자아이' 또는 '남성/남자아이'라는 범주에 넣는다. 우리는 머리 모양, 옷차림, 몸의 움직임 등, 눈에 보이는 것들을 해석하여 그 사람이 고환을 가졌는지 난소를 가졌는지 판단한다. 하지만 어떤 생식세포를 생산하는지가 생물학적 성별을 규정짓는 유일한 방법은 아니다.

동물학자이자 심리학자인 데이비드 크루스David Crews는 우리가 어떤 개체를 수컷인지 암컷인지 판단할 때 영향을 미치는 다섯 가지 주요 특성을 정리했다. 어떤 염색체를 가졌는지, 어떤 생식기관을 가졌는지, 신체가 어떤 호르몬을 생산하는지, 신체가 어떻게 생겼는지, 어떻게 행동하는지가 포함된다.[111] 인간의 염색체를 예로 들어보자. 여성은 X 염색체 두 개를 가지고 있고 남성은 X 염색체 하나와 Y 염색체 하나를 가진다. 하지만 돌연변이의 경우도 간과해서는 안 된다. 어떤 경우에는 전형적인 수컷 염색체형인 XY를 가졌지만 여성의 생식기관을 가지기도 하고, X 염색체가 하나 더 있는 XXY를 가졌지만 수컷 생식기관을 가지며 사춘기에는 가슴이 발달하기도 한다.

인구의 1~2퍼센트는 XY 염색체와 남성 생식기관을 함께 갖고 있지 않고 XX 염색체와 여성 생식기관을 함께 갖고 있지 않다.[112] 게다가 염색체와 생식기관은 일치하지만 출생 시 생식기관 모양을 기준으로 부여된 성별과 자신의 성 정체성이 일치하지 않는 사람들도 있다.[113] 우리는 흔히 성별에 대해 이야기할 때, 자연이 남성과 여성이라는 서로 완전히 분리된 두 개의 상자를 만든 것처럼 이야기하곤 한다. 하지만 현실은 그렇게 단순하지 않다. 진화는 본질적으로 다양성을 의미하며, 종 사이에서도, 종 내에서도 변이는 끊임없이 존재한다. 만약 이러한 다양성이 없었다면 진화가 작동할 여지도 없었을 것이다. 성별과 종의 형태에 대해 몇 가지 기본적인 틀이 있지만 이 기본 형태는 끊임없이 깨지고 변형된다. 그것이 바로 진화다.

'암컷'과 '수컷'이라는 개념은 개체가 어떤 생식세포를 만드는지 이상의 의미를 담고 있다. 조류종에서 수컷과 암컷의 행동을 어떻게 설명해왔는지만 떠올려보아도 알 수 있다. 우리는 인간 아기의 생식기를 보고 그 아이가 자라서 어떤 사람이 될지를 자연스럽게 상상한다. 생식기가 큰 생식세포를 만드는 것처럼 보이면 우리는 원하든 원하지 않든, 그 아이가 세 살쯤 되었을 때 인형 놀이를 좋아하고 구슬 꿰기 같은 소근육 활동을 즐기며 자신보다 작은 이들에게 친절하고 배려심이 많을 것이라고 생각한다. 생식기가 작은 생식세포를 만드는 것처럼 보이면 우리는 아이가 자동차 장난감을 가지고 노는 것을 좋아하고 높은 곳에서 뛰어내리고 균형을 잡고 사다리에 오르기를 좋아하며 꽤 시끄럽고 소란스러울 것이라고 생각한다. 우리는 큰 생식세포를 만드는 이들이 작은 생식세포를 만드는 이들과 평생 다르게 보이고 다르게 행동할 것이라고 기대한다. 이것이 바로 성 역할이다.

작은 생식세포와 큰 생식세포가 개체의 번식적 투자 방향, 즉, 자손을 돌볼 것인지, 아니면 정자를 퍼뜨리기 위해 경쟁할 것인지를 결정한다는 전통적인 이해가 균열을 드러내고 있듯이, 우리가 생물학적 성을 이해하는 방식도 마찬가지로 흔들리고 있다. 우리가 수컷과 암컷을 생각할 때, 그것이 인간이든 다른 종이든, 우리는 단순히 그들이 어떤 유형의 생식세포를 생산하는지만을 떠올리지 않는다. 우리는 즉각적으로 그들이 어떻게 인생을 살아갈 것인지에 대한 이미지노 함께 떠올린다. 수동적인 암컷괴 능동적인 수컷 그리고 그들 안에서 가장 강하게 작동하는 감정과 본능(모성 본능 대 경쟁 본능)에 대한 기대를 가진다. 하지만 인간 암컷은 우리가 전통적으로 남성호르몬이라고 여겨온 테스토스테론 수치가 매우 높을 수도 있고, XY 염색체를 가진 인간 수컷이 여성의 생식기를 가질 수도 있다. 그렇다면 도대체 무엇이 성을 정의하는 것일까?

다윈은 자신이 자라난 문화적 맥락을 벗어나 성을 바라보는 것이 어려웠던 듯하다. 사실 이것은 조금 이상한 일이다. 왜냐하면 그는 신이 창조주라는 당시의 지배적인 사고방식에서 자라났음에도, 생물학에서 세계적으로 가장 중요한 이론인 진화론을 고안해낼 만큼 기존 사고의 틀을 넘어선 혁신적인 사고를 할 수 있었기 때문이다. 우리도 마찬가지다. 오늘날 자연에서의 성이 무엇인지, 그것이 우리와 우리의 성 역할에 대해 무엇을 의미하는지에 관해 우리가 배워온 것들 너머를 바라보는 일은 쉽지 않다. 그리고 우리가 어떻게 행동하기를 기대하는 것은, 결국 우리가 실제로 어떻게 행동하게 되는지에 매우 큰 영향을 미친다.

둥지에 앉아 있는 나그네알바트로스는 아마 사회적으로는 일부일처일 수 있다. 하지만 나그네알바트로스 암컷이 다른 개체와도 교미했는지, 짝이 실제로 수컷인지 우리는 알지 못한다. 모든 것은 단지 하나의 가정일 뿐이다. 나는 내 태아가 몇 년 후 자라났을 때 어떤 관심사를 가질지 전혀 알지 못한다. 하지만 내 아이가 마주하게 될 사회가 품고 있는 기대는 아이가 어떤 사람으로 자라게 될지에 영향을 미치게 될 것이다.[114] 그리고 우리가 어떻게 길러지는가는 뇌가 최종적으로 어떻게 작동하게 되는지에 영향을 미친다.

인간의 성별 차이에서 문화, 즉 우리가 어떻게 길러지는가와 생물학 및 유전자가 각각 어디까지 영향을 미치는지 구분하는 것은 극도로 어렵다. 우리가 생각하는 것만큼 생물학적 차이가 크지 않을 수도 있으며 우리가 어떤 관점에서 바라보는지에 따라 그 경계는 서로 넘나들 수 있다. 어쨌든 우리는 무엇보다 사람이지, 암컷과 수컷이 아니다. 역사적으로, 서로 다른 성별 간의 구분은 매우 강하게 존재해왔고 여성에게 참정권과 교육을 금지했던 이유도 여성이 남성과 동등하게 사회에 참여하는 것은 여성의 본성이 아니라는 논리 때문이었다. 오늘날, 여성이 투표권을 가지지 말아야 한다거나 원하는 교육을 받아서는 안 된다고 주장하는 것은 상상할 수도 없는 일이다.

사회가 발전함에 따라, 다음으로 무너질 '자연스러운' 차이는 무엇일까? 어쩌면 내 아이는 드레스를 입고 싶어 할 수도 있고, 자동차를 가지고 놀고 싶어 할 수도 있으며, 두 가지를 동시에 하고 싶어 할 수도 있다. 만약 우리가 파란색과 분홍색 그리고 우리가 할 수 있다고 상상해온 일들의 경계를 부수려고 노력한다면 우리는 그 차이들이 우리가 생각했던 것만큼 크지 않다는 것 그리고 그 경계들이 어쩌면 우리가 믿는 것보다 훨씬 더 유동적 이라는 사실을 알게 될 것이다.

12주

드디어 임신 첫 삼 분기가 끝났다. 태아는 이제 '진짜'가 되었다. 이제 내가 왜 자리를 비웠는지 공개적으로 밝혀도 문제가 없는 시점이다. 직장에서 나에 대해 떠돌던, 내가 장염에 걸렸다느니 번아웃이 왔다느니 하는 소문들을 잠재울 수 있다. 태아는 처음부터 내게 계속 함께하고 싶다는 신호를 보내왔다. 첫 삼 분기가 지나면 자연유산 확률이 매우 낮아지기 때문에 전통적으로 이 시점이 되면 주위에 '임신 사실을 밝혀도 된다'고 여겨진다. 마치 유산이 부끄러워해야 할 일인 것처럼 말이다.

어떤 사람들은 이 시점이 되면 입덧이 가라앉기 시작한다지만 내 경우는 그렇지 않다. 그럼에도 조금은 다시 인간다운 기분이 든다. 내 뇌가 다시 내 몸 안에서 존재할 수 있도록 허락은 받

131

은 셈이지만, 여전히 주도권을 쥐고 있지는 못하다. 나는 아직 직장에 복귀할 수 없다. 내 몸은 여전히 빌려준 상태이고, 운전대는 내가 아닌 다른 존재가 잡고 있다.

내 태아가 마침내 안정기에 접어들었을 때, 나일악어Crocodylus niloticus는 이미 알을 품는 일을 끝마쳤다. 이 모든 것은 물속에서 오랜 시간 동안 이어진 구애에서 시작되었다. 암컷과 수컷은 서로의 턱에 목을 비비며 애정을 주고받았고 암컷은 마침내 자신의 아이들을 위한 정자 기증자로 그를 받아들였다. 수컷은 암컷 위로 올라타 자신의 꼬리를 암컷의 꼬리에 감아 서로의 총배설강이 가까워지도록 했다. 악어의 음경은 항상 발기된 상태이며 수컷의 총배설강에서 튀어나와 정자를 암컷의 총배설강 안으로 전달했다.[115] 악어의 음경이 왜 항상 발기 상태인지는 아직 밝혀지지 않았으며 이것은 오랫동안 음핵이 그러했듯 진화의 미스터리 중 하나다. 모든 포유류는 음핵을 가지고 있지만 포유류만 그런 것은 아니다. 암컷 악어는 단순히 총배설강만 있는 것이 아니라 복잡한 음핵 구조도 가지고 있다. 과학자들은 오랫동안 암컷 악어가 그 음핵을 무엇에 사용하는지 의문을 가졌지만 결국 단순하게 결론지었다. 교미 중 수컷이 암컷의 음핵을 자극하는 것으로 보인다는 것이다.[116] 인간에 대한 연구에서도 그랬듯, 오랫동안 과학자들은 음경의 기능에 더 많은 관심을 가져왔으며 음핵은 상대적으로 소홀히 다루었다. 이 두 기관은 뱃속에서 자라는 동일한 구조의 세포 덩어리에서 비롯되지만 전통적으로 사람들은 수컷은 번식을 하려면 성적 쾌락이 필요하고 암컷은 받아들이기만 하면 된다고 생각해왔다. 이제는 암컷의 생식기 신경도 성적 흥분과 밀접하게 관련되어 있으며 암컷 또한 교미 중 쾌락을 경험한다는 점을 받아들이고 있다. 수컷과 암컷 모두에게 쾌락이라는 감각은 생물학적 보상이다.[117] 이것은 우리가 번식에 기꺼이 응하도록 진화한 덕분이다.

비록 나일악어는 대부분의 시간을 물에서 보내지만 그들은 육상동물에서 진화했기 때문에 산란을 위해서는 다시 육지로 올라와야 한다. 물속에 알을 낳으면 새끼 악어는 태어나지도 못하고, 죽게 된다. 그러나 둥지가 그저 육지에 있다고 해서 충분한 것은 아니다. 적절히 습해야 하고 적절히 따뜻해야 하며 어미가 지켜볼 수 있는 곳에 있어야 한다. 암컷 나일악어는 둥지 위치를 선택할 때 그 어느 것도 우연에 맡기지 않는다. 파충류의 뇌는 본능만으로 작동하는 것이 아니다. 어미 악어는 과거의 경험을 바탕으로 장소를 신중히 평가하고 알이 부화할 가능성이 가장 높은 장소를 선택한다.

나일악어는 모래 언덕에 둥지를 판다. 큰 방해가 없고 둥지를 지키는 동안 물에 잠기지 않을 곳 그리고 몸을 숨길 수 있는 초목이 있으며 마실 수 있는 물이 가까운 장소를 고른다.[118] 결정을 내리기 전에 여러 장소를 살펴보는데 만약 이전에 알을 낳았던 곳에서 연구자들에게 포획됐거나 포식자가 둥지를 습격하는 등 불쾌한 일이 일어났던 적이 있다면 암컷은 그것을 기억하고 다음 번에는 그 장소를 피한다. 어쩌면 일 년 내내 여러 장소를 관찰하며 건기와 우기의 수위 변화를 기억하고,[119] 그 정보를 나중에 사용하기 위해 저장해두는지도 모르겠다.

장소를 정한 뒤, 암컷은 땅을 파서 구덩이를 만들고 알을 층층이 쌓아 올린 다음, 모래로 덮는다. 그리고 기다림이 시작된다. 암컷은 석 달 동안 둥지 근처를 지키는데 밤에는 보통 둥지 위에 누워 있고 낮에는 바로 근처 그늘에서 머문다. 물속이 더 안전함에도 불구하고, 암컷은 항상 육지에 머물며 둥지 근처를 지킨다.

이제 12주가 지났고[120] 알이 부화할 시기가 되었다. 알은 모래 속 깊이 묻혀 있어서 새끼들이 스스로 빠져나올 수 없으며 어미 악어의 도움이 없으면 죽게 된다. 작은 악어 새끼들이 삐약거리기 시작하면 어미는 즉시 그 소리에 반응해 둥지를 파헤쳐 새끼들이 빛을 볼 수 있도록 돕는다. 암컷은 앞발과 입으로 모래를 치우고 때로는 알을 입에 물고 눌러 깨뜨리거나 굴리면서 새끼들이 껍질을 깨는 것을 도와준다. 그런 다음 새끼들을 입에 물고 물가로 데려가며 몇 주 동안 계속해서 새끼들을 보호한다.[121] 새끼들을 먹어버리는 일은 없다. 삐약거리는 새끼들의 울음소리가 어미 안의 어떤 감각을 일깨워, 자신의 새끼임을 알게 하기 때문이다.

나는 집에 있다. 남편은 출근하고 아이가 어린이집에 있는 동안, 나는 하루를 침대에서 보낸다. 이제는 조금씩 핸드폰을 볼 수 있게 되어, 세 살짜리 첫째 아이가 갓 태어났을 때의 사진들을 찾아본다. 조금 흐릿한 사진 속에 있는 작은 손, 피부가 접히며 생긴 아기 배의 주름, 내 가슴 위에 누웠을 때 완벽한 곡선을 그리던 그 작은 등의 모습. 그것들이 내 안에서 무언가를 일깨운다.

그때로 되돌아가고 싶다. 다시 그 순간을 살고 싶다. 이 작은 태아를 내 배 안이 아니라 내 품에 안고 싶다. 아이의 몸에서 나는 특유의 아기 냄새를 맡고 싶다. 자궁이 아니라, 내 팔로 아이를 세상으로부터 지키고 싶다.

나일악어가 알을 품는 기간은 땅의 온도에 따라 결정된다. 어미는 둥지를 적당한 깊이로 파야 한다. 너무 차가우면 새끼들이 죽고 너무 뜨거워도 마찬가지다. 하지만 단순히 춥지도 덥지도 않은 장소를 찾는 것만으로는 충분하지 않다. 악어 새끼들의 성별 역시 온도에 의해 결정되기 때문이다. 나일악어의 알은 약간 더운 곳이나 약간 추운 곳에서는 암컷으로 온도가 중간 정도일 때는 수컷으로 자란다.[122] 엄마가 자신의 새끼들 중 일부는 수컷, 일부는 암컷이 되기를 바란다면(그래야 유전자를 이어갈 가능성이 가장 크기 때문에) 알을 층층이 묻을 수 있는 장소를 찾아야 한다. 가장 깊은 곳에 묻힌 알은 암컷이 되고 중간 깊이의 알은 수컷이 되며 가장 윗부분의 알은 날씨가 매우 더울 경우 암컷이 될 수 있다.

그런데 왜 성별이 온도에 따라 결정되도록 진화했을까? 만약 어느 날 갑자기 한 성만 태어나는 일이 벌어진다면 그 종은 순식간에 멸종해버릴 수도 있을 정도로 너무 위험하지 않은가? 왜 그렇게 진화했는지에 대해서는 아직 완전히 밝혀지지 않았다. 또한 왜 그렇게 많은 파충류들이 온도나 기타 환경요인에 따라 성별이 결정되도록 진화해왔는지에 대해서도 아직 확실한 답은 찾지 못했다.[123, 124] 하지만 여전히 수많은 종들이 이렇게 번식해왔다는 것은 이 방식이 오랜 시간 동안 실제로 잘 작동해왔다는 뜻이기도 하다. 그 종들은 살아남았고 새로운 알들이 산란되고 새로운 새끼들이 태어나고 새로운 수컷과 암컷들이 계속 이어져갈 것이다. 적어도 기후변화가 둥지를 짓는 어미 악어들을 혼란스럽게 만들어 결국 한 성만 태어나는 사태가 벌어지기 전까지는 말이다.

모래언덕을 파서 알을 묻은 후, 나일악어는 12주 동안 곁을 지킨다. 놀랍게도 새끼 악어들의 성별은 주변 온도에 의해 결정된다. 암컷과 수컷의 적정비를 유지시키는 악어들만의 방법이다.

13주

나는 하루를 여전히 침대에서 보낸다. 그래도 이제는 가끔은 커튼을 조금 열어두고 시간이 흐름에 따라 천천히 침실 벽을 가로질러 움직이는 빛의 줄기를 바라보기도 한다. 계절이 바뀜에 따라 나무들이 천천히 색을 바꾸고, 지나가는 자동차들과 인도를 걷는 사람들, 출근하는 사람들, 어린이집에 가는 사람들, 장을 보러 가는 사람들을 볼 수 있다. 밖으로 나가 저 빛을 느끼고 싶지만 아직 몸을 움직이기는 쉽지 않다.

지구의 어느 한 곳에는 빛을 보고 싶어 하지 않는, 어쩌면 결코 빛을 원하지 않을 동물이 살고 있다. 아프리카 남부 칼라하리 사막의 모래 속, 지하에서 다말랄랜드두더지쥐Cryptomys damarensis

한 마리가 지금 새끼를 낳고 있다. 이들은 흔히 아는 집쥐Rattus norvegicus와는 다른 종으로 마치 두더지와 쥐가 섞인 것 같은 모습이다. 다말랜드두더지쥐는 모래 속에 굴을 파며 사는 동물로, 이 계통에 속하는 모든 종들은 복잡한 굴을 만들어 평생을 땅 아래에서 산다.

다말랜드두더지쥐는 무리를 이루어 살며 보통 8마리에서 25마리로 이루어진 작은 집단을 형성한다. 이들은 함께 굴을 파고 먹이를 찾으며 새끼를 키우는 데 협력한다. 성체도 매우 작아서 몸무게가 약 130그램밖에 되지 않는다. 이들은 아주 작은 눈, 통통한 몸, 짧은 다리를 가지고 있으며 귀는 거의 보이지 않을 정도로 작다. 갈색 털로 덮인 단순한 몸에 머리에 있는 작은 흰색 점 외에는 특별히 눈에 띄는 특징이 없지만 윗입술과 아랫입술을 뚫고 앞으로 튀어나온 커다란 앞니만은 두드러진다. 이 앞니는 마치 거대한 창처럼 보일 정도다.

지금 새끼들이 태어난 둥지는 거대한 굴 안에 있는 공동 침실 중 하나다. 방금 새끼를 낳은 암컷, 즉 여왕은 무리에서 유일하게 번식할 수 있는 암컷이다. 새끼들은 태어난 지 6일 만에 고형식을 먹을 수 있지만 여왕은 약 한 달 동안 새끼들에게 젖을 먹인다. 여왕은 무리의 개체 수를 늘리는 유일한 존재로 일 년에 세 번, 한 번에 약 여섯 마리의 새끼를 낳는다. 무리에서는 여왕과 번식하는 수컷이 우두머리로 군림한다. 늑대 무리처럼 이들도 오

여왕과 번식을 위한 우두머리 수컷만이 새끼를 낳는 다말랄랜드두더지쥐. 작
고 연약한 생태계의 약자들이 무리를 이루어 생존을 지키는 전략이다.

직 한 쌍의 암수만이 새끼를 낳는다. 그 아래에서 다른 구성원들은 자기 자리를 찾아간다. 다말랄랜드두더지쥐 무리는 서열이 몸 크기에 따라 결정되며 누가 더 큰지 합의가 안 되면 서로 이를 물고 싸우면서 힘겨루기를 해 누가 우위인지 정한다.

비록 오직 여왕만이 새끼를 낳고 젖을 먹이지만 양육은 다른 구성원들도 함께 한다. 그들은 새끼들이 둥지에서 너무 멀리 가지 않도록 지켜보고 자리에서 이탈한 새끼들을 조심스럽게 커다란 이빨로 물어 다시 제자리로 데려온다. 먹이 저장고에서 음식을 가져오고 새로운 먹이를 찾기 위해 굴을 파며 터널과 거주 공간을 수리하고 서로에게 위험을 알리며 침입자가 나타나면 새끼들을 다른 곳으로 옮긴다. 연구자들이 이 다말랄랜드두더지쥐들을 연구하기 위해 채집하는 과정에서 항상 마지막에 잡히는 것은 가장 크고 번식 가능한 암컷이다. 다른 무리 구성원들은 여왕을 위해 '전쟁'을 벌이며 새 식구를 낳는 여왕을 지키기 위해 자신을 기꺼이 희생하기 때문이다.

다말랄랜드두더지쥐가 사는 지역의 식물들은 대부분 땅속의 커다란 덩이줄기 속에 영양분을 저장한다. 비가 내리면 식물들은 긴 가뭄 기간을 대비해 서둘러 물과 영양분을 저장하는데 다말랄랜드두더지쥐들은 이를 적극적으로 활용한다. 식물들은 영양분을 부풀어 오른 뿌리나 줄기에 저장하며, 이것은 마치 감자과 식물이 영양분을 감자에 저장하는 것과 비슷하다. 그리고 우리가 감자를 먹는 것처럼, 다말랄랜드두더지쥐들도 이러한 덩이줄기를 먹는다. 이들은 평생 땅속에서 살며 덩이줄기에서 덩이줄기로 굴을 파며 이동하고 덩이줄기를 자신들의 저장고에 모아 놓는다. 그리고 저장고를 옮겨 다닐 때마다 잠자리, 생활공간, 별도의 화장실도 이동시킨다.

다말랄랜드두더지쥐는 일을 분담해서 처리한다. 한 마리는 새끼를 낳고 나머지는 다른 일을 맡는 식이다. 번식하지 않는 개체들은 먹이를 구하고 커다란 앞니로 굴을 판다. 땅을 파서 먹이를 찾아다니며, 지표면과 햇볕이 드는 근처에는 긴 굴을 파낸 흙을 밖으로 밀어낼 때만 잠시 모습을 드러낸다. 다말랄랜드두더지쥐들은 임시로 만든 구멍을 통해 여분의 흙을 밖으로 밀어내고 곧바로 그 구멍을 막는다. 뱀이 굴로 들어오지 못하도록 하기 위해서다. 이들이 땅 위로 나오는 유일한 순간은 새로운 집단을 만들기 위해 기존의 집단을 떠날 때뿐이다. 이들은 가족끼리 교미하지 않기 때문에 짝을 찾아 새로운 집단을 만들고 번식할 수 있는 개체가 되기 위해서는 다른 세상으로 나가야 한다.

다말랄랜드두더지쥐는 눈이 크지 않으며 시각 정보를 처리하는 뇌 부위도 줄어들어 있다. 이들은 어둠 속에 살고 있어 앞을 볼 필요가 없기 때문이다. 대신 머리와 몸에 긴 감각모가 나 있어 벽과 땅을 느낄 수 있고 뛰어난 후각을 이용해 화장실, 잠자리 그리고 새로운 덩이줄기의 위치를 찾아낸다. 이들의 피부는 매우 유연해서 좁은 굴에서도 쉽게 몸을 움직이고 방향을 바꿀 수 있다. 마치 근육과 뼈가 먼저 움직이고, 그 뒤를 피부가 따라오는 듯한 모습이다. 또한 입술이 앞쪽에서 갈라져 있고 앞니 뒤쪽에서 다시 붙어 있어 땅을 팔 때 입안으로 흙이나 모래가 들어오지 않는다.

인간은 비타민 D가 있어야 칼슘을 흡수할 수 있고 이를 통해 뼈를 만들고 태아의 뼈를 형성하며 아이를 위한 모유를 만든다. 반면 다말랄랜드두더지쥐는 태양을 볼 일이 별로 없기 때문에 햇빛을 통해 비타민 D를 합성할 수 없다. 또한 칼슘이 풍부한 다른 동물의 우유를 마시지도 않는다. 하지만 이들은 놀랍게도 충분한 칼슘을 스스로 확보한다. 다른 포유류가 보통 먹이 속 칼슘의 약 60퍼센트 정도를 흡수하는 것과 달리 다말랄랜드두더지쥐는 식단에서 칼슘의 90퍼센트 이상을 흡수하는 것이다. 특히 번식하는 암컷은 평생 거의 임신하거나 수유하는 상태이기 때문에 많은 칼슘이 필요하다. 다른 두더지쥐들도 굴을 팔 때 이빨이 닳기 때문에 끊임없이 마모되는 이를 유지하지 위해 칼슘이 필요하다.

그렇다면 다말랄랜드두더지쥐는 왜 일부만 번식할 수 있을까? 왜 모두가 새끼를 낳아 개체 수를 늘리지 않는 걸까? 다말랄랜드두더지쥐는 커다란 지하 저장 기관을 가진 식물들이 많은 지역의 땅속에 산다. 이곳은 비교적 안전하고 굴을 파낸 흙을 밖으로 밀어낸 후 그 구멍만 잘 막아두면 포식자도 거의 없다. 하지만 새로운 먹이는 일 년 중 아주 짧은 기간 동안만 얻을 수 있는데 그것은 비가 온 후 흙이 충분히 부드러워 굴을 팔 수 있을 때다.

이 짧은 기간 동안 여러 저장공간을 만들어두려면, 많은 두더지쥐들이 길게 굴을 파야 하고 음식을 별도의 접근 가능한 저장소에 저장해야 한다. 다말랜드두더지쥐는 혼자서는 충분한 먹이를 확보하기 어렵지만, 함께라면 가능하다. 그래서 많은 개체들은 번식을 미루고 번식하는 한 쌍을 도와 새끼를 키우는 것이다. 그리고 마침내 자신이 홀로서기에 적합한 환경이 찾아왔을 때 비로소 안전한 공동체를 떠나 자신만의 삶을 시작할 용기를 내게 된다. 공동체를 떠난 다말랜드두더지쥐는 새로운 번식의 기회를 얻을 수도 있지만, 짝을 찾지 못하고 홀로 남겨진 채 외롭게 죽을 수 있다는 위험을 감수해야 한다.[125, 126]

나는 주치의의 진료를 받으러 힘든 몸을 이끌고 병원으로 간다. 주치의는 한 번에 최대 14일까지만 병가를 발급해줄 수 있는데, 이는 나로 하여금 어쩌면 14일 안에 입덧이 멈출지도 모른다는 낙관적인 기대를 불러일으킨다. 진료는 오후 늦게 예약했다. 그때가 되면 토하는 횟수가 조금 줄어들지만 그래도 여전히 아주 천천히 걸어야 한다. 위장을 자극하지 않기 위해 조심스럽게 달팽이처럼 이동한다. 평소라면 5분 걸리는 거리를 20분이나 걸려 걸어가고 집에 돌아온 이후에는 하루 종일 침대에 누워서 쉬어야 한다. 나는 입덧 억제 약을 받고 또다시 14일짜리 병가를 받는다. 복지국가는 나의 안전망이고 여기서 우리는 모두가 각자의 역할을 수행한다. 나는 출산을 맡았고 다른 사람들은 다른 일을 한다. 어린이집 선생님들은 아이를 돌봐주고 내 남편은 직장에 가서 돈을 벌고 식량을 구한다. 지금 내가 할 일은 아이를 만드는 것, 새로운 노동자, 새로운 납세자, 새로운 한 사람을 세상에 내놓는 것이다.

14주

남아메리카 아마존 서쪽 가장자리에 인접한 숲, 빽빽한 덤불 아래, 마치 기니피그와 다람쥐를 섞은 듯한 동물 한 마리가 움직이고 있다. 우유 팩 크기의 이 설치류는 길쭉한 다리, 작고 뾰족한 귀 그리고 가늘고 짧은 꼬리를 가지고 있는데, 꼬리는 날렵한 몸 뒤로 삐죽 고개를 내밀고 있다. 털빛은 갈색에 약간의 녹색이 감돌고 배 쪽은 다른 부위보다 더 밝은 색이다. 이 동물의 이름은 '아쿠치Myoprocta pratti'로 지금처럼 임신 말기일 때도 활발히 움직인다. 이 작은 설치류는 엄격한 서열 체계를 가진 소규모 사회적 집단을 이루어 살아가며, 서열을 정할 때는 피가 나도록 서로를 물어뜯기도 한다. 하지만 자식 양육에는 협력하며 서로의 털을 손질해주기도 하고 위험이 닥치면 땅을 쿵쿵 구르며 경고 신

146

호를 보낸다. 아쿠치는 덤불, 잎, 뿌리, 돌 사이에 여러 길을 만들고 모든 구성원은 뿌리, 돌, 기타 장애물을 치우며 이 길을 유지하는 데 힘을 보탠다. 이 길들은 큰 포식자에게서 신속히 도망치기 위한 생명줄과도 같다. 이들은 얕은 굴을 파거나 썩은 나무줄기 속, 또는 다른 동물들이 버리고 간 굴에 둥지를 짓는다. 그리고 견과류를 모아 땅에 묻어 저장한다.[127]

무리 내에서 이들은 일부일처의 짝을 이룬다. 수컷은 암컷에게 소변을 뿌리고 암컷을 쫓아다니고 발로 땅을 구르며 구애한다. 그러면 암컷은 그 구애를 거절하거나 받아들인다. 암컷이 받아들이면 그 순간부터 짝으로서의 유대가 형성된다. 단, 암컷이 발정기가 아닐 때는 수컷이 아무리 시도해도 물리적으로 교미가 불가능하기 때문에 수컷이 접근해봐야 소용이 없다.[128]

아쿠치의 질은 얇은 막으로 덮여 있으며 이 막은 암컷이 발정기일 때와 출산할 때만 열린다. 임신한 지 14주가 된 아쿠치 암컷은 출산을 준비한다. 질막이 열리는 동안 암컷은 새끼들이 눕게 될 둥지가 안전하고 보송보송하며 건조한지 확인한다. 이 질막은 인간의 '처녀막'이라 불렸던 질막과 어느 정도 비교할 수 있을지도 모르지만 인간의 질막은 실제 막이 아니다. 인간의 질막은 오랫동안 여성이 성관계를 가졌는지를 판단하는 잘못된 기준으로 사용되어왔다. 그러나 인간의 질막은 첫 성관계 시 찢어지는 막이 아니라 질 입구 바로 안쪽에 위치한 고리 모양의 점막 주름으로 신축성 있는 결합조직으로 구성되어 있다. 따라서 인간의 질막은 여성이 성관계를 가졌는지 여부를 전혀 말해주지 못한다.[129]

아쿠치의 질막도 마찬가지다. 질막을 통해 그 아쿠치가 교미를 했는지 알 수 있는 방법은 없다. 이 구조를 통해 우리가 알 수 있는 것은 암컷이 현재 발정기인지 혹은 출산을 앞두고 있는지뿐이다. 앞서 언급했듯, 이 시기에만 질이 열려 있기 때문이다. 그렇다면 아쿠치 암컷은 왜 질 입구를 막는 막을 가지고 있을까? 이런 현상은 일부 설치류에서만 발견되며 아직 그 이유는 밝혀지지 않았다. 그러나 몇 가지 가설은 존재한다.

아마도 가장 이해하기 쉬운 가설은 암컷들이 언제 새끼를 가질지 그리고 누구와 가질지를 스스로 통제하기 위한 메커니즘으로 이러한 구조가 진화했을 것이라는 주장이다. 어쩌면 자신이 원하지 않을 때 수컷들이 억지로 교미하는 것을 막기 위한 것일수도 있다. 수컷과 교미하지 않아야 할 이유는 많다. 난자를 만들고, 태아를 키우는 것은 매우 큰 에너지를 쏟는 일이기 때문에, 가장 좋은 유전자를 선택하고 아무 수컷이나 접근하지 못하게 막는 메커니즘을 갖추는 것이 현명하다.

하지만 똑같이 질막이 특정 시기에만 열리는 몇 안 되는 종 중하나인 아프리카도깨비쥐 Cricetomys gambianus를 대상으로 한 연구에서는 이 가설을 아직 확실히 입증하지 못했다. 아프리카도깨비쥐들은 후각이 매우 뛰어나 결핵 환자를 냄새로 찾아내도록 훈련되기도 하고 몸무게가 매우 가벼워서 지뢰를 밟아도 폭발하지 않기 때문에 냄새를 맡아 지뢰를 찾아내는 데 활용된다. 이들은 햄스터처럼 음식을 저장할 수 있는 크고 부푼 볼주머니를 갖고 있으며, 개처럼 먹이를 이용한 훈련이 가능하다. 특히 바나나를 무척 좋아하는데, 이 특성을 이용해 지뢰나 결핵 샘플 등 우리가 찾고자 하는 대상의 냄새를 맡으면 바나나를 보상으로 제공하여 훈련한다.

대다수의 연구자들은 이들의 질막이 일종의 '정조대' 역할을 한다는 가설 대신, 질막이 암컷이 다른 암컷의 번식을 억제하는 메커니즘의 일부라는 가설에 더 무게를 두고 있다. 아프리카도깨비쥐와 아쿠치 모두 사회적 무리를 이루어 사는데 이때 지배적인 암컷은 호르몬과 페로몬을 통해 다른 암컷의 번식을 억제함으로써, 자신이 더 많은 자원을 확보하고 경쟁자가 적은 환경을 유지할 수 있다. 모든 암컷은 당연히 언제 새끼를 낳을지 스스로 결정하기를 원한다. 하지만 그 대안이 매우 치열한 경쟁이나 무리 내 다른 개체에 의해 새끼가 죽임을 당하는 것이라면 차라리 순응하는 편이 나을 수 있다. 그럴 때는 지배적인 암컷이 죽을 때까지 기다리는 것이 현명하다.[130, 131]

아쿠치도 새끼를 갖고 싶다는 갈망을 느낄까? 발정기가 오지 않으면 화가 날까? 자신이 사회적 게임의 말에 불과하다는 사실을 알까, 아니면 그저 덤불 아래에서 길을 내고, 나중에 먹을 먹이를 묻는 일을 하다가 발정기에 접어들었을 때 갑자기 누가 자신에게 소변을 뿌릴지에만 관심을 가지게 되는 걸까?

나에게는 필요한 시기에만 열리는 질막이 없다. 또한 다른 암컷들에게 억압받지도 않는다. 단지 세 살배기 아이가 놀이에 너무 몰두해서 기저귀를 떼었다는 사실을 잊고 소변을 싸는 순간에나, 아주 잠깐, 소변에 대한 생각을 할 뿐이다.

지금 아쿠치는 새끼를 낳고 있다. 안전한 보금자리 안에서 털이 나고 눈을 뜬 작은 새끼들을 핥아 깨끗하게 해주며, 고양이 같은 그르렁거리는 소리를 낸다. 앞으로 6~8주 동안 어미는 새끼들에게 젖을 먹이고 새끼들은 조금씩 스스로 설 수 있게 될 것이다.[132] 머지않아 이들도 세상 밖으로 나가 지배와 복종의 질서 속으로 들어가고, 언젠가 자신이 번식할 차례를 기다리게 될 것이다.

15주

나는 지금 배가 몹시 고프다. 입덧이 조금 가라앉아서 하루 서너 번 토하는 사이사이에 음식을 먹고 어느 정도 소화시킬 시간이 생겼다. 이제 몸이 잃어버린 것을 보충하려 한다. 나는 온종일 음식 생각만 한다. 아침에 눈을 뜨면 가장 먼저 하는 일은 뱃속에서 울렁이는 메스꺼움을 자극하지 않으려 아주 조심스럽게 짭짤한 비스킷을 먹는 것이다. 어떤 날은 괜찮고 어떤 날은 그렇지 않다. 그래도 오전이 지나면 구역질이 조금 가라앉아 먹을 수는 있다. 종종 다시 토하긴 해도 말이다. 토하는 일은 이제 내 일상이 되었고 조금은 견딜 만해졌다.

뭔가를 먹고 싶다. 라디오가 흘러나오고 있지만 내 머릿속에서 맴도는 것은 오직 한 가지, 먹고 싶다는 생각뿐이다. 먼저 빵

한 조각 그리고 또 한 조각, 귀리가 든 요거트, 달걀 프라이와 토마토, 콩, 어제 남은 저녁 음식도 생각난다. 이제 나는 점심, 저녁, 야식 모두를 저녁 식사만큼 먹는다. 임신 초기 몇 주 동안은 치즈 토스트로 버텨왔지만 이제는 내 몸과 태아를 위해 다양한 음식을 섭취해야 할 때다. 새우, 짭짤한 에다마메 콩, 버터에 볶은 버섯, 반숙 달걀, 두부와 땅콩 소스를 곁들인 국수, 송로 버섯이 올라간 피자, 토마토소스와 치즈 듬뿍 올린 파스타. 나는 다음에 뭘 먹을지만 생각하며 시간을 보낸다.

첨서Sorex Araneus 또는 유라시아뒤지는[133] 평소에 대사율이 매우 높아서 임신하거나 젖을 먹이지 않을 때도 매일 자신의 체중의 80~90퍼센트에 해당하는 양의 음식을 먹어야 한다. 새끼에게 젖을 먹일 때는 매일 자기 체중의 125퍼센트를 먹어야 한다. 물론 첨서의 몸무게는 겨우 몇 그램에 불과하지만 만약 내가 같은 비율로 먹어야 한다면 정말 감당할 수 없을 만큼의 어마어마한 양이다.[134] 첨서 암컷은 출산하자마자 다시 교미할 수 있고 여름철 둥지에 새끼를 키우는 몇 주 동안 임신과 수유를 동시에 할 수도 있다. 출산하고 먹고, 수유하고 먹고, 교미하고 먹고, 또 수유하고 출산하고 먹는다. 만약 내가 첨서처럼 먹어야 했다면 우리 집은 진작에 파산했을 것이다.

나는 지금 개인 산부인과로 가는 버스 안에서도 음식을 먹고 있다. 드디어 태아를 처음으로 볼 수 있게 되었다. 공립 병원 예약까지는 아직도 4주나 남았지만, 나는 태아가 뇌, 척추, 위, 장을 제대로 가지고 있는지, 즉 실제로 생존 가능한 상태인지 하루라도 빨리 확인하고 싶었다. 남편은 아이를 어린이집에 데려다주었고, 나는 한 손에 빵 한 조각을 들고 다른 손에는 만일을 대비해 구토용 봉투를 쥔 채 버스에 탔다.

산부인과에서 내가 배에 차가운 젤을 바르는 동안, 유럽비버 Castor fiber는 산통으로 인한 경련을 일으키며 몸을 앞으로 숙인다. 비버는 앉아서 두 다리 사이에 꼬리를 앞으로 뻗은 자세로 작은 비버 새끼들을 하나씩 출산한다. 새끼들은 먼저 어미의 넓은 꼬리 위로 밀려 나온 후, 부드럽고 신선한 식물로 채워둔 둥지로 또르르 굴러 떨어진다. 어미 비버는 새끼들을 핥으며 돌보고, 수컷 비버는 어미 비버가 태반을 먹어 치우고 새끼들을 젖꼭지 쪽으로 옮기는 일을 돕는다. 옆에서는 작년에 태어난 새끼들이 출산을 지켜보고 있다. 그들은 곧 동생들의 '베이비시터'가 될 예정이다. 비버 새끼들이 둥지에 마련된 실내 수영장에서 처음 수영을 시도할 때 형들은 동생들을 지켜줄 것이다. 또 신선한 가지와 식물을 가져다주고 동생들이 처음으로 집 밖으로 모험을 떠날 때도 함께 따라나설 것이다.

비버 수컷과 암컷은 집을 커다랗게 짓는다. 이 집은 땅을 파서 만든 부분과 나뭇가지, 진흙으로 쌓아 올린 구조물이 결합된 것으로, 여러 개의 방으로 구성되어 있다. 이 집을 짓는 데는 보통 4~6주가 걸리며 완성된 후에도 비버 가족은 집을 꾸준히 보수하며 여러 해 동안 사용한다. 집의 출입구는 물속에 있어 여우나 다른 육지 포식자들이 쉽게 들어올 수 없다. 비버 수컷이 영역을 순찰하고 돌아올 때 가장 먼저 도착하는 방은 작은 실내 수영장이 딸린 식량 저장고다. 이 방에서 비버들은 식사를 하고 물에 젖은 털을 말린 뒤에야 비로소 더 안쪽, 더 높은 곳에 있는 침실로 들어간다. 침실은 물에 잠기지 않도록 수위를 고려해 물보다 높은 곳에 지어져 있다. 집의 천장에는 통풍구가 있어 신선한 공기가 드나들도록 설계되어 있다.

태어난 바로 그날, 비버 새끼들은 집 안의 수영장에서 첨벙거리며 물놀이를 시작한다. 이들의 털은 매우 두텁고 촘촘해서 공기를 가득 품고 있는데, 이것이 일종의 구명조끼 역할을 한다. 그래서 새끼들이 물에 빠져 익사할 가능성이 매우 낮으며, 잠수를 할 수 없어 물속 출입구를 통해 밖으로 나갈 수도 없다.[135]

의사가 초음파 기기로 내 배 위를 왔다 갔다 하며 태아를 찾는다. 태아는 자신의 수영장에서 첨벙거리며 노닐고 있다. 이 시기의 태아는 뇌, 폐, 횡격막, 팔과 다리를 가지고 있다. 뱃속의 태아는 정상적인 단계를 밟고 있으며, 건강해 보인다. 태아는 조금 움직이더니 다리를 쭉 펴 보인다. 이번에는 남자아이인 것 같다. 아이를 눈으로 확인하는 몇 분 동안 메스꺼움과 피로가 사라진다. 바로 이 아이를 우리는 기다려왔고 지금까지의 모든 괴로움이 충분한 가치가 있는 것 같다.

16주

점박이하이에나Crocuta Crocuta는 막 출산을 마쳤다. 약 16주간의 임신 기간을 거치며 암컷 점박이하이에나는 인생에서 가장 고된 시련을 통과해야 했다. 사실 교미 단계에서부터 큰 장애물이 있었는데, 바로 암컷의 생식기다. 암컷의 음핵은 몇 센티미터 길이의 관처럼 자라나 있으며 음경과 유사한 구조를 가지고 있다. 이 독특한 형태는 암컷에게 사회적 우위를 부여하지만 동시에 짝짓기와 출산을 어렵게 만드는 요소이기도 하다.

점박이하이에나는 아프리카 사바나 지역에 서식하는 대형 육식동물이다. 이들은 마치 진화라는 과정에서 남은 재료들을 급하게 조합해 만든 동물처럼 보인다. 몸체는 커다란 머리, 강한 턱과 날카로운 이빨, 그보다 더 큰 귀, 등 쪽으로 흐트러진 갈기가 이어지는 긴 목, 길쭉한 앞다리와 불룩한 배 그리고 짧은 뒷다리와 흐느적거리는 꼬리로 구성되었다. 털은 얼룩덜룩하며 피부에는 싸움으로 생긴 흉터가 종종 있고 털에는 무리(하이에나의 경우 '클랜'이라 불린다)가 차지한 물웅덩이에서 무더위를 식히기 위해 목욕한 흔적인 진흙이 남아 있다. 그러나 무엇보다 가장 주목할 만한 점은 암컷과 수컷 모두 다리 사이에 음경처럼 보이는 기관이 달려 있다는 사실이다.

일반적인 포유류의 산도는 안쪽이 구불구불한 관 모양으로, 길쭉한 음경을 삽입하기 비교적 용이하게 설계되어 있다. 그러나 암컷 점박이하이에나는 자신의 생식기관을 바깥으로 돌출된 산도로 변형시켰으며 이 기관은 마치 매달린 음경처럼 보인다. 외부 대음순은 서로 붙어 주머니처럼 보이는 구조를 이루었고 음핵은 길고 둥근 형태로 발달했다. 심지어 요도도 '가성음경 pseudopenis'이라 불리는 이 음핵을 통해 바깥으로 열려 있어 암컷은 수컷 점박이하이에나처럼 가성음경 끝부분을 이용해 소변을 본다. 이 가성음경은 실제 음경처럼 발기할 수도 있는데 이는 교미할 때가 아니라 암컷이 사회적 행동을 할 때, 즉 무리(클랜) 내에서 자신의 지위를 드러내 보일 때 주로 발생한다.

하이에나는 암컷이 우위에 있는 무리, 즉 모계사회를 이루며 살고 다 자란 후에도 무리에 남을 수 있는 것은 암컷 새끼뿐이다.

암컷들은 수컷보다 더 크고 수컷들을 지배하며 어미로부터 딸에게 이어지는 강력한 서열 체계를 유지한다.[136] 그리고 어쩌면 바로 이 서열 체계가 암컷 점박이하이에나가 두 다리 사이에 길게 늘어진 가성음경을 갖게 된 이유일지도 모른다.

가성음경이 무리 내 권력 구조와 어떻게 연결되는지를 설명하는 여러 가설이 있다. 그중 하나는, 태어난 지 얼마되지 않은 암컷 새끼가 처음에는 수컷처럼 보이는 것이 생존에 유리하다는 것이다. 하이에나 새끼들은 태어날 때부터 날카로운 이빨과 강한 턱 근육을 가지고 태어난다. 그들은 매우 공격적이며 형제자매를 기꺼이 죽이기도 한다. 특히, 암컷 새끼는 형제자매나 자신이 속한 무리의 다른 암컷에게 죽임을 당할 위험이 더 높다. 그러나 음경을 가진 수컷처럼 보이면 그 위험이 줄어든다.[137] 즉, 가성음경은 갓 태어났을 때 다른 암컷의 경계심을 낮추는 일종의 보호 역할을 할 수 있다. 하지만 그 대가는 나중에 암컷이 첫 새끼를 출산할 때 치르게 된다.

가성음경은 단순히 암컷 새끼를 보호하는 역할만 하는 것이 아니다. 이 기관은 수컷이 강제로 교미를 시도하는 것을 원천봉쇄한다. 선택권은 전적으로 암컷에게 있다. 암컷은 마음에 드는 수컷이 나타났을 때 비로소 가성음경을 몸 안으로 집어넣어 뒤집힌 관처럼 만든다. 그때서야 수컷은 자신의 진짜 음경을 삽입할 수 있다.

갓 새끼를 낳은 어미 점박이하이에나는 자신의 클랜(무리)으로부터 몸을 숨기기 위해 새끼들과 몇 주간 지낼 만한 자기만의 굴을 찾는다.[138] 출산 도중 암컷의 가성음경은 찢어졌고 아직도 큰 상처가 남아 있다. 이 상처는 다시 원래의 관 모양으로 아물지 않고 계속 벌어진 채 분홍색 흉터 조직으로 남게 된다. 첫 출산을 겪은 거의 모든 암컷 하이에나에게 일어나는 일이며, 가성음경에 남은 이 분홍색 흉터는 이미 새끼를 낳았다는 확실한 징표가 된다.[139]

가성음경이 찢어졌지만, 이 정도는 그나마 다행이다. 왜냐하면 첫 출산에서 자신이나 새끼들이 죽을 위험이 매우 크기 때문이다. 처음 새끼를 낳는 경우에는 약 60퍼센트의 새끼가 사산되며 그 이유는 길고 좁은 산도를 통과하는 데 너무 오랜 시간이 걸리기 때문이다.[140] 하이에나 새끼들은 태어날 때 다른 포유류의 새끼들보다 덩치가 크다.[141] 태어날 때부터 싸울 준비가 되어 있으며, 그래야만 한다. 그들은 형제자매들과 경쟁할 뿐 아니라 시간이 지나 무리로 돌아갔을 때 다른 암컷들의 새끼들로부터도 스스로를 지켜야하기 때문이다. 암컷 혼자서는 충분한 먹이를 구할 수 없기에 무리의 보호 아래로 반드시 돌아가야 하지만, 이 선택은 새끼들에게는 치명적일 수 있다. 무리 내에서 높은 서열을 가진 암컷들은 낮은 서열의 암컷 새끼들을 죽이는 경우가 자주 있으며 이는 아마도 무리 내에서 자기 새끼들의 경쟁 상대를

줄이기 위한 행동으로 보인다.[142]

그러나 벌써부터 걱정할 일은 아니다. 마침내 임신 기간이 끝났고, 출산도 잘 마무리되었다. 새끼들은 가성음경을 무사히 통과했고 어쩌면, 변형된 음핵이 찢어졌기에 이 출산은 성공할 수 있었는지도 모른다.

점박이하이에나는 우리가 알고 있는 동물 가운데 유일하게 매달린 음경과 유사한 음핵을 통해 교미하고 출산하는 종이다.[143] 그렇다면 이 구조는 어떻게 나와는 이렇게 다르게 진화했을까? 우리가 그 과정을 완전히 이해하지 못한다는 사실은, 그리 놀라운 일이 아닐지도 모른다. 오랫동안 우리는 음핵 자체에 대해서도 거의 알지 못했기 때문이다. 암컷의 생식기관에 대한 연구는 수컷의 생식기관에 비해 현저히 부족했다. 이는 인간뿐 아니라 다른 종에서도 마찬가지다.[144] 그렇다고 해도, 점박이하이에나의 음핵이 어떻게 가성음경으로 진화했는지는 사실 일반적인 음핵의 형태와 기능 자체가 얼마나 다양한지를 이해하는 것만큼이나 난해한 문제이기도 하다.

인간의 음핵은 역사적으로 의학 서적에서 등장했다가 사라지기를 반복해왔다. 오랫동안 음핵은 중요하지 않은 기관으로 여겨져, 생식기관을 설명하는 부분에서 아예 빠지기도 했다. 우리는 음핵이 단지 질 위에 자리 잡은 작은 돌기, 작은 완두콩 크기의

절대적 모계사회를 이루는 점박이하이에나의 암컷은 수컷과 유사한 가성음
경을 가져, 암수 구별을 어렵게 만든다.

기관에 지나지 않는다고 생각해왔다.[145] 남성의 음경처럼 크고 팽창하는 기관이 아니라고 여긴 것이다.

하지만 이는 틀린 생각이다. 인간 여성의 음핵은 길이가 약 10센티미터에 달하며 몸 안으로 깊이 뻗어 있다. 우리가 보통 '음핵'이라고 부르는 완두콩 모양의 부분은 사실 그 거대한 구조물의 머리에 불과하다. 음핵은 해면체로 구성된 네 개의 다리 같은 구조를 가지고 있으며 이 조직은 음경처럼 팽창할 수 있다. 이 네 갈래는 질 입구의 양쪽을 감싸고 있다. 인간 음핵의 해부학적 구조가 처음으로 연구 발표된 것은 1998년이었고 2005년에야 비로소 호주의 비뇨기과 전문의 헬렌 오코넬Helen O'Connell이 MRI 촬영, 해부, 문헌 검토를 통해 음핵의 전체 구조를 세계에 처음으로 정확하게 보여주었다.[146]

지금까지 우리는 음핵에 8,000개의 신경 말단이 있다고 믿어왔다. 이것은 그동안 음핵에 대해 아무것도 몰랐던 사람들에게도 꽤 인상적인 숫자여서, 이를 근거로 작은 '완두콩'이 진화적으로 얼마나 민감하게 설계되었는지를 보여주곤 했다. 하지만 이 숫자는 동시에 우리가 음핵에 대해 얼마나 모르고 있었는지도 보여준다. 8,000개라는 수치는 사실 인간이 아닌 소를 대상으로 한 연구에서 비롯된 것이다. 인간을 대상으로 음핵의 신경 말단 수를 처음으로 세어본 것은 2022년에 이르러서였고 그 연구 결과에 따르면 인간 음핵의 신경 말단 수는 평균 1만 280개였다.[147]

나는 음핵을 통해 출산하지는 않지만 음핵은 나의 산도 주변을 둘러싸고 있고 출산 중에 그것이 어떤 역할을 하는지는 아직 모른다. 음핵은 무언가가 질 안으로 삽입될 때뿐만 아니라 무언가가 밖으로 밀려 나가려고 할 때도 내부 자극을 받는다. 아기의 머리가 산도를 따라 아래로 내려가면서 음핵의 여러 부분이 그 과정에서 자극을 받는 것이다. 이것은 출산 과정 중 일어나는 여러 가지 메커니즘과 관련이 있을 가능성이 크다.

'퍼거슨 반사Ferguson reflex', 즉 아기의 머리가 산도를 따라 내려가면서 가하는 압력이 호르몬인 옥시토신의 급격한 분비를 유도하고 옥시토신은 다시 자궁을 수축시켜 아기를 계속해서 밖으로 밀어내는 과정은 출산의 매우 중요한 부분이다. 이 반사가 작동해야 시작된 출산이 중단되지 않고 이어진다.

어떤 연구자들은 이 반사가 자궁 경부 자체의 압력으로 촉발되는 것이 아니라 음핵의 내부 부위가 자극받으면서 유발된다고 주장하기도 한다. 또한 음핵은 출산 시 골반을 더 넓히는 데에도 관여하는 것으로 보인다. 음핵은 특정 근육들과 연결되어 있고 이 근육들은 꼬리뼈와 이어져 있어 꼬리뼈를 바깥쪽으로 밀어내어 산도를 더 넓히는 역할을 할 수 있다. 그리고 부풀어 오른 음핵의 네 개의 다리가 아기의 뒤통수를 출산 중에 보호하는 역할을 할 수도 있다.[148]

내 음핵은 정자가 내 안으로 들어오는 순간 중요한 역할을 했

고 어쩌면 수정란이 만들어지고 9개월이 지나 지금으로부터 약
25주 후, 그 결과물이 다시 내 몸을 빠져나올 때에도 똑같이 중
요한 역할을 하게 될지도 모른다.

17주

조프루아민꼬리박쥐Anoura geoffroyi는 몸무게가 15그램을 넘지 않지만 다른 박쥐 종들과 비교하면 중간 크기에 속한다. 이 박쥐는 중앙아메리카와 남아메리카의 넓은 지역에 서식하며 밤에는 날아다니고 낮에는 어두운 곳에 숨어서 거꾸로 매달려 지낸다. 갈색 털을 가지고 있고 약간의 반대 교합(아래턱이 약간 앞으로 나온 상태)을 가지며 얇고 삼각형 모양의 특이한 코를 가지고 있는데, 이 코는 뾰족하게 위로 솟아 있다. 이 박쥐의 혀는 길고 가늘며 입 밖으로 멀리 내밀 수 있어 꽃의 꽃가루와 꿀을 먹기에 적합하며, 곤충을 잡아먹기에도 용이하다.[149]

박쥐는 몸집이 작음에도 불구하고, 다른 많은 소형 포유류와 비교했을 때, 임신 기간이 월등히 긴 수준이다. 모든 박쥐 종의

17주의 임신 기간을 보내고 세상에 나온 박쥐의 새끼는 어미 몸무게의 45퍼
센트에 달한다. 인간으로 비유하자면 30킬로그램 정도의 무게다

평균 몸무게는 약 20그램이지만 박쥐의 임신 기간은 비슷한 크기의 다른 포유류보다 서너 배 더 길다. 박쥐는 활공이 아닌, 진정한 비행이 가능한 유일한 포유류다. 그렇게 진화하는 과정에서 앞다리가 날개로 바뀌는 거대한 변화가 일어난 것으로 보인다. 또한 박쥐는 비행을 가능하게 하고 자신의 체중을 날개로 지탱할 수 있도록 작아졌을 가능성이 크다. 하지만 작은 몸집으로 진화했음에도 불구하고 큰 동물의 번식 패턴을 유지해 긴 임신 기간과 한 번에 한 마리의 새끼만을 낳는 특성을 지닌다.[150]

박쥐의 손가락은 얇은 비막(날개막) 속에 갇혀 있고 날개에서 유일하게 밖으로 튀어나온 것은 날카로운 발톱이 달린 엄지손가락뿐이다. 박쥐는 그 엄지손가락으로 매달릴 수 있다. 손가락 사이를 연결하는 비막은 공기를 가르며 날갯짓을 할 때마다 자신을 앞으로 밀어주는 역할을 한다.

내 손가락은 따로따로 분리되어 있고 정교한 작업을 할 수 있도록 만들어졌다. 본래는 땅에서 씨앗을 주워 올리거나 화살촉을 만드는 데 적합한 구조였지만 나는 주로 컴퓨터 앞에서 그것들을 사용한다.

조프루아민꼬리박쥐는 날지 않을 때는, 짧은 뒷다리로 거꾸로 매달린 채 생활한다. 그러나 출산할 때는 몸을 돌려 엄지손가락으로 매달린 채, 중력의 도움을 받아 새끼를 몸 밖으로 밀어내며 무릎을 구부려 강한 발톱이 달린 다리로 새끼를 받아낸다.

17주라는 긴 시간 동안 뱃속에서 자라던 거대한 태아를 마침내 내보낼 시간이 온 것이다. 갓 태어난 새끼의 무게는 어미 몸무게의 거의 45퍼센트에 달한다. 이는 인간의 출산과 비교하자면, 아기가 거의 30킬로그램에 이를 정도의 비율이다. 그야말로 거대한 새끼를 몸에 품은 어미 박쥐는 도대체 어떻게 날 수 있는 걸까? 태아가 폐를 짓눌러 거의 숨도 쉴 수 없는 지경인 것은 아닐까? 새끼가 마침내 태어나면 그 작은 뒷다리로 어미의 몸에 매달리고 어미는 그 새끼를 안전한 날개로 감싸안아 젖을 먹인다. 새끼는 이제 더욱 크게 자라날 것이다. 하지만 도대체 어떻게 그렇게 큰 새끼를 몸 밖으로 내보낼 수 있는 걸까?

대부분의 박쥐종에서 수컷의 골반은 단단히 고정된 고리 구조인 반면, 암컷의 골반은 열려 있다. 인간처럼 골반의 앞부분이 서로 단단히 맞닿아 있는 것이 아니라, 두 개의 앞 골반뼈가 인대, 즉 결합조직으로 된 띠로 느슨하게 연결되어 있다. 덕분에 암컷 박쥐의 골반은 출산 시 둘레가 크게 늘어날 수 있고, 거대한 새끼를 순조롭게 낳을 수 있다.[151] 박쥐는 뒷다리로 매달린 채 잠을 자고, 깨어 있는 동안에는 수평 상태로 살거나 거꾸로 지내기 때문에, 뒷다리로 걷기 위해 골반이 좁을 필요도 없고, 서 있을 때 내장이 쏟아지지 않게 막아주는 골반 구조도 필요하지 않다.

어미 박쥐는 새끼를 낳고 나면 자신의 날개 안에 숨긴다. 새끼는 이미 큰 몸으로 태어났지만, 이제부터 더 빠르게 성장해야 한다. 박쥐 새끼들은 태어날 때부터 이빨이 있고 날카로운 엄지손가락과 발가락을 가져 엄마에게 단단히 매달릴 수 있다. 그러나 날개로 스스로 날 수 있을 때까지는 여전히 연약하기 때문에 짧은 시간 안에 힘을 길러야 한다. 하지만 새끼들이 이렇게 크게 태어나는 이유는 단순히 빨리 날아야 하기 때문만은 아니다. 몸집이 클수록 체온조절이 쉬워지고 체온이 떨어져 죽을 위험이 줄어들기 때문에 생존 확률이 높아진다.[152] 반면 인간 아기들은 이하나 없이 태어나며, 가장 강력한 능력은 엄마 젖을 빨 수 있는 흡입력뿐이다.

18주

페루 열대우림의 오전 시간이다. 햇살은 빽빽한 잎사귀 사이로 겨우 스며들고 공기는 덥고 습하다. 나뭇가지와 덩굴 사이에는 박테리아, 곰팡이, 이끼부터 곤충, 새, 포유류에 이르기까지 다양한 생물들이 산다. 작고 붉은 갈색의 영장류가 나뭇가지 위에 앉아 있는데 몸길이는 50센티미터도 채 안 되지만 그만큼 긴 꼬리 덕분에 훨씬 더 커 보인다. 이제 산마르틴티티원숭이 Plecturocebus Oenanthe가 곧 출산을 앞두고 있다. 암컷의 고된 임무가 곧 끝날 시기가 온 것이다. 이제부터는 수컷이 양육의 대부분을 맡는다. 이 작은 영장류는 페루의 몇몇 지역에만 서식하며 몸무게는 약 1킬로그램이다. 보통 한 마리의 수컷과 한 마리의 암컷이 짝을 이루는 일부일처제로 무리는 부부와 몇 마리 새끼로 이루어져 있다.[153] 암컷은 지금 나뭇가지에 앉아 몸을 앞으로 숙이고 있다. 앉기에 좋은 넓고 평평한 덩굴을 찾아 자리 잡은 후 작은 가지들을 붙잡고 있으며, 분만 중에는 거의 먹지 않는다. 긴 꼬리는 아래로 늘어져 작은 몸을 균형 있게 지탱해준다. 수컷은 암컷의 털을 손질하며 진행 상황을 확인하듯 여러 차례 질 입구를 확인한다. 새끼가 나오려고 하는 걸까?

거의 한 시간에 걸친 진통 끝에 암컷의 다리 사이로 새끼의 머리가 간신히 보이기 시작한다. 어미 원숭이가 조심스럽게 머리를 만지는 가운데 곧 새끼의 몸이 자연스럽게 밖으로 나왔다. 새끼는 어미의 허벅지를 꽉 붙잡았고 어미 원숭이는 곧이어 나오는 태반을 핥는다. 그동안 가까이에서 지켜본 수컷은 암컷의 털을 손질하고 새끼에게 다가가 핥아주기 시작한다. 무리 내 다른 두 새끼, 9개월 된 암컷과 18개월 된 수컷은 조금 떨어져서 새 가족 구성원을 관찰한다. 어쩌면 그들은 이제 막 태어난 새끼가 누군지, 누가 가장 많은 보살핌과 관심을 받게 될지 궁금한 걸까? 그렇게 되면 나이 든 형제자매들은 보살핌 면에서 가족 내 위치가 밀려나는 걸까?

몇 시간 후, 갓 태어난 새끼는 어미 가슴에 누워 젖을 먹기 시작한다. 오후가 되자 어미는 새끼를 안고 대나무 숲속에 있는 그들의 보금자리로 돌아간다. 하지만 다음 날 아침부터는 새끼를 돌보는 역할이 수컷에게 넘어가며 새끼는 하루에 몇 번, 젖을 먹기 위해서만 어미를 찾아간다. 새끼는 여전히 밤에는 어미 곁에 붙어 자고 필요할 때 젖을 먹지만 생후 두 달이 지나면 수컷이 밤에도 새끼들을 돌본다.[154] 두 달 반이 되면 새끼는 대부분 스스로 움직이고 음식을 찾고 먹을 수 있지만 아빠 원숭이는 생후 다섯 달이 될 때까지 긴 거리를 이동할 때면 여전히 새끼를 안고 다닌다.

수컷 산마르틴티티원숭이는 아마도 모든 원숭이 중에서 새끼를 가장 많이 돌보는 아빠일 것이다. 수컷은 새끼를 안고, 털을 손질해주며, 나무 위에서 떨어지지 않도록 지켜주고, 눈을 마주치며 함께 놀아주고 형제자매들이 너무 거칠게 구는 것도 막아준다. 젖을 줄 수는 없지만 새끼가 태어난 이후 거의 대부분의 시간을 함께 보내며 돌본다. 수컷이 이렇게 주로 새끼를 돌보는 이유는 뭘까? 새끼 티티원숭이는 빠르게 자라기 때문에 엄마는 출산 전후로 더 많은 시간을 곤충을 잡아먹는 데 써야 한다. 곤충은 과일이나 식물보다 영양이 훨씬 풍부하므로 엄마가 곤충을 충분히 먹으면 더 많은 양의 젖을 만들 수 있고 에너지를 빠르게 회복하여 다시 임신할 수 있게 된다.[155] 실제로 이 종은 새끼를 약 9개월 간격으로 낳으며 이는 수컷과 암컷 사이의 효율적인 육아 분담이 잘 작동하고 있다는 증거다.

사육 환경에서 진행된 연구에 따르면 새끼는 어미보다 아빠

원숭이가 잠시라도 사라졌을 때 더 큰 스트레스를 받는다고 한다. 젖을 줄 수는 없지만 아빠가 새끼에게 가장 중요한 돌봄 제공자라는 것을 말해준다.[156]

새끼가 주로 아빠를 더 찾는 것에 대해 어미 티티원숭이는 슬퍼할까, 아니면 오히려 편하다고 느낄까? 자신의 몸이 자유로워 기쁘다고 느낄까? 아빠 티티원숭이는 세상에서 가장 평등한 수컷이라는 사실에 자부심을 느낄까, 아니면 남성성이 위협받는다고 느낄까?

내 첫째 아이가 "엄마아아아!" 하고 부르는 일이 점점 줄어들고 대신 점점 더 "아빠!"라고 부르는 일이 많아지고 있다. 나는 아이를 달래주고 안아주고, 젖을 먹이고, 흔들어 재웠다. 우리 부부는 공평하게 아이를 돌보려고 노력했지만 상처에 바람을 불어주거나 색연필이 어디 있냐고 물을 때 가장 먼저 찾는 사람은 늘 나였다. 그런데 이제 나는 예전처럼 늘 곁에 있어주지 못한다. 내 몸과 마음은 다른 곳에 관심이 가 있다. 그리고 내 아이의 또 다른 주요 보호자인 남편이 양육에 있어 점점 더 많은 부분을 차지하게 되었다.

19주

주스 한 잔을 마시고 소파에 가만히 누워 있으면 아주 약한 움직임이 느껴진다. 그것은 마치 뱃속에서 기포가 올라오거나 가스가 움직이는 것 같은 느낌인데 시간이 지나면서 나는 그것이 태아의 움직임, 팔을 휘두르거나 발로 차거나 몸을 돌리는 것이라는 걸 알아차린다. 그 움직임은 내 뱃속 어딘가에서 느껴지며, 피부에 닿는 접촉과는 다르다. 피부는 어디에 닿았는지 정확히 알 수 있지만 태아의 움직임은 뱃속 깊은 곳, 어딘가 불분명한 지점에서 퍼져 나오는 출렁임처럼 느껴진다. 그것은 마치 끈적한 덩어리의 중심에서 바깥으로 퍼지는 파동 같다.

남아메리카 어딘가에 있는 큰 물웅덩이의 진흙 바닥에 반쯤 부풀어 오른 방귀 쿠션 같은 덩어리가 놓여 있다. 앞쪽에서는 앞다리가 튀어나와 있고 그 사이로 큰 부리 모양의 입이 있으며 뒤쪽으로는 뒷다리 두 개가 삐져나와 있다. 이 생물은 이름 때문에 종종 두꺼비로 오해받는, 피파개구리Pipa pipa다.[157] 피파개구리 암컷의 몸속 어딘가에서도 누군가가 발로 차고 있지만 그 일은 뱃속에서 일어나고 있는 것이 아니다.

암컷의 등 여기저기에서는 작은 개구리 팔, 개구리 다리 그리고 작은 머리가 튀어나오고 있다. 피파개구리는 지금 등을 통해 새끼를 출산하고 있으며 새끼들은 각자의 구멍에서 몸부림치며 빠져나오려 하고 있다. 이 구멍들은 암컷 개구리와 수컷 개구리가 교미했을 때부터 새끼들이 머물러온 곳이다. 피파개구리의 교미는 수중에서 회전과 공중제비가 뒤섞인 춤과 함께 이루어진다. 수컷은 암컷의 등에 꼭 붙어 암컷이 항문에서 밀어낸 알들이 등에 달라붙도록 하고, 알에 정자를 뿌린다. 교미 중인 암컷의 등 피부는 부풀어 올라 알을 받아들일 준비가 되어 있고 알 자체에도 달라붙는 점액질이 있어 쉽게 떨어지지 않는다. 내 수정란이 자궁내막에 달라붙은 것처럼 피파개구리 알도 암컷의 등에 달라붙었고, 며칠 안에 암컷의 피부가 자라 올라와 알을 각자의 방처럼 감쌀 것이다. 알들은 오랫동안 그곳에 머무르면서 개구리로 성장한다. 처음에는 알이었다가, 그 다음에는 각자의 작은 방 안에서 꿈틀대는 올챙이로 그리고 이제 변태를 거쳐 작은 개구리

175

가 되면 방을 빠져나와 수면 위로 헤엄쳐 올라가 허파에 공기를 채울 준비를 한다.[158]

　가장 일반적인 개구리의 번식 방법은 암컷이 연못에 알을 낳고 수컷이 암컷에게 꼭 달라붙은 채 그 알 위에 정자를 뿌리는 것이다. 그 이후 올챙이 그리고 마침내 작은 개구리로 성장하는 동안 새끼들은 스스로 살아남아야 한다. 하지만 피파개구리와 그와 같은 종에 속한 개구리들은 그렇게 하지 않는다. 이들은 물이 부족한 지역에서 살기 때문에 일반적인 번식 방법으로는 알과 올챙이들이 말라 죽을 위험이 있다. 혹은 물고기, 곤충, 다른 개구리들에게 쉽사리 잡아먹힐 수도 있다. 그래서 새끼들을 몸에 품고 함께 다니며 돌보도록 진화한 것이다. 마치 내가 내 몸 안에서 아이를 돌보는 것처럼 말이다. 진화적으로 완전히 별개의 길을 걸어왔고 생명의 나무에서도 서로 다른 가지에 있는 우리가 각자의 방식으로 태아를 감싸 돌보는 방법을 발견한 것이다.[159]

　그러나 피파개구리의 알은 엄마로부터 영양을 공급받지 않으며 내 뱃속의 태아처럼 탯줄을 가지고 있지도 않다. 이 개구리의 알은 어미 등 피부의 주머니 가장 바깥쪽에 자리 잡고 있는데 아마도 엄마의 피부를 통해 산소를 받을 수 없기 때문에 물에서 산소를 얻기 위한 구조일 것이다. 피파개구리 암컷이 해마 수컷이나 다윈코개구리처럼 알에 영양분을 제공하는지는 확실히 알지

피파개구리의 알들은 암컷의 등에 달라붙어 부화한다. 물속에
떠다니는 알들은 쉽게 죽지만, 어미 개구리의 등에 자리 잡은
알은 오래 살아남는다

못하지만 알이 놓여 있는 그 주머니 속에서 무언가 중요한 일이 일어난다는 것은 알고 있다. 어미의 등에 붙지 않고 물속에서 자유롭게 떠다니는 알들은 며칠 안에 죽어버리지만, 어미의 등 주머니에 자리 잡은 알들은 살아남는다. 피파개구리의 등 주머니는 태반이 없고 인간의 자궁처럼 작동하지는 않지만 알이 엄마의 등 피부 속에서는 생존하고 물속에서는 생존하지 못하도록 만드는 어떤 형태의 상호작용이 진화해온 것으로 보인다. 다만 우리는 그 상호작용이 정확히 무엇인지 아직 모를 뿐이다.[160]

같은 속에 속하지만 새끼를 올챙이 상태로 낳는 다른 종의 피부에 대한 연구에 따르면, 인간의 난자가 자궁내막에 파고들 때 작용하는 것과 동일한 일부 호르몬이 개구리알이 엄마의 등 피부 속으로 가라앉아 피부가 그 알을 감쌀 때도 작용하고 있다는 것이 밝혀졌다.[161] 피파개구리와 내가 새끼들을 각자의 방식으로 몸에 품고 다닐 수 있도록 해주는 것은 바로 같은 진화적 구성 요소인 것이다. 비록 방식은 다르지만 말이다.

비슷한 특성이 전혀 다른 종들 사이에서 반복적으로 나타나는 일은 흔하다. 이는 서로 다른 생명체라도 동일한 도전에 맞닥뜨릴 때 비슷한 해결책을 떠올리기 때문이다. 예를 들어, 새와 박쥐의 날개는 완전히 다르지만 그 기능은 같다. 공중을 활용하고 새로운 환경을 차지할 수 있다. 나와 피파개구리는 둘 다 태아를 보호하고 싶어 한다. 그래서 알을 외부에 남기는 대신 우리 몸에 품고 다닌다. 그러나 우리는 여전히 다르다. 피파개구리 암컷은 한 번에 많은 새끼를 낳고 그것들이 작은 개구리가 될 때까지만 돌본다. 그리고 피파개구리 암컷은 이제 19주가 지나 일을 마쳤지만 나는 내 아이를 19년, 어쩌면 그보다 더 오래 돌봐야 할 것이다.

20주

나마콰카멜레온의 알이 부화하고 있다. 작은 새끼 카멜레온들은 태어나자마자 작은 덤불 위로 기어오른다. 그곳이 더 안전하기 때문이다. 그들은 자신의 영역을 방어할 만큼 충분히 커질 때까지 시간이 필요하므로 한동안 어른들의 영역 안에 머물게 된다. 흔한 일은 아니지만, 어미에게 잡아먹힐 수도 있다. 때로는 자신의 새끼와 맛있는 먹잇감을 구분하는 것이 쉬운 일이 아닐 수도 있는 것이다.

알들이 굴 속에서 성장하는 동안, 어미 카멜레온은 자유롭게 움직이며 먹이를 먹고 또 다른 알을 낳을 수 있다. 어쩌면 알을 지키는 카멜레온도 있었을 것이다. 일부 카멜레온들이 자신의 주된 잠자리와 붙어 있는 공간에 알을 낳는다는 사실이 이를 암시

한다. 또 어떤 어미 카멜레온은 매일 자신의 영역을 순찰하여 포식자가 알을 파내지 못하도록 보호했을 수도 있다.[162]

나마콰카멜레온은 태양 없이는 자신의 몸을 데울 수 없는 변온동물로, 스스로 열을 만들어내지 못한다. 그래서 해가 뜨면 천천히 잠자던 굴에서 기어 나와 몸에서 표면적이 가장 넓은 쪽을 따스한 햇빛을 향해 돌리며, 피부를 검게 변화시켜 최대한 많은 열을 흡수하려 한다. 한낮이 되어 너무 뜨거워지면 피부를 하얗게 바꿔 햇빛을 반사시킨다.

내 안에는 마치 작은 난로가 들어 있는 것 같다. 이는 호르몬과 피부로 가는 혈류량 증가 때문일 것이다. 덕분에 나는 이 겨울에 여러 겹으로 껴입지 않아도 재킷을 열고 다녀도 춥지 않다.

21주

노르웨이 해안가에 사는 야생 양Ovis aries은 고대 노르웨이 품종으로, 길들여진 가축이지만 일생을 야외에서 보낸다. 이들은 초원에서 풀을 뜯으며 대체로 스스로 살아가지만 농부들의 보살핌을 받기도 한다. 농부들은 양들을 살피고 방목지를 옮겨주고 비바람을 피할 수 있는 쉼터를 마련해주며, 겨울철 먹이가 부족하면 사료를 보충해주고, 새끼를 낳는 시기가 다가오면 순산하도록 곁을 지켜준다. 길고 긴 겨울 동안, 어미 양의 자궁에서는 새끼 양이 자란다. 어미 양은 가을 내 축적한 지방을 태아를 성장시키는 데 사용한다. 암컷은 출산 직전, 여름철 신선한 풀을 먹고 살이 쪘을 때와 거의 같은 체중이지만 그 체중의 일부는 이미 엄마의 몸에서 새끼에게로 이동한 상태다.

겨울 동안 먹은 건초와 관목 등은 단순히 생존을 위한 것일 뿐, 살을 찌우는 용도는 아니다. 21주차에 접어들어 출산을 앞둔 암컷 양은 마침내 신선한 풀을 먹을 수 있게 되고, 곧 무거운 몸에서 벗어나 다시 자신의 몸으로 돌아갈 수 있게 된다. 아직은 몸이 무거워 움직임이 둔하지만, 새끼가 태어나면 몸은 놀랍도록 가벼워진다. 따라서 출산 직후라도 위험이 닥치면 어미와 새끼 모두 빠르게 달아날 수 있다.

이들은 좁은 축사에 갇혀 있지 않기 때문에 넓은 지역을 자유롭게 돌아다니며 출산할 장소나 몸을 숨길 장소도 찾을 수 있고, 실제로 그렇게 한다. 길들여졌지만 여전히 야생의 본능을 지닌 이 암컷 양은 출산이 가까워져도 무리와 함께 지내다가, 새끼를 낳을 때가 거의 다 되어서야 무리에서 벗어나 따뜻하고 안전한 분만 장소를 찾는다. 그리고 그곳에서 다른 호기심 많은 암컷 양들이나 굶주린 독수리의 방해를 받지 않고 갓 태어난 새끼와 조용히 유대감을 쌓는다.

어미 양은 새끼를 낳기 전 몇 시간 동안 서 있다가 누웠다가를 반복하며, 자궁이 새끼를 밀어내는 동안 진통을 겪는다. 몇 시간, 길게는 여섯 시간에 걸쳐 산도는 완전히 열리고 새끼 양의 주둥이와 앞발굽이 어렴풋이 보이기 시작한다. 어미는 마지막으로 자궁의 강한 수축과 함께 새끼를 완전히 밀어내는데, 이때 가능하면 서 있는 자세를 유지한다. 새끼가 땅으로 떨어지면, 엄마는 재

183

빨리 몸을 돌려 양막이 새끼의 숨구멍을 막지 않도록 조심하며 새끼의 코를 깨끗이 핥아준다.[163]

　모든 동물의 몸속에는 호르몬이 쉼 없이 흐른다. 이 화학 물질은 몸이 제대로 작동하도록 조절하는 역할을 한다. 내가 배란을 앞두고 난포가 풀려나 자궁으로 흘러가도록 도왔던 에스트로겐 역시 그런 호르몬 중 하나다. 에스트로겐은 생식 기능을 조절하는 스테로이드 호르몬인데, 그 이름은 뜻밖에도 양의 부비동에 기생하는 작은 유충과 관련이 있다.

　양코파리Oestrus ovis는 양을 숙주 삼아 유충을 기른다. 암컷 파리는 교미한 후에도 알을 몸속에 품고 있다가 알이 완전한 유충으로 자라면 양의 코 근처로 날아가 유충을 양의 콧구멍에 떨어뜨린다. 이 과정은 너무나 빠르게 일어나기 때문에 양이 반응하기도 전에 길이 1밀리미터 정도의 작은 유충들이 콧속으로 기어들어 가 부비동으로 올라가 버린다. 그곳에서 유충들은 부비동 벽의 점액을 먹으며 성장하고 약 2센티미터 크기로 자라면 콧속에서 기어 나와 땅으로 떨어져 번데기가 된다.[164]

　양들은 이 파리의 윙윙거리는 소리에 매우 민감하게 반응한다. 유충이 코로 들어오는 것을 원치 않기 때문이다. 파리가 주변을 맴돌면 양들은 도망치거나 발을 구르고 먹는 양도 줄어든다. 과거 농부들은 이 파리 소리에 대한 양들의 반응이 발정기에 보이는 행동과 매우 유사하다고 생각했다. 영어에서 '발정'을 뜻하는 'estrus'가 이 파리의 속명 'Oestrus'와 동일한 이유다. 나중에 동물의 발정을 유도하는 호르몬이 발견되었을 때 이 호르몬이 에스트로겐estrogen이라 불리게 된 것도 사실 이 작은 파리에서 유래한 것이다.[165]

내 몸에서는 한때 황체가 담당하던 에스트로겐 생산을 태반이 대신하고 있다. 태반은 태아의 몸과 내 몸이 협력하여 자궁과 유선이 자라도록 하는 호르몬을 분비하며,[166] 내 몸이 태아의 몸에 생명을 불어넣을 수 있도록 돕는다.

22주

거대태평양문어가 마지막으로 알 위에 물을 뿜는다. 붉은 주황색 피부를 가진 커다란 근육질의 동물, 지능적이고 열정적인 사냥꾼이었던 문어가 이제 본래의 모습을 잃고 희미한 그림자처럼 변해버렸다. 피부는 회색으로 바뀌었고 여기저기 큰 상처가 생겼으며 오랜 시간 먹지 못한 탓에 근육은 점점 쇠약해졌다. 지난 몇 주 동안, 암컷 문어가 낳은 수천 개의 알 속에서 자라던 작은 배아들은 점점 더 활발히 움직였다. 부드러운 알껍데기 속에서 아주 작은 새끼 문어들이 빠르게 뒤집기를 반복하더니 마침내 풍선처럼 알껍데기가 터지기 시작했다. 길이 2센티미터 남짓한, 반짝이는 붉은 주황색의 새끼 문어들이 밖으로 쏟아져 나온다. 어미 문어는 남아 있는 마지막 힘을 다해 이 새끼 문어들을 안전한 은신처에서 자유롭고 드넓은 바다로 내보낸다. 이제 수많은 새끼 문어들은 스스로 먹이를 찾아야 하고 먹거나 먹히게 될 것이다. 대부분은 결국 잡아먹히고 겨우 소수만이 생존해 3년에 걸쳐 성체로 자라난다. 나머지는 모두 물고기, 새우 그리고 다른 문어들의 먹이가 된다.

동굴 안에는 비어버린 알껍데기들이 길게 매달려 있고 그 아래에는 새끼들을 위해 모든 것을 내어준 끝에 더 이상 존재하지 않게 된 어미 문어의 잿빛 시체가 누워 있다. 한 마리의 게가 다가온다. 한때는 자신을 단번에 부숴버릴 수 있었던 포식자였지만, 이제는 더 이상 위험하지 않다는 냄새를 맡았기 때문이다. 게는 청소 전문 동물답게, 과거에는 두려움의 대상이었던 문어를 먹기 시작한다.

문어처럼 단 한 번만 번식하고 수천 마리의 새끼를 남긴 뒤 생을 마치는 종이 있으며, 인간처럼 여러 번 새끼를 낳고 기르는 종이 있다. 나는 임신 기간을 또 한 번 힘겹게 견뎌내고 있다. 동시에 첫째 아이는 이제 곧 네 살이 되지만 여전히 많은 보살핌과 사랑을 필요로 한다. 앞으로 약 20년간은 나의 도움을 필요로 할 것이고 만약 이 아이가 후에 아이를 가진다면 나는 할머니가 되어 곁에 있을 것이다.

문어는 단번번식semelparous을 하는 종이고 나는 반복번식itero-

187

parous을 하는 종이다. 단번번식은 한 번에 모든 것을 쏟아붓고 번식 이후에는 더 이상 살아갈 이유가 없는 전략을 의미하고, 반복 번식은 여러 번에 걸쳐 조금씩 번식하고, 한배 한배 새끼를 낳아 그들을 짧게는 몇 달, 길게는 수년 동안 돌보는 전략을 뜻한다.

하지만 만약 문어의 눈 바로 뒤에 위치한 작은 분비샘, 즉 우리의 뇌하수체에 해당하는 눈샘을 제거한다면, 문어는 알을 낳은 후에도 죽지 않는다. 계속 살아남아 다시 짝짓기를 할 수도 있다. 문어가 죽는 것은 호르몬에 의해 조절되는 것뿐이며 반드시 죽어야 하는 것은 아니다.[167]

단번번식, 즉 번식 후 폭발적으로 에너지를 쏟아붓고 곧바로 죽는 방식은 원래는 반복번식을 하던 여러 종 계통에서 진화해 나타난 전략이다. 반복번식은 여러 차례 자손을 낳다가 결국 사망하는 방식을 뜻한다.[168] 대부분의 대서양연어Salmo salar는 문어처럼 단번번식하며 식물과 곤충 중에도 단번번식하는 종들이 많다. 호주에 서식하는 작은 유대류인 안테키누스antechinus도 생애에 단 한 번만 새끼를 낳는다.[169] 단번번식의 장점은 노후를 대비할 필요가 없기 때문에 자원을 남겨두지 않고 막대한 양의 자손을 생산하는 데 모든 에너지를 쏟을 수 있다는 것이다. 이들은 최적의 시기에 모든 것을 걸고 번식한다. 참솜깃오리처럼 중도에 포기하지 않으며, 인간처럼 몸속에 오래 머무르는 태아로부터 스스로를 보호하기 위해 추가적인 에너지를 들일 필요도 없다.

진화는 세대를 거쳐 살아남은 종들이 가진 유전적 물질과 그들이 처한 환경조건에 따라 각기 다른 방식의 생존 전략을 만들어냈다. 어떤 종에게는 한 번에 번식을 마치는 것이 유리한 반면, 어떤 종은 새끼가 살아남기 위해서는 돌봄이 필요하고 먹이를 찾는 법을 배우고, 위험을 피하고, 학교에 가는 법을 익히고, 인터넷뱅킹을 이해하는 법까지 익혀야 하기 때문에, 새끼를 시간에 걸쳐 나누어 낳고 돌보는 쪽이 더 적합하다.

번식 후에 단번번식 동물을 죽게 만드는 메커니즘은 다양하다. 연어는 생식세포를 생산하고 교미 상대를 찾는 데 드는 비용이 너무 커서 생식 이후 죽음이 불가피한 경우다.[170] 하지만 문어는 좀 다르다.[171]

어미 문어가 알이 부화할 때 죽는 것에는 다른 진화적 메커니즘이 작용하는 것으로 보인다. 문어는 동족 포식성이 매우 강한 동물로 크기가 아주 작고 귀여운 문어 새끼조차 기회가 생기면 서로 잡아먹기도 한다. 따라서 알이 부화할 때 어미가 죽는 것은 자신의 새끼를 잡아먹지 않도록 하는 효과적인 방법이다. 또한 문어는 계속해서 성장하는 동물이기 때문에 새로운 새끼 문어들이 성장할 공간을 위해서도 어미 문어가 사라져야 하는 것이다. 이것이 거대태평양문어가 알을 낳고 부화시킨 후 죽는 이유일

189

것이다. 할 일을 마친 어미 문어는 다른 어류와 게의 먹이가 되어 사라진다.[172]

게가 어미 문어의 시체를 처리하는 동안, 나는 서서히 다시 살아나고 있다. 내 몸은 조금씩 회복되고 있고, 태아가 여전히 내 몸을 지배하고 있지만 천천히 어두운 동굴에서 빠져나오는 중이다. 메스꺼움이 조금씩 가라앉고 있다. 하루에 네 번, 세 가지 종류의 입덧 억제 약을 복용한 덕분에 이제 겨우 자고 먹고 토하고 존재하는 것 이상의 행동을 할 수 있게 되었다. 안개가 걷히고 다시 주변 세계와 조금씩 관계를 맺을 힘이 생기고 있다. 이제 절반 이상 왔고 이 모든 과정을 이겨낼 수 있을 것 같은 기분이 든다.

23주

나는 여전히 입덧을 하고 지친 상태지만 겨우 힘을 모아 아이를 어린이집에서 데려올 수 있게 되었다. 집에서 어린이집까지는 고작 몇백 미터 거리지만, 그 사이에도 몇 번이고 쉬어야 하므로 평소보다 두 배는 오래 걸린다. 햇빛이 눈부시다. 어린이집에 도착해 아이를 데리고 다시 천천히 집으로 걸어간다. 나도 느리지만 세 살배기 아이는 더 느리다. 아이는 나뭇가지를 줍고 예쁜 돌을 보느라 정신이 없다. 나는 금세 피곤해져 집에 가서 소파에 몸을 던지고 싶다는 생각뿐이다. 그리고 남편이 얼른 집에 와서 집안일과 아이를 돌보는 일로부터 나를 구해주길 바란다.

톰슨가젤Eudorcas thomsonii은 임신을 하고 23주가 되면 새끼를 낳는다.[173] 가젤은 세계에서 가장 빠른 동물 중 하나로, 시속 약 90킬로미터까지 달릴 수 있는데 이는 천적인 치타보다 약간 느린 속도다. 가젤은 골든 리트리버보다 키가 조금 더 크지만 무게는 절반 정도밖에 되지 않는다. 임신을 한 상태에서도 사람처럼 숨을 헐떡일 정도로 배가 부풀어 오른 모습은 아니다. 임신한 암컷 톰슨가젤의 배는 평소보다 조금 더 불룩하여 포식자로부터 도망칠 때 몸이 좀 무겁게 느껴지겠지만 다리는 여전히 길고 날씬하다. 안쪽에 검은색과 흰색 무늬가 있는 귀는 항상 주위를 경계하고 있다. 새끼를 낳으러 갈 때도 마치 발레리나처럼 우아한 모습으로 이동한다. 암컷 가젤은 무리에서 조금 떨어져서 짧은 풀밭이 펼쳐진 탁 트인 곳 대신 새끼가 숨기 쉽도록 풀이 더 높게 자라는 지역으로 이동한다.

가젤은 서 있는 채로 새끼를 낳고 새끼는 쿵 소리를 내며 무겁게 땅으로 떨어진다. 다른 발굽 동물과는 달리, 톰슨가젤의 새끼는 태어나자마자 달릴 수 없다. 따라서 톰슨가젤은 갓 태어난 새끼를 풀숲에 숨겨둔다. 새끼는 풀숲에 가만히 누워 엄마가 젖을 주러 올 때까지 기다린다. 어떤 종의 새끼는 태어나자마자 일어나 엄마와 무리를 따라갈 수 있지만, 톰슨가젤은 그렇지 않다. 가젤 새끼는 키 큰 풀 속에 숨고 엄마는 근처에 머물며 지켜보되, 포식자들이 새끼를 알아채지 못하도록 멀리 떨어져 있는다. 때문에 가젤 새끼의 사망률은 높은 편이며 50퍼센트 혹은 그 이상이 죽는다. 대부분 포식자에게 잡아먹히는 것이다. 시간이 지나 새끼가 스스로 움직일 수 있게 되면 어미 가젤은 새끼를 데리고 무리로 데려가 그 보호 아래에 두게 된다. 하지만 갓 태어난 새끼는 그저 조용히 풀숲에 누워 포식자가 냄새를 맡아 찾아내지 않기를 바라며 발굽을 모을 뿐이다.[174]

임신 23주에 접어든 내 모습은 날렵하고 삶을 거침없이 살아가는 가젤과는 거리가 멀다. 하지만 인간의 영아 사망률이 50퍼센트는 아니라는 사실로 스스로를 위로할 수는 있다. 지금 나는 포식자로부터 재빨리 도망칠 필요가 없다. 아기가 태어나면 내 몸은 다시 회복될 것이고 나는 다시 예전처럼 살게 될 것이다. 물론 아이가 하나 더 늘겠지만, 두 아이를 둔 엄마로서 일도 하고 아이를 어린이집에 데려다주고 데려오고, 저녁도 만들고 취미 생활도 하게 될 것이다.[175]

24주

파리의 두 배에 달하는 면적의 남극 웨델 해 해저에는 물고기의 둥지들이 빽빽하게 자리 잡고 있다.[176] 이곳은 요나빙어Neopage- topsis ionah라는 어류의 서식지다. 수컷은 약 6,000만 개의 둥지 가운데 하나의 둥지 위를 낮게 헤엄치며 약 1,700개에 달하는 자신의 알을 지킨다. 해저의 움푹한 곳에 자리 잡은 둥지는 수컷이 삽처럼 생긴 길쭉한 아래턱을 이용해 파낸 것이다. 수컷은 알을 먹으려는 포식자들을 막고 알에 붙은 이물질과 기생충을 제거하는 등 알의 상태를 면밀히 관찰하며 정성껏 돌본다.[177]

이 거대한 요나빙어의 둥지 군락은 2021년에 우연히 발견되었다. 이곳은 세계에서 가장 큰 어류 산란지로, 요나빙어는 잘 알려지지 않은 어종이다. 바다는 우리와 가장 가깝지만 동시에 가

남극의 요나빙어 수컷은 해저에 움푹하게 둥지를 파고 1,700개가 넘는 알을 지킨다. 3~6개월 동안의 정성스런 임무가 끝나면 대개 수컷 요나빙어는 죽음을 맞이한다.

장 이해하기 어려운 환경이다. 인간은 바닷속에서 숨 쉴 수 없고 깊은 해저에서는 압력 때문에 금세 죽고 만다. 심지어 바다의 80퍼센트 이상은 아직 탐사되지도 않았다. 우리는 우리 행성의 바닷속 표면보다 달의 표면을 더 많이 지도화해놓았다.[178] 그런 점에서 한 과학 탐사대가 이렇게 거대한 '해저 도시', 즉 알을 돌보는 수컷 물고기들이 만든 사회를 우연히 발견할 수 있다는 사실은 놀랍기만 하다.

수컷 요나빙어 주변에는 둥지들이 줄지어 있으며 각자의 알을 돌보는 수컷들이 그 위를 맴돌고 있다. 많은 수의 수컷들이 그 과정에서 죽는다. 3~6개월 사이에 이르는 긴 포란 기간은[179] 그들을 지치게 하고 죽은 개체들의 시체는 물범이나 그들과 같은 서식지를 공유하는 다른 생물들에게 먹히지 않는 한, 바닷속 바닥에 가라앉아 서서히 썩어간다.

나의 둥지는 오슬로 도심 한복판에 있는 아파트다. 이 도시에는 60만 명이 넘는 사람이 살지만 1년 동안 태어나는 아이들은 1만 명도 채 되지 않는다. 인간들의 둥지는 알을 낳기 위한 것이 아니며, 내 가장 가까운 포란자와의 거리는 상상 이상으로 멀 것이다.

25주

7,500만 년 전, 오늘날 미국 몬태나 주와 캐나다 앨버타 주가 된 지역에서 작은 무리의 공룡 새끼들이 알에서 막 나오려 하고 있다.[180, 181] 침엽수와 활엽수가 혼재된 혼합림의 양치식물 사이에서 '히파크로사우루스 스테빈저리Hypacrosaurus stebingeri'라는 작은 공룡들이 더미 모양으로 쌓아올린 둥지에서 몸부림치며 나온다. 그 둥지는 호주 풀숲무덤새Leipoa ocellata의 둥지처럼, 죽은 식물과 동물을 분해하며 열을 발생시키는 토양 속 미생물에 의해 따뜻하게 유지되는 구조다.[182] 알의 무게는 부화 직전 약 4킬로그램이고,[183] 갓 태어난 새끼 공룡의 몸길이는 약 1.5미터에 이른다.[184] 이 새끼 공룡은 성체가 되어 약 13년의 평균 수명을 다할 때쯤에는, 약 9미터까지 자랄 것으로 추정된다.[185]

히파크로사우루스 스테빈저리는 초식 공룡으로, 긴 꼬리와 튼튼한 뒷다리 그리고 작은 앞다리를 가지고 있다. 머리 꼭대기에는 속이 빈 뼈로 된 볏이 있었는데, 이 볏은 소리를 내기 위해 사용되거나 다른 공룡들에게 자신의 존재를 알리는 표식 역할을 했을 것으로 예상된다. 입은 새의 짧은 부리처럼 생긴 두 개의 판이 있어서 '부리 공룡'이라고 불리기도 한다. 하지만 실제로는 부리가 아니며, 입안에는 식물의 섬유질과 세포를 으깰 수 있는 완전한 이빨이 가득 있다.

작은 공룡 새끼가 둥지에서 나왔을 때, 부모 중 누군가가 맞이해주었을까? 포식자에게 잡아먹히지 않도록 새끼를 지켜주었을까? 앞으로 무엇을 먹어야 하는지, 어떻게 공룡으로서의 삶을 살아가야 하는지를 알려주었을까? 암컷이 둥지를 만들었을까, 아니면 수컷이 만들었을까? 부모가 양육의 책임을 나누었을까, 아니면 그런 일은 포기하고 더 많은 새끼를 만드는 데 에너지를 쏟았을까? 돌봄이 필요한 적은 수의 새끼보다, 스스로 살아남아야 하는 많은 수의 새끼를 낳는 쪽을 택했을까?

물론 지금으로서는 알 길이 없다.

하지만 부리 공룡 무리의 또 다른 종인 마이아사우라Maiasaura peeblesorum는 새끼를 돌보았을 가능성이 높은 것으로 예상된다. 마이아사우라는 이름 그대로 좋은 어머니였을 것이라는 상상에서 비롯된 이름인데, 이 종은 히파크로사우루스보다 조금 더 이른 시기에 살았다. 마이아Maia는 그리스어로 좋은 어머니를 뜻하며 성체 화석이 알과 갓 부화한 새끼들이 있는 둥지와 함께 발견되었기 때문에 이 같은 이름을 얻게 되었다. 마이아사우라의 알과 새끼는 히파크로사우루스보다 작았으며 부화 직후 새끼는 약 1킬로그램에 불과했기 때문에[186] 부화 기간도 더 짧았을 것으로 보인다. 마이아사우라 새끼들이 함께 있는 둥지 화석에서는 알과 갓 부화한 새끼뿐 아니라, 덤불과 나뭇잎을 먹느라 이빨이 닳은, 한동안 살아 있었던 더 큰 새끼들도 함께 발견되었다. 이들은 아마도 누군가의 보호를 받았을 것이다. 그렇지 않았다면, 왜 다시 둥지로 돌아가 함께 있었겠는가? 그곳에 성체가 있어서 포식자로부터 지켜주고 있었기 때문이었을 것이다.[187]

마이아사우라의 둥지는 어린이집 같은 곳이었을까? 부모 공룡이 먹이를 구하러 가기 전에 새끼들을 둥지에 데려다놓곤 했을까? 마치 인간처럼? 새끼 공룡들은 둥지 안에서 자기들끼리의 작은 문화를 만들며 지냈을까? 마치 우리 세 살 아이가 어린이집에 다녀온 후, "응가가 길을 건너간다" 같은 이야기를 들려주는 식으로 말이다.

어미 마이아사우라는 둥지 곁에서 새끼들을 지켰을까? 오늘날 마이아사우라의 먼 친척으로 추정되는 나일악어처럼 그렇게 새끼들을 돌보았을까? 공룡들은 알과 태아를 돌보는 방식이 매우 다양했을 것이고, 이는 공룡의 후손인 새들을 떠올리면 쉽게 상상할 수 있다.

공룡들은 수억 년이라는 시간 동안 존재했고 놀라울 만큼 다양한 집단이었기 때문에 몇몇 종의 화석만으로 전체 공룡을 일반화하는 건 불가능하다. 어떤 공룡은 단단한 껍질의 알을 낳았고 어떤 공룡은 부드럽고 가죽 같은 껍질의 알을 낳았다. 성체 화석 없이 둥지와 알만 남겨진 사례도 있지만 어떤 종은 둥지 가까이, 심지어 둥지 위에 누운 채 발견되기도 했다. 오늘날 새들이 알을 품는 것처럼 말이다. 언젠가는 뻐꾸기 공룡이 존재했다는 사실이 밝혀질지도 모른다. 오늘날의 뻐꾸기나 뻐꾸기 메기처럼, 다른 공룡의 둥지에 자기 알을 몰래 낳아 맡기는 습성이 있는 공룡 말이다.[188]

26주

약 6개월간 새끼를 품은 갈색목세발가락나무늘보Bradypus variegatus 암컷이 출산을 앞두고 있다. 나무늘보들의 삶 대부분이 그렇듯 이 출산 역시 나무에 매달린 채로 이뤄진다. 나무늘보는 배변할 때만 땅으로 내려온다고 한다. 갈색목세발가락나무늘보는 주로 중앙아메리카 또는 남아메리카에 서식하며, 갈색과 녹색이 섞 인 털은 수많은 나무줄기 사이에 섞여 잘 보이지 않지만 단 하나, 작은 얼굴만은 예외다. 얼굴은 하얗고 눈 주위에 팬더처럼 생긴 두 개의 검은 반점이 선명하게 드러나 있기 때문이다.

　나무늘보가 임신했는지 알아차리기는 쉽지 않다. 배가 별로 불러오지 않기 때문이다. 하지만 새끼가 태어나면 몇 달 동안 엄 마에게 매달려 있으므로 그때서야 연구자들은 나무늘보의 번식

상태를 알아차릴 수 있다. 암컷은 길고 구부러진 발톱으로 나뭇가지에 수평으로 매달린 채 출산을 하며 새끼는 엄마의 배 위에 떨어지거나 어쩌면 어미가 한쪽 팔로 새끼를 자리 잡게 도와주는지도 모른다. 인간이라면 절대 그렇게 오래 매달려 있을 수 없겠지만 나무늘보의 신체는 나무에 매달리기에 최적화되어 있다. 손가락 뼈는 길게 자라나 있으며 손톱과 함께 커다란 발톱을 형성하여 팔과 다리에 힘을 들이지 않고 매달리는 것이 가능하다. 작은 새끼는 눈과 귀가 떠 있는 상태로 태어나며 수유는 4주 동안만 하지만 그 후 6개월이 지나도록 어미 품에 매달려 지낸다. 어미 나무늘보와 새끼는 배와 배가 맞닿은 채, 어미를 마치 매트리스처럼 삼아 생활한다.[189, 190, 191]

갈색목세발가락나무늘보는 몇몇 종류의 나뭇잎만을 먹고 살아간다. 나뭇잎은 영양가가 매우 낮고 소화하는 데도 오랜 시간이 걸리기 때문에 나무늘보의 삶 전체가 느리게 흘러갈 수밖에 없다. 체온도 낮아서 느리게 움직이는 몸을 데우려면 마치 냉혈동물처럼 햇빛에 의존해야 한다. 몸집이 작아 몸무게는 6.3킬로그램도 넘지 않으며 가느다란 나뭇가지 위에 매달려 대형 포식자들의 위협을 피한다. 평생을 그렇게 나무 위에서 보내는 것처럼 보이지만 그렇지 않다. 일주일에 한 번, 매우 느리게 나무를 내려와 포식자들과 적이 있는 위험한 지상에 발을 디딘다. 배변을 하기 위해서다. 새끼를 나뭇가지나 덩굴에서 낳으면 떨어질 위험이 있어 출산을 위해 나무에서 내려올 것이라고 생각할 수도 있겠지만[192] 지상으로 내려오는 이유는 바로 배변 때문이다. 이는 나무늘보의 털 속에 사는 생물들과 관련이 있다. 나무늘보의 털은 녹색을 띠는데 이는 털에 서식하는 녹조류 때문이다. 이 녹조류에는 위장 효과가 있어 나무늘보를 위협으로부터 보호하고 또한 추가적인 영양분도 제공한다. 암컷은 이 녹조류를 먹음으로써 나뭇잎만으로는 부족한 영양분을 보충할 수 있다.[193]

동시에, 나무늘보의 털 속에는 또 다른 존재가 번식을 하고 있다. 나무늘보의 털 사이사이에는 나방Microlepidoptera 군락이 존재한다. 나무늘보의 털에 서식하는 특정 나방 종은 번식을 위해 나무늘보의 배설물을 필요로 한다. 지상으로 내려온 나무늘보는 평소 자주 배변하는 장소 근처에서 지난 한 주 동안 소화한 나뭇잎의 잔여물을 배설한다. 그 순간, 털 속에 숨어 있던 작은 나방들이 털에서 날아 나와 나무늘보 배설물 속에 알을 낳는다. 이 작은 알들은 유충이 되고 유충은 배설물을 먹고 자란 후, 변태 과정을 거쳐 새로운 나방이 된다. 그리고 그 새로운 나방들은 다시 날아올라 나무늘보의 털 속에 정착한다.

이 나방들은 나무늘보의 털 속에서 살고, 짝짓기를 하고, 죽으며, 나무늘보가 필수 영양소를 섭취하기 위해 필요한 녹조류에게 영양분을 제공한다. 나무늘보는 녹조류가 필요하고 녹조류는

나방이 필요하며 나방은 나무늘보의 배설물과 털이 필요하다.[194]

나무늘보 암컷이 배 위에 작은 새끼 나무늘보를 매달고 있다. 새끼는 젖을 먹고 보살핌을 받으며 성장한 후 녹조류 그리고 자신만의 나방 군락을 얻게 될 것이다. 그리고 어미 나무늘보가 다시 임신하여 약 1년 뒤 다음 새끼를 낳을 무렵이면 자신의 길을 갈 것이다.

배변을 볼 때 말고는 늘 나무에 매달려 사는 나무늘보. 출산도 나무에 매달린 채 하며, 태어난 새끼는 6개월 동안 어미의 배에 매달려 지낸다.

27주

세계에서 가장 강한 소용돌이가 형성되는 해협 중 하나인 노르웨이 북부 보되Bodø 인근의 살츠스트라우멘Saltstraumen 해협에서 울프피시Anarhichas lupus 수컷이 서로 달라붙어 덩어리를 이룬 수천 개의 알 무더기를 몸으로 감싸고 있다. 이곳의 소용돌이는 밀물과 썰물이 막대한 양의 바닷물을 좁은 해협으로 밀어넣으면서 형성되는데 이렇게 움직이는 물과 함께 산소와 영양소가 유입되어 수많은 생물종으로 이루어진 거대한 먹이사슬에 생명을 불어넣는다. 이 먹이사슬의 상위에는 날카로운 이빨과 강력한 턱을 가진 큰 울프피시가 있다. 울프피시는 입꼬리가 아래로 처져 있고 이빨은 밖으로 삐죽 튀어나와 있어, 항상 불만이 가득한 얼굴 같다. 푸르스름한 회색빛 피부는 평소보다 더 창백하며 만약 물

206

고기가 지쳐 보일 수 있다면, 바로 그런 모습일 것이다.

수컷은 오랫동안 그 자리에서 거의 움직이지 않은 채 있었다. 마침내 알 속의 작은 새끼들이 점점 활발히 움직이기 시작하자, 안은 점점 더 비좁아졌다. 곧 알막이 터지면서 새끼들이 튀어나와 혼자 힘으로 세상에 나아갈 것이다. 수컷 울프피시는 여러 해 동안 알맞은 장소를 찾아 커다란 바위 아래에 굴을 파왔다. 자갈과 진흙을 치워내며 굴을 만들었고 지난 몇 달 동안 안전한 보금자리를 만드는 데 들인 노력의 결실을 누렸다. 다른 동물에게 잡아먹힐 걱정 없이 알을 평온하게 품을 수 있었던 것이다.

이제 얇은 알막을 통해 작은 눈들이 뚜렷하게 보이고, 작은 울프피시 배아들은 이미 이빨까지 갖추었다. 이들은 아직 난황주머니의 일부를 몸에 지니고 있어서 스스로 먹이를 찾을 수 있을 때까지 그걸로 한동안 생존해야 한다. 수컷 울프피시는 오랫동안 알 덩어리를 품고 몸을 웅크린 채 있었다. 암컷이 알을 낳은 7개월 전부터 아무것도 먹지 않았기에 체력이 점점 소모되고 있었다.[195] 긴 겨울 내내 수컷은 가끔 자세를 바꾸는 것 외엔 아무것도 하지 않았다. 오로지 알이 게나 지나가는 다른 물고기들에게 잡아먹히지 않도록 지키고 있을 뿐이다.

수컷은 지난 몇 달 동안 이 굴에서 암컷과 함께 지냈다. 지난 봄, 암컷이 자신보다 조금 뒤늦게 깊은 바다에서 올라왔을 때, 수컷은 올해도 다시 그 암컷을 자신의 짝으로 맞이했다. 울프피

207

시는 해마다 같은 짝을 다시 찾기도 하지만 설령 작년에 이미 알고 지낸 사이라 해도, 길었던 이별 끝에 서로를 다시 알아보고 관계를 이어가려면 매번 다시 구애 과정을 거쳐야 한다.

어쩌면 암컷은 수컷의 굴 짓는 솜씨를 보고 그를 짝으로 선택하는 것일지도 모른다. 하지만 반대로, 굴 안에 누워 암컷들의 노력을 평가하면서 여러 암컷의 구애를 받은 수컷이 스스로 짝을 선택했을 가능성도 있다. 그 부분에 대해서는 어느 쪽인지는 아직 알 수 없다. 하지만 며칠간의 격렬한 구애가 끝난 후, 이 울프피시 커플은 암컷이 알을 낳기 전까지 몇 달 동안 함께 시간을 보낸다. 그들은 굴 속 은신처에서 함께 지내며 성게나 불가사리를 사냥해 함께 로맨틱한 저녁 식사를 한다.

때가 되면, 수컷은 암컷의 알을 수정시키는데 이 과정은 내부 수정을 통해 일어나며 정확히 어떻게 이루어지는지는 아직 밝혀지지 않았다. 수컷이 정자를 암컷에게 어떤 방식으로든 전달하고 암컷은 수정된 알을 몸속에서 만든 후, 서로 들러붙은 커다란 덩어리 형태로 알을 낳는다. 그렇게 할 일을 마친 암컷은 알을 수컷에게 맡긴다.

암컷은 이제 자신의 역할을 모두 마쳤고, 제 힘을 다 썼기에 황제펭귄처럼 수컷과 알을 남겨둔 채 조금 더 깊은 곳으로 이동한다. 암컷 울프피시는 그곳에서 먹이를 찾아 긴 겨울 동안 몸을 회복한다. 이후 다시 굴로 돌아와 같은 수컷과 또다시 짝짓기를 할 수도 있다. 실제로 살츠스트라우멘에서는 몇 년 동안 짝을 유지하는 울프피시 커플이 관찰된 바 있다. 하지만 우리는 여전히 이 동물들에 대해 아는 것이 많지 않다.

지금까지의 연구 대부분은 울프피시를 '사육하여 식용으로 생산하기 위한 방법', 즉 어떻게 인공적으로 짝짓기를 시키고, 수컷이 없어도 알을 부화할 수 있을지에 초점이 맞춰져 있다. 그러나 암컷이 어떤 기준으로 짝을 고르는지, 양육을 어떻게 분담하는지 그리고 '다음 세대를 책임진다는 것'이 얼마나 고된 일인지에 대한 연구는 거의 이루어지지 않았다.

울프피시 수컷은 자기 굴 근처에 있는 다른 수컷들한테 알을 돌보는 일이 얼마나 힘든 일인지 투덜거리며 하소연하기도 할까? 암컷은 떠나기 전에, "부화까지 수정란을 돌보는 게 죽을 정도로 힘든 일도 아닌데, 그만 징징대고 정신 차려"라고 말해주고 갔을까? 그 다음 해에 다시 만났을 때, 알을 낳은 쪽이 더 힘들었는지, 돌본 쪽이 더 힘들었는지에 대해 서로 이야기를 나눌까?

나는 마치 울프피시 수컷 같다. 나는 내 아이를 품고 있어야 하고, 활동도 제한적이다. 반면 내 남편은 계속해서 자신의 삶을 영위할 수 있다. 물론 그는 암컷 울프피시처럼 내 곁을 떠나지는 않는다. 나를 돌봐주고 내게 음식을 챙겨주지만 영화관에도 가고 친구들과 맥주도 마시고, 직장에서 강연도 하고, 아이와 놀이터에 가기도 한다. 그는 자유롭게 살아가고 있는데 내 삶은 온통 뱃속의 태아에게 사로잡혀 있는 것만 같다. 시계는 계속 째깍거리며 돌아가지만 내 시간은 멈춰 있다.

나는 울프피시 수컷이나 해마 수컷에게 더 많은 동질감을 느낀다. 그 종의 암컷들보다도 말이다. 그들은 특별한 슈퍼 아빠들일까, 아니면 우리가 그들이 만들어내는 생식세포를 기준으로 그들의 성 역할에 너무 많은 의미를 부여하고 있는 것일까? 울프피시 수컷과 암컷을 떠올릴 때, 나는 자동적으로 수컷이 암컷을 돌봐주는 존재라고 상상한다. 침입자가 나타났을 때 더 공격적인 쪽은 수컷일 것이고, 암컷은 더 조용하고 조심스럽고 자신의 몸과 알을 보호하는 데 더 집중할 것이라고 말이다. 하지만 사실 나는 울프피시들이 어떻게 사는지 전혀 모른다.

인간은 아가미로 숨 쉬는 삶이 어떤지 상상할 수조차 없다. 허파 대신 아가미로 숨 쉬고 수백 미터 깊이의 바다를 오르락내리락 헤엄치며 수천 마리의 새끼를 한꺼번에 낳고 알에서 부화한 이후에는 다시는 보지 못하는 삶은 과연 어떨까? 모든 수컷이 종에 관계없이 같은 역할을 하고 모든 암컷이 종에 관계없이 또 다른 정해진 역할을 하는 것이 정말 자연스러운 일일까? 우리는 서로 너무 다른 종으로 진화해왔다. 물고기와 인간의 차이를 생각해보라. 그런데도 성 역할만큼은 모든 종이 인간과 비슷하다고 여긴다. 그리고 우리가 아는 것과 다른 방식을 택하는 종들을 예외적이고 이상한 존재처럼 소개하곤 한다. 예를 들어, 임신하는 수컷 해마나, 알을 지키는 호주의 풀숲무덤새 수컷 등이 그렇다.

우리는 자연을 그리고 우리 자신을, 우리가 이미 갖고 있는 성역할의 고정관념 속에서 바라보기 쉽다. 어쩌면 수컷과 암컷이라고 말하기보다는, 큰 생식세포 생산자와 작은 생식세포 생산자라고 부르는 편이 나을지도 모르겠다. 그렇게 말하는 것이 쉽지는 않겠지만, 각 동물이 실제로 어떤 삶을 살고 있는지 그리고 생식과 관련된 일을 어떻게 조직하고 수행하는지에 대한 우리의 선입견은 덜어낼 수 있을 것이다.

하지만 어떤 단어든 결국에는 문화적인 의미를 띠게 마련이다. 단어는 언제나 의미를 띠고 감정적으로도 영향을 준다. 그래서 아마도 새로운 단어를 만들어낸다고 해서 울프피시 암컷과 나 사이의 공통점을 제대로 설명할 수 있는 건 아닐 것이다. 우리가 가진 공통점은 고작해야 척추가 있고 이빨과 눈이 있으며 큰 알을 낳는다는 정도에 불과하니까. 우리가 스스로 진실이라고 느끼는 성에 대한 이해가 다른 사람들에게는, 혹은 다른 종에게는 그렇지 않다는 사실을 받아들이는 것은 참 어려운 일이다.

28주

랑구르속원숭이Semnopithecus spp. 암컷이 새끼를 낳으면 많은 수 컷들이 그 새끼가 자기 새끼라고 믿는다. 이는 암컷이 임신 전 가 능한 한 많은 수컷들과 교미를 하기 때문이다. 이처럼 여러 수컷 들과 교미를 함으로써 어미의 털에 매달려 젖을 찾는 새끼는 더 안전해진다. 어미는 주변 수컷들이 새끼를 죽이는 일을 막기 위 해 할 수 있는 최선을 다한 것이다. 랑구르속 하누만랑구르원숭 이 어미들은 새끼를 같은 집단의 암컷들과 함께 돌보지만 수컷 이 새끼에게 다가올 때는 대부분 새끼를 죽이려는 의도를 갖고 있다.[196] 수컷은 도대체 왜 그러는 걸까?

긴 꼬리와 검은 얼굴, 회갈색 털을 지니고 있는 작은 인도 원 숭이는 오랫동안 설명하기 어려운 행동을 보였다. 수컷 하누만랑구르들이 갓 태어난 새끼를 죽이는 일이 자주 관찰되었던 것이다. 처음 연구자들은 이러한 영아살해infanticide가 무리 내 개체 수가 너무 많아 먹이를 충분히 확보할 수 없을 때에만 발생하는 현상이라고 여겼다. 그럼에도 이 행동은 매우 충격적이고 불편하게 여겨졌다. 먹이를 많이 먹지도 않는 작은 새끼 원숭이를 죽여서 얻을 수 있는 이점이 무엇이란 말인가? 결국 그 새끼들은 무리의 미래를 짊어진 존재일 텐데 말이다. 그런데 놀랍게도, 수컷 하누만랑구르에게는 실제로 이 행동이 이득이 될 수 있음이 밝혀졌다.

인류학자이자 영장류학자인 세라 블래퍼 허디Sarah Blaffer Hrdy가 1970년대에 하누만랑구르 수컷들이 암컷과의 교미 기회를 얻기 위해 새끼를 죽인다는 사실을 밝혀냈다. 수유 중인 암컷은 일반적으로 발정기가 오지 않으며, 새끼가 죽거나 혹은 충분히 성장하여 더 이상 젖을 필요로 하지 않게 되면 발정기가 시작한다. 따라서 수컷은 자신의 새끼가 아닐 경우 새끼를 죽이면 해당 암컷과 교미할 기회를 얻을 수 있고, 그 결과 다른 수컷들의 유전자보다 자신의 유전자가 우선적으로 후세에 전해질 가능성이 높아진다. 새롭게 집단에 들어온 수컷이나 우두머리 자리를 차지한 수컷은 특히 갓 태어난 새끼들에게 위협적인 존재다. 이들은 다른 수컷의 자손을 위해 암컷들이 에너지를 소비하게 둘 이유가 없으며, 암컷이 다시 발정 상태가 되어 자신의 새끼를 임신하게 만드는 것이 훨씬 유리하기 때문이다. 허디가 하누만랑구르 수컷이 왜 새끼를 죽이는지를 밝혀낸 이후 사자Panthera leo를 포함한 여러 종에서도 동일한 현상이 발견되었다.

한편 허디는 수컷들이 왜 새끼를 죽이는지를 밝혀낸 데서 연구를 멈추지 않았다. 그녀는 암컷들이 이에 어떻게 대응하는지도 알고자 했다. 연구 결과, 암컷들은 영아살해를 수동적으로 지켜보고만 있지 않았다. 허디는 암컷들이 새끼가 죽임을 당하지 않도록 하기 위한 전략들을 갖고 있다는 사실을 밝혀냈다.

첫째, 하나만랑구르의 암컷들은 서로 힘을 합쳐 새끼를 공격하려는 수컷들을 몰아내려는 시도를 한다. 둘째, 앞서 언급했듯이 발정기에 가능한 한 많은 수컷들과 교미를 한다. 허디는 또한 암컷들이 무리 내 수컷들과만 교미하는 것이 아니라, 위험을 무릅쓰고서라도 인접한 무리의 수컷들과도 교미를 시도한다는 사실을 밝혀냈다. 물론 이 경우, 무리 내 수컷들에게 들키면 위험할 수 있다. 그렇다면 왜 암컷은 이렇게 위험한 행동을 하는 걸까? 그 이유는, 어떤 수컷이든 한 번이라도 교미한 암컷의 새끼에 대해서는 '자신의 자식일 수 있다'는 가능성을 가지게 되기 때문이다. 그리고 이로 인해 그 수컷이 새끼를 죽일 가능성은 줄어든다.

이와 같은 전략은 암컷 사자에게서도 관찰된다. 암사자는 한 번의 발정기 동안 무리 안팎의 수컷들과 최대 100회까지 교미할

214

수 있으며 이 역시 영아살해의 위험을 줄이기 위한 생식 전략으로 보인다.[197]

허디가 1970년대에 자신의 연구 결과를 발표했을 때, 이는 여성 연구자들이 잇달아 새로운 발견을 내놓는 계기가 되었다. 사회가 여성에게 기대해온 행동 양식과 고정관념에 맞서야 했던 여성 연구자들은 허디의 발표 이후 수컷과 암컷의 행동을 이전과는 전혀 다른 관점에서 바라볼 수 있었다. 찰스 다윈 이전과 이후 대부분의 연구와 자연 관찰은 부유한 백인 남성들에 의해 이루어졌다. 이들은 과학에서 새롭고 중요한 발견을 많이 했지만 그들이 연구한 종들의 성별과 성 역할에 관한 굳어진 사고방식을 비판적으로 들여다보는 관점은 부족했다.

허디의 발견은 오늘날 우리가 알고 있는 성별, 육아, 일부일처제 그리고 진화에 대해 새로운 지식의 길을 열었으며 자연에 대해 이전에는 상상하지 못했던 것들을 배울 수 있는 방향을 제시했다. 연구자들의 성별, 성적 지향, 민족성, 사회계층 배경이 다양해질수록 우리가 무의식적으로 과학이라는 이름으로 당연하게 여겨온 수많은 고정관념들이 도전받고 무너질 것이다.

하누만랑구르 암컷은 약 7개월의 긴 임신 기간을 마침내 마쳤다. 이제 더 이상 교미할 필요도 없고, 가능한 많은 수컷과 짝짓

215

기를 해 영아살해 위험을 줄여야 할 필요도 없다. 커다란 배와 늘어난 몸무게로 인해 움직임이 둔해졌던 시기도 지나갔다. 하지만 할 일이 끝난 것은 아니다. 이제부터는 13개월 동안 새끼를 돌보고 젖을 먹여야 한다. 물론 하누만랑구르 새끼는 6주가 되면 고형식도 함께 먹기 시작하지만 말이다. 그래도 어미 혼자 모든 일을 해야 하는 것이 아니다. 암컷 무리는 어머니, 자매, 이모, 사촌 그리고 할머니 같은 친척들로 이루어져 있다. 이들 모두가 새끼를 돌보는 데 도움을 준다. 위협이 되는 것은 오직 (교미하지 않은) 낯선 수컷들뿐이다. 자매, 이모, 할머니가 돌아가며 새끼를 돌보고, 아기가 태어난 첫날부터 어미 이외의 다른 암컷들이 하루의 거의 절반 가까이 새끼를 돌봐준다.[198]

29주

인간도 비슷한 방식으로 서로를 돕는다. 주말이 되었지만 일정은 엉망이 되었다. 남편은 일을 해야 하고 어린이집은 문을 닫았다. 속은 아직도 메스껍고 토할 것 같으며, 몸을 제대로 움직일 수 없어 힘들지만 뱃속의 아이를 포기할 수 없으므로 계속해서 뭔가를 먹고 태아에게 영양을 공급해야 한다. 이런 상황에서 혼자서 아이를 돌보는 일은 감당할 수 없을 만큼 버겁게 느껴진다. 다행히도 어머니가 이런 나를 구원하러 왔다. 어머니는 아이를 유모차에 태워 데려갔고, 아이는 함께 빵을 굽자는 할머니의 계획에 눈을 반짝거리며 집을 나섰다.

나는 소파에 누웠다. 일어나서 창가에 있는 시든 화분도 정리해야 하는데 지금은 도저히 힘이 나지 않는다. 내가 돌볼 수 있는 생명체의 수는 한정되어 있다. 지금은 이미 있는 아이와, 뱃속의 아이가 우선이고, 식물은 자연히 순위에서 밀려난다. 이처럼 누군가의 도움을 받으면 나는 자궁 밖의 아이와 자궁 안의 아이를 모두 돌볼 수 있다. 둘 중 하나만을 선택해 에너지를 쏟고 다른 하나를 죽게 내버려둘 필요가 없는 것이다. 갈라파고스의 푸른발부비새Sula nebouxii는 자신이 낳은 새끼 중 가장 크고 건강한 새끼에게만 먹이를 주고 작고 약한 새끼들은 죽도록 내버려둔다.[199]

할머니가 된 내 어머니는 진화학적으로 볼 때 하나의 수수께끼 같은 존재다. 더 이상 번식할 수 있는 몸이 아님에도 여전히 건강하게 살아 있고, 인간의 나이로는 아직 '늙었다'고 할 수 없는 연령대에 있다. 아마 앞으로도 여러 해를 더 살아갈 가능성이 크다. 번식 가능한 시기를 지난 뒤에도 계속 살아가는 능력은 극히 일부 종에게만 주어졌다. 인간 그리고 몇몇 고래류와 작은 진딧물 정도뿐이다. 더욱이 이 특성은 우리와 가장 가까운 친척인 유인원에게서도 발견되지 않는다는 점에서, 더욱 특별하다. 도대체 왜 우리에게만 이런 현상이 나타나는 걸까?

세계에서 가장 오래 사는 야생 조류로 알려진 레이산알바트로스 중 한 마리가 1956년에 가락지 표식을 받았고, 이후 '위즈덤Wisdom'이라는 이름으로 불리게 되었다. 이 새는 2020년 말까지도 계속 알을 낳았으며 2022년에도 여전히 익숙한 둥지 근처에서 관찰되었다.[200] 그때 이 새의 나이는 최소 71세로 추정되었다. 위즈덤은 내 어머니보다도 나이가 많고 어머니보다 훨씬 더 많은 새끼를 키워냈음에도 불구하고 계속해서 알을 낳으며 자신의 유전자를 새로운 개체들에게 전달하고 있다. 그런데 왜 내 어머니는 그렇지 않을까? 왜 어머니는 더이상 자신의 자식을 낳지 않고 할머니가 되어 손주를 돌보고 자식들을 도우며 시간을 보내는 걸까? 할머니가 가까이 있는 것 자체는 인간만의 특징이 아니다. 다만 인간의 특별한 점은 주요 번식 연령이 지난 후에도 오랫동안 생존한다는 것, 즉 할머니가 되면 더 이상 아이를 낳지 않는다는 것이다.

아프리카 코끼리Loxodonta Africana 사회에서 할머니는 최고의 지위를 가진다. 가장 나이 많은 암컷이 무리를 이끄는데, 긴 삶을 통해 축적한 지식으로 먹이, 물, 안전한 장소를 찾아낸다. 또한 처음으로 새끼를 낳는 젊은 암컷들에게 새끼를 돌보는 법을 알려준다. 코끼리 사회에서 암컷들은 새끼와 함께 무리를 이루어 살지만 수컷은 스스로 독립할 수 있을 때부터는 별도의 무리를 형성한다. 코끼리 할머니가 있는 무리에서는 더 많은 새끼가 생존하며 더 많은 새끼를 낳는다.[201] 무리의 지도자가 되는 것만으로도 충분히 할 일이 많을 텐데 (인간과 달리) 코끼리는 생식을 멈추지 않고 죽을 때까지 새끼를 낳을 수 있다.[202]

일본 진딧물 콰드라르투스요시노미야이Quadrartus yoshinomiyai
는 인간과 비슷하게 행동하는 몇 안 되는 종이다. 즉, 이 진딧물
암컷은 죽기 훨씬 전에 번식을 멈춘다. 일본 진딧물의 삶은 복잡
하다. 세대마다 유성생식과 단위생식을 번갈아가며 하는데, 이는
물벼룩이나 코모도왕도마뱀에서 볼 수 있는 방식과 유사하다. 모
든 것은 날개 달린 진딧물 암컷이 선호하는 숙주식물, 즉 개암나
무과 관목에서 월동을 마친 뒤 시작된다. 봄이 오면 암컷은 번식
을 시작할 장소를 선택한다. 선택한 가지 위에서 숙주식물의 조
직을 조작해 벌레혹이라고 부르는, 줄기나 잎에 부풀어 오른 구
조물을 만든다. 암컷은 이 벌레혹 안에 자리를 잡고 새끼를 낳기
시작한다. 평균적으로 50마리에서 200마리 사이의 새끼를 낳는
데, 이들은 모두 암컷이며 단위생식으로 태어난다. 이 새끼들은
평생 벌레혹 안에서 살기 때문에 날개가 없다.

날개가 없는 암컷 새끼들은 단위생식을 통해 다시 새끼를 낳
는다. 그러나 이 새롭게 태어난 암컷들, 즉 최초 진딧물 암컷의
손녀 세대들은 날개를 가지고 태어난다. 이들은 한동안 바깥으로
통하는 틈이 전혀 없는, 철저히 외부의 적으로부터 보호된 닫힌
벌레혹 안에서 살아간다. 그러나 이들이 성장해 세상 밖으로 날
아가야 할 때가 되면, 벌레혹을 열어야 한다. 그 순간이 다가오면
날개 없는 개체들은 출산을 멈추고 번식을 완전히 중단한다. 이
후 몇 주 동안, 벌레혹 안의 날개 달린 개체들이 모두 날아갈 준

비를 갖추고 모두 떠날 때까지, 날개 없는 어미들은 벌레혹 입구에 자리를 잡고 배 끝에 있는 분비샘에서 밀랍 같은 물질을 만들어낸다. 만약 무당벌레 유충 같은 포식자가 벌레혹 안으로 들어오려 하면 날개 없는 진딧물들은 포식자에게 밀랍을 분사한다. 밀랍은 즉시 굳어버리고 포식자는 놀라 달아나는데, 때로는 날개 없는 진딧물이 굳은 밀랍과 함께 포식자의 몸에 달라붙은 채로 끌려가기도 한다. 이렇게 번식을 끝낸 날개 없는 진딧물은 자신의 몸을 희생하여 벌레혹을 보호하고 날개 달린 진딧물이 더 많이 날아가 새로운 집단을 형성할 기회를 만들어줌으로써, 자신의 유전자가 널리 퍼지도록 돕는다.[203]

진딧물과 인간의 차이는, 진딧물은 번식기가 지난 후에는 바로 다음 세대, 즉 자신의 자식 세대에 헌신하는 반면, 인간(할머니)은 그 노력을 손주 세대에 집중한다는 점이다.

어머니가 내 아이를 데려가서 몇 시간쯤 나에게 쉴 틈을 주는 것은 내 아이가 살아남느냐 죽느냐 같은 문제와는 전혀 무관하다. 솔직히 말해, 무리를 한다면 나 혼자서도 세 살 아이와 뱃속의 태아를 모두 돌볼 수 있다. 다만 그날 하루 동안 내가 인정하기 싫을 정도로 아이가 TV를 많이 보게 되었겠지만 말이다. 노르웨이는 진 세계적으로 봤을 때 유아사망률이 낮은 나라들 중 하나다.[204] 부유하고 산업화된 나라에서는 할머니가 가까이에 살면서 손주의 양육을 도와주는 것이 정말로 손주가 더 잘 살아남는데 영향을 주는지 알아보려는 다양한 연구가 시도되었는데, 제각기 다른 결과들을 내놓았다.[205]

그러나 분명한 것은 할머니가 가까이에서 도와줄 수 있다는 사실은 내가 다시 임신하기로 결심하는 데 결정적인 영향을 미쳤다는 점이다. 어머니는 만족스러운 표정의 손주를 유모차에 태우고 다니는데, 이는 바로 자손들이 더 많은 아이를 낳고 손주들이 더 잘 살아남을 수 있도록 돌봐온 수많은 할머니 세대의 계보를 잇는 모습이기도 하다.

인류가 농경을 시작하기 전, 약 1만 년 전의 생활 방식과 가장 비슷하다고 여겨지는 수렵 채집 사회를 다룬 인류학적 연구는 '할머니 가설'을 탄생시켰다. 이는 인간이 왜 번식기가 지난 후에도 그렇게 오래 사는지를 설명할 수 있는 개념이다. 이 가설에 따르면, 스스로 더 이상 번식하지 않고 자녀와 손주를 돕는 여성은 자신의 유전자를 다음 세대로 전할 가능성을 높인다. 유타대학교의 인류학자 크리스틴 호크스Kristen Hawkes 교수는 탄자니아의 하드자Hadza족 등을 포함한 여러 수렵 채집 집단에서 나이 든 고령 여성들이 어떤 역할을 하는지 연구해왔다.

그간의 관찰과 수학적 모델을 결합한 결과에 따르면, 여성이 육아를 멈추고 손주 양육을 돕도록 만드는 폐경(또는 갱년기)이라는 생물학적 특성은 진화적으로 선택된 것일 가능성이 높다. 즉 할머니가 어린 손주들에게 음식을 공급하거나 돌봄을 제공하면, 아이들이 더 빨리 이유식을 먹기 시작하고 더 건강하게 자라며, 그 결과 출산한 산모가 더 빨리 회복하여 다시 임신할 수 있게 되어 출산 간격이 짧아지게 된다.[206]

왜 일부 소수의 종에서만 암컷이 번식을 마친 후에도 이렇게 오랫동안 사는지에 대해서는 여전히 많은 논쟁이 있다.[207] 앞서 언급한 할머니 가설은 살아 있는 할머니가 있다는 것이 이점이 될 수 있음을 보여주며 살아 있는 할머니를 가진 개체들이 진화적으로 아주 작은 우위를 점했고 이 우위가 시간이 흐르면서 퍼져나갔을 것이라 상상할 수 있다. 하지만 정확히 어떤 메커니즘과 기능들이 결합하여 할머니 세대, 즉 번식능력을 잃은 이후에도 오랫동안 사는 현상이 인간과 다른 종들에서 나타나게 되었는지 알아내기는 어렵다.[208]

근본적으로 할머니가 가까이 있는 것이 좋다는 점은 쉽게 이해할 수 있다. 하지만 할머니가 더 이상 자식을 낳지 않고 손주를 돌보는 것이 그녀에게 이익이 될 수 있을까? 순수한 유전적 관점에서 보면 할머니는 자신의 자식과 손주 중 자식과 더 가까운 혈연관계에 있다. 따라서 생물학적 관점에서 이 현상을 설명하려면 직접적인 번식을 멈추고 대신 자식의 번식을 돕는 것이 매우 큰 이점이 있어야 한다.

이 의문을 푸는 데 도움이 될 수도 있는 또 다른 종이 있다. 바로 미국과 캐나다 서해안에 서식하는 범고래Orcinus orca다.[209] 범고래는 큰 무리를 이루며 경험 많고 지혜로운 나이 든 암컷, 즉 모계장matriarch이 무리를 이끈다. 범고래는 인간과 마찬가지로 번식을 마친 후에도 수십 년을 살 수 있다. 미국과 캐나다 서해안의 범고래는 특히 치누크 연어를 주로 먹는데 이 연어는 해마다 개체 수가 크게 변동한다. 그해 범고래가 얼마나 생존하고 번식하는지는 연어의 개체 수와 밀접한 관련이 있다. 나이가 많은 암컷들은 무리의 지식 창고로서, 연어가 어떻게 이동하고 어디에서 찾을 수 있는지 알고 있다. 이 연어에 관한 지식은 범고래 무리의 생존에 매우 중요한 요소다. 번식능력을 잃은 나이 든 암컷, 즉 할머니 범고래를 잃었을 때 무리가 받는 부정적 영향은 연어가 부족한 해에 가장 크게 나타난다.[210]

범고래 무리는 특이한 친족 관계 구조를 가지고 있다. 무리는 암컷과 암컷의 자녀들, 즉 아들과 딸로 구성되어 있다. 개체들이 번식할 만큼 나이가 들어도 무리에서 쫓겨나지 않으며 외부 무리에서 새로운 구성원이 들어오지도 않는다. 근친교배를 피하기 위해 무리들은 다른 무리와 만날 때 서로 교미를 한다. 이로 인해 암컷이 나이가 들수록 무리 구성원들과 더 밀접한 유전적 관련성을 갖게 된다. 새로 태어난 암컷은 무리 내에 어미와 형제자매가 있지만 형제자매는 대개 아버지가 다를 가능성이 높으므로 어미와 자식만큼 유전적으로 가깝지는 않다. 암컷이 나이를 먹고 자신의 새끼가 계속 무리에 더해질수록 무리 내에서 그녀가 차지하는 혈연적 비중은 커진다.

한편, 연구 결과에 따르면, 나이 든 암컷과 딸이 동시에 새끼를 낳는 경우, 즉 할머니가 아직도 번식 중일 때, 할머니가 낳은 새끼의 사망률이 딸이 낳은 새끼의 사망률보다 훨씬 높다고 한다.[211] 진화 이론에 따르면, 무리 내 유전적 관련성이 낮은 암컷일수록 번식을 위해 필요한 음식과 자원을 확보하기 위해 더 많이 경쟁하는 반면, 혈연관계가 높은 암컷은 경쟁이 덜하다. 이에 따라 경쟁력이 약해진 나이 든 암컷 범고래는 젊은 암컷과 번식 경쟁 상황에 놓이게 되면, 질 수밖에 없다. 바로 이것이 번식 갈등이다. 누구의 새끼가 살아남을 것인가? 따라서 한 암컷이 무리 전체와 매우 가까운 친족 관계에 있을 때, 진화적으로는 스스로 번식을 계속하기보다는 무리 전체(특히 자녀와 손주)를 돕는 것이 더 이득이 된다.

할머니 범고래들은 평생 아들들과 함께 무리 안에 머문다. 이것은 가까이에 딸만 있는 경우보다 훨씬 더 큰 번식상의 이점을 제공한다. 수컷들도 번식하여 다른 무리의 암컷과 교미를 통해 자신의 유전자를 퍼뜨리지만, 임신하고 젖을 먹이는 데 필요한 먹이와 자원 같은 번식 비용은 모두 다른 무리가 부담하게 되기

할머니의 영향력이 절대적인 범고래 가족들. 더 이상 번식 기능이 없는 암컷이 존재감을 유지하는 소수의 종에 속한다.

때문이다. 할머니 암컷은 단지 아들이 충분히 먹고 다른 무리와 만나는 곳까지 잘 이끌어주기만 하면, 매우 적은 비용으로 자신의 유전자를 퍼뜨릴 수 있는 것이다. 이것이 바로 왜 범고래 할머니들은 인생의 어느 시점에서 번식을 멈추는지를 설명해준다.

그렇다면 우리 인간은 어떨까? 우리는 할머니와 그 자손들이 한 무리에 사는 동물이 아니다. 그러나 우리는 많은 증거를 통해 가장 초기의 인간 집단에서 번식 가능한 나이가 된 젊은 암컷이 무리를 떠나 새로운 무리로 이동하는 형태로 생활했음을 알 수 있다. 그리고 범고래와는 달리, 인간들은 아마도 같은 무리 내에서 교미를 했을 것으로 추정된다.[212] 이런 상황에서 새로 유입된 젊은 암컷은 무리 구성원들과 유전적 관련성이 낮은 반면, 나이가 든 암컷은 자신의 아이들과 손주들이 곁에 있기 때문에 무리와 가까운 유전적 혈연관계를 가지게 된다. 그 결과 인간은 범고래 무리와 마찬가지로 번식을 둘러싼 갈등이 생기며, 이것이 우리가 폐경과 할머니가 존재하는 몇 안 되는 종 중 하나인 이유를 설명할 수 있을 것이다.

밖에서 유모차를 미는 내 어머니, 범고래 할머니, 티티원숭이 수컷, 히누만랑구르의 이모들, 다말랄랜드두더지쥐 무리, 황제펭귄과 해마 수컷, 짝을 짓지 않은 아프리카사회성거미 그리

227

고 비버의 큰 형제자매들은 모두 새끼들이 무사히 자랄 수 있도록 돕는 조력자들이다. 그러나 이들은 알을 가진 개체만이 양육을 담당한다는 단순한 공식이 자연계에서는 얼마나 흔히 지켜지지 않는지 보여주는 수많은 사례 중 일부에 불과하다.

30주

이제부터는 아기가 큰 합병증 없이 태어날 수 있는 시기에 접어들었다. 여전히 너무 이른 출산이지만, 이제는 속옷에 피가 비치면 불안해하던 시기를 지났고, 무언가 잘못되면 모든 희망이 사라지던 시기도 지났다. 당장 출산이 시작되더라도 아이를 살릴 수 있는 가능성이 생긴 시점이다. 물론 아직 아기는 너무 작고 덜 발달되어서 출산 후 큰 후유증이 남을 수 있지만, 꽤 안전한 구간에 접어들었다는 이야기다. 태아는 앞으로 10주 더 내 뱃속에 머물러야 한다. 더 자라고 세상의 추위로부터 보호해줄 지방을 축적하며, 세상과 마주할 때 조금 더 단단한 몸으로 태어날 수 있도록 크기를 키워가야 한다.

임신이 잘 진행될 거라는, 내가 건강하고 사랑스러운 아기를 품에 안게 될 거라는 확신이 점점 커질수록, 아이를 맞이할 준비를 해야 한다는 욕구도 점점 더 커진다. 나는 지하 보관실에서 신생아용 유모차를 꺼내고 태어날 아기에게 입힐 옷들을 세탁하고 아기가 태어나기 전에 준비해야 할 것들의 목록을 만든다. 갑자기 주방 서랍들을 깨끗이 청소해야 할 것 같고 벽장 깊숙한 곳에 쌓여 있던 오래된 서류들을 정리해야 할 것 같으며 하루 빨리 아기 침대를 다락방에서 내려서 침실로 옮겨놔야 할 것 같다. 비록 처음에는 우리 침대에서 함께 잘 계획이지만 말이다.

비버처럼 새 잎을 모아 새끼들이 잘 수 있도록 보금자리를 만들고 토끼처럼 자신의 털을 뽑아 부드러운 둥지를 만들고 나일악어처럼 알을 낳기 가장 좋은 장소를 오랫동안 찾아다니는 그런 동물적 본능이 내 안에도 있는 걸까? 내가 집을 정리하고 아기가 가능한 한 좋은 시작을 할 수 있도록 준비하는 건 생물학적인 본능이 작동한 결과일까? 아니면 엄마인 나에게 사회가 기대하는 바 때문에 내가 그것이 중요하다고 믿는 걸까?

둥지를 짓는 행동은 나뭇가지나 깃털을 모아 둥지를 짓는 새나 굴을 파고 털을 뽑아내는 토끼처럼, 매우 많은 종들에게 있어서 새끼의 생존을 위해 필수적인 일이다. 심지어 알과 정자를 물속에 방출하는 방식으로 번식하는 동물조차도 아무 때나 번식하지 않고 산란 시기를 조율하여 알과 정자가 만날 확률을 최대한 높이며 동시에 여러 개체를 한꺼번에 방출함으로써 포식자에게 생식세포가 먹힐 위험을 줄이려 한다.[213] 둥지를 짓고, 주변 환경을 최대한 안전하게 만들어 새끼의 생존 가능성을 높이려는 행동은 결국 환경에 적응하려는 행동이다. 진화의 역사 속에서 다른 개체보다 조금이라도 더 준비를 했던 개체들이 약간의 이점을 가졌고 더 많은 자손을 남겼기 때문에 이러한 행동이 유전자에 각인된 것이다.

인간의 둥지 짓기 행동을 다룬 연구는 많지 않지만 임신 관련 웹사이트들에서는 이 행동을 자연스러운 본능으로 묘사한다. 관련한 몇 안 되는 연구들에 따르면, 임신한 여성들도 다른 임신한 동물들과 비슷한 행동을 보인다. 곧 태어날 가족 구성원을 맞이하기 위해 집을 정비하고 준비하는 것이다. 유모차를 사거나 아기 방을 칠하거나 서랍을 청소하고 아기 옷을 정리하는 것까지 그 방식은 다양하다. 또한 임신한 여성들이 출산이 가까워질수록 낯선 장소를 피하고 가족이나 친구처럼 익숙한 사람들과 함께 있는 것을 선호한다는 것도 연구를 통해 알 수 있다.[214] 낯선 장소를 피하는 것은 잠재적으로 위험한 상황이나 알 수 없는 세균을 피하는 데 도움이 될 수 있고, 가족 및 친구들과 더 끈끈한 사회적 유대감을 형성하는 것은 태어날 아기에게 돌봐줄 사람들을 더 많이 만들어둠으로써 사회적 이점을 제공할 수 있다.

하지만 이러한 연구에 대한 반발도 존재한다. 우리는 과연 어떤 행동이 문화에 의해 결정되고 어떤 것이 생물학에 의해 결정되는지를 실제로 구분할 수 있을까? 오늘날에도 여성들은 (세계적으로 심지어 서구의 더 평등한 나라들에서도) 여전히 더 많은 가사 노동을 하고 있다.[215] 그리고 인간의 둥지 짓기 행동의 일부로 자주 언급되는 정리나 청소 같은 일들은 이성애자 가정 내에서 여성들이 더 많이 하는, 가장 성별화된 가사 노동이다. 동시에, 집이 지저분하거나 어수선해 보일 경우, 여성들이 그 집에 함께 사는 남성들보다 더 많은 비난을 받는다.[216]

무엇이 생물학적 본능이고 무엇이 문화적 관행인지 구분하는 것은 쉽지 않다. 왜냐하면 문화적 관행이 너무 깊이 몸에 배어 있어서 마치 본능처럼 느껴지기도 하기 때문이다. 그리고 개별적인 현상을 볼 때, 생물학과 문화를 반드시 구분할 수 있다고 보장할 수도 없다. 왜냐하면 생물학적 영향과 문화적 영향은 서로 밀접하게 얽혀 있기 때문이다. 사람의 키처럼 단순한 것조차도 태어날 때 갖고 있는 유전자로 생물학적인 영향을 받지만 어머니가 임신 중에 어떤 음식을 얼마나 먹었는지, 아이가 자라면서 어떤 음식을 먹었는지, 어떤 기후에서 성장했는지, 어떤 질병에 노출되었는지 등도 모두 영향을 미친다. 모든 것이 생물학적인 것은 아니며 현대사회에서의 인간의 행동처럼 복잡한 주제에서는 특정한 특성을 만들어내는 데 어떤 생물학적·문화적 요인이 서로

영향을 주고받았는지를 구분하는 것이 극도로 어렵다.[217]

내가 새로운 가족 구성원을 맞이할 준비를 하는 것이 생물학적인 이유에서든, 문화적인 이유에서든 상관없이 아기가 태어날 때를 대비해 옷과 유모차, 잠자리를 준비하는 것은 단순히 실용적이기 때문일 수도 있다. 하지만 그것은 내 안 깊숙한 곳에서 나오는 어떤 욕구처럼 느껴지기도 한다. 내가 계속해서 아이를 품기 위해서는 당장 그것들을 해내야 할 것만 같은 생각이 드는 것이다.

우리는 결국 아기 침대를 아래층으로 내렸다. 세 살배기 첫째는 동생에게 물려줄 인형들을 골라 그 침대를 채우고, 나는 서랍장에 세탁한 아기 옷을 예쁘게 개켜 넣는다.

준비가 완료되었다.

31주

겨울이 끝날 무렵에도 뿔을 떨어뜨리지 않고, 큰 뿔을 유지하는 것은 새끼를 밴 암컷들뿐이다. 겨울 내내 암컷 순록은 뿔을 이용해 지배력을 드러냈고 무리 내 서열을 정했으며 자신과 작년에 태어난 새끼를 위한 먹이를 확보했다. 순록은 뿔이 클수록 무리 내에서 더 높은 서열을 차지하고 더 좋은 먹이 장소에 접근할 수 있다. 하지만 이제 암컷 순록은 작년에 낳은 새끼를 곁에서 밀어내야 한다. 새끼는 앞으로 스스로 살아가야 한다. 암컷 순록이 올겨울 내내 품고 있던 새 생명을 곧 출산해야 하기 때문이다.

순록Rangifer tarandus들은 유목 생활을 한다. 겨울에는 이끼가 있는 목초지에서 서식하고 봄에는 가장 먼저 풀이 돋는 곳을 찾으며, 여름에는 식물이 풍부한 목초지로 끊임없이 이동한다. 여름에는 임신과 출산으로 지친 몸을 회복하고 새끼에게 줄 젖을 만들기 위해 충분한 영양분을 섭취해야 한다. 이후 가을에는 중요한 미네랄과 영양소가 풍부한 버섯이 자라는 지역으로 이동한다. 이 사슴과 동물은 추운 산과 넓은 평원에 맞게 진화했다. 순록의 털은 속이 비어 있고 공기로 가득 차 있어 방한복 역할을 해 겨울바람이 정면에서 불어도 괜찮으며, 강을 건널 때는 물에 뜰 수 있게 돕는다. 순록 무리는 항상 이동 중이다. 이동하는 동안 어미는 자식에게 계절마다 어디에서 먹이를 구할 수 있는지, 안전하게 새끼를 낳을 수 있는 장소 그리고 교미가 이루어지는 장소는 어디인지 가르쳐준다.

순록은 초기 북유럽인들이 생존을 위해 사냥했던 상징적인 동물이다. 마지막 빙하기 이후 사람들은 순록을 따라 북쪽으로 이동했고, 순록을 길들여 오늘날까지 북쪽에서 유목을 하며 함께 살아간다. 노르웨이 산악 지역에서는 여전히 야생 순록을 찾아볼 수 있다. 부드럽고 털로 덮인 순록의 주둥이 안쪽에는 특수한 소라껍데기 모양의 기관이 있어서 찬 공기가 폐로 들어가기 전에 따뜻해지도록 해주고, 내쉴 때는 체열이 빠져나가지 않도록 도와준다.[218] 이는 겨울에 영하 40도까지 떨어질 수 있는 환경에서는 매우 효율적으로 에너지를 사용할 수 있게 하는 기능이다. 순록은 암컷도 뿔을 가진 유일한 사슴과 동물인데 뿔은 새끼를 지켜줄 수 있는 보호 수단이며, 임신 기간 동안 태아의 뼈와 근육을 만들어낼 수 있도록 충분한 먹이를 확보하는 데 도움을 준다. 수컷의 뿔은 가을에 다른 수컷들과 암컷의 선택을 놓고 싸우는 일이 끝나면 떨어진다. 수컷의 뿔이 클수록 그리고 더 멋질수록 암컷에게 더 매력적인 존재가 된다.

만약 암컷이 가을에 임신하지 못했거나 임신한 태아를 자연유산했을 경우, 암컷은 출산 시기보다 조금 앞서 뿔을 떨어뜨린다. 겨울이 끝나가고 새로 돋아나는 푸른 새싹이 땅 위로 솟아오를 무렵이면 더 이상 먹이 경쟁이 그리 치열하지 않다. 새끼를 배지 않은 암컷은 뿔을 일찍 떨어뜨림으로써 새 뿔을 더 빨리 자라게 할 수 있고, 그 결과 다음 겨울에는 더 크고 튼튼한 뿔을 가질 수 있다. 그러면 더 좋은 방목지를 확보할 가능성도 커지고, 충분한 먹이를 섭취해 무사히 새끼 순록을 낳을 수 있을지도 모른다.

가을의 짧은 발정기 이후 225일이 지난 지금, 아직도 뿔이 달려 있는 암컷은 출산을 앞두고 있다. 암컷 순록은 자신과 새끼를 위해 충분한 먹이를 찾으며 긴 겨울을 버텨왔다. 큰 뿔을 이용해 최고의 방목지를 확보했고, 고개를 기울여 뿔의 크기를 과시하며 자신보다 작은 뿔을 가진 암컷들을 쫓아냈다. 그렇게 겨울을 견디고, 암컷 순록의 곁에는 작년에 낳은 새끼 한 마리가 있고, 뱃속에는 출산을 앞둔 또다른 새끼가 자라고 있다. 이제 그녀가 집중해야 할 대상은 뱃속의 새끼다. 작년에 태어난 새끼는 이제 스스로 살아가야 한다. 임신 중인 암컷은 조용히 무리를 떠나 출산을 준비한다. 새끼를 낳으면 냄새를 맡으며 교감한다. 순록 새끼는 금세 일어서고 최대 한 시간 안에 젖을 빨며 며칠 안에는 무리를 따라 이동할 수 있어야 한다. 먹이를 찾아 끊임없이 이어지는 순환의 길에 합류하게 되는 것이다.[219, 220]

암컷 순록이 번식을 하며 새끼를 연이어 낳고 유전자를 이어가는 동안, 암컷의 피부 속에서는 또 다른 생명 번식 활동이 진행되고 있다. 순록가죽파리Hypoderma tarandi는 노란색과 주황색 털을 가진 큰 파리로 겉보기에는 호박벌을 닮았다. 하지만 호박벌처럼 벌집에 알을 낳지 않는다. 순록가죽파리의 유충이 살아남기 위해서는 순록의 살이 필요하다. 7월과 8월에 순록가죽파리 암컷은 순록의 털 속, 피부 가까운 곳에 알을 낳는다. 알은 부화하여 작은 유충이 되고, 유충은 피부를 뚫고 몸속을 파고들어 등 뒤쪽의 피하조직까지 도달한다. 늦가을이 되면 순록가죽파리 유충들은 피부를 통해 외부로 연결된 작은 숨구멍만 남긴 채 결합조직 안에 자신을 고정시킨다. 순록은 자궁 안에 새끼를 품고 있는 동시에 등 피부 속에는 순록가죽파리 유충을 품고 있는 셈이다. 마치 피파개구리처럼 말이다. 하지만 이 경우 순록의 의지는 없다. 파리의 숙주가 되고 싶어 하는 순록은 없을 것이다. 순록 암컷이 새끼를 낳고 나면 순록가죽파리 유충들은 숨구멍을 통해 기어 나온다. 그리고 땅으로 떨어져 번데기가 된 뒤, 이듬해 6월

언제나 풀을 찾아 이동하는 순록의 암컷은 1년에 한번 새끼를 낳는다. 작년에 태어난 새끼는 올해 태어나는 새끼를 위해 독립해야 한다.

에는 완전히 성체 파리로 성장한다. 성체 파리는 다시 짝짓기를 하고 순록의 털 속에 다시 알을 낳은 후 생을 마친다.[221]

나는 버스에 서서 불룩 나온 배를 내보이며 누군가가 자리를 양보해주기를 바란다. 오래 서 있자니 골반이 아프기 시작했고 집까지 서서 가다 보면 통증은 훨씬 더 심해질 것이다. 하지만 자리를 양보해달라고 강요할 수는 없다. 그저 누군가가 일어났으면 좋겠다고 생각만 할 뿐이다. 이런 때면 나에게도 뿔이 있다면 좋겠다는 생각이 든다. 뿔도 없고 임신도 하지 않아 아무런 부담이 없는 수컷들을 향해 당당하게 "지금은 내가 더 많은 자원이 필요하다"라고 당당히 말할 수 있다면 얼마나 좋을까.

32주

골반이 점점 더 아파온다. 커져가는 배 아래에서 통증이 사타구니 쪽으로 퍼진다. 움직이지 않고 무거운 걸 들지 않으면 괜찮은데, 나는 네 살이 다 되어가는 아이와 함께 4층에 산다. 아이와 실랑이를 하며 계단을 올라 집에 도착하면 지치고 힘들어 소파에 드러눕게 된다. 저녁이 되면 골반의 통증은 더 심해질 것이다.

출산 시 아기의 머리는 산도를 회전하며 통과하므로, 인간 암컷의 골반을 이루는 뼈들은 몇 밀리미터씩 벌어져야 한다. 우리는 오랫동안 인간의 좁은 산도가 두 발로 효과적으로 걷는 능력과 아기를 낳아야 하는 필요 사이의 절충이라고 생각해왔다. 그래서 남성의 골반이 여성보다 좁다고 여겼다. 하지만 직립보행을하지 않는 동물 중에서도 암컷과 수컷의 골반 구조가 서로 다르

240

고, 수컷의 골반이 더 좁은 종들이 적지 않다.

침팬지Pan troglodytes는 지금 출산 중이다. 새끼의 머리는 산도에서 가장 좁은 부분의 약 70퍼센트 정도밖에 안 되지만 그래도 자궁에서 세상 밖으로 나오는 동안 회전하면서 출산된다. 내 아기도 두 달 후에 비슷한 방식으로 세상에 나오겠지만 완전히 같지는 않다. 침팬지의 출산은 인간보다 더 수월하다. 하지만 새끼의 머리가 산도를 완전히 채우지 않더라도 침팬지 역시 인간처럼 수컷과 암컷의 골반 구조가 다르다. 이런 차이는 다른 종에서도 관찰된다. 버지니아주머니쥐처럼 새끼의 몸무게가 엄마의 체중의 0.01퍼센트밖에 되지 않는 동물조차도 수컷과 암컷의 골반 구조가 다르다. 이는 성체의 몸집 크기와는 무관하다.[222]

우리는 인간의 골반이 좁아진 이유가 두 발로 똑바로 걷기 위해서라고 믿어왔다. 하지만 여성의 골반이 더 넓음에도 불구하고, 남성과 여성의 걷기와 달리기 효율은 동일하다. 즉, 골반이 좁아진 이유를 직립보행에서 찾는 기존의 설명은 충분하지 않다는 이야기다. 실험을 통해 확인된 최근의 가설에 따르면, 골반이 좁아진 이유는 골반저근육이 몸속 장기를 지탱할 수 있도록 하기 위해서라고 한다. 골반저근육은 골반을 이루는 여러 뼈에 단단히 부착되어 있어 늘어나는 데 한계가 있다. 골반이 너무 넓을 경우 이 근육들이 과도하게 늘어나 문제가 생긴다. 실제로 골반

이 넓은 여성은 장기 탈출증이나 요실금 같은 문제를 더 많이 겪는다는 연구 결과가 있다.[223, 224]

조프루아민꼬리박쥐는 두 발로 서서 걷는 일이 없고 대부분의 시간을 거꾸로 매달린 채로 보내기 때문에 인간처럼 골반저근육을 이용해 내장을 지탱할 필요가 없다. 이 박쥐 암컷은 자기 몸 크기의 거의 45퍼센트에 달하는 새끼를 낳을 수 있을 만큼 넓은 골반을 가져도 문제가 생기지 않는 것이다.

내 골반은 단단하지만 출산할 때가 되면 임신 호르몬 때문에 인대가 느슨해지며 점점 벌어진다. 이는 머리가 아주 큰 아기를 낳기 위해 몸이 준비하는 과정 중 하나다. 배 아래 골반뼈들이 만나는 앞부분의 치골결합은 유연한 구조를 갖고 있는데, 이는 출산을 쉽게 하기 위한 진화적 적응의 결과다. 하지만 기니피그의 골반만큼 유연하지는 않다. 인간의 치골결합은 출산 시 평균적으로 약 3밀리미터 정도 확장되고 척추 뒤쪽에 있는 두 개의 관절에서도 약간의 확장이 일어난다. 기니피그만큼 골반을 크게 확장할 수 있다면 보다 쉽게 출산할 수 있을 텐데, 왜 내 골반은 그 정도로 유연하지 않을까? 너무 과도한 유연성은 골반저근육을 약화시킬 수 있기 때문이다. 내장 기관이 아래로 처질 가능성이 높은 구조는 진화적으로 매우 불리하다.[225]

골반의 성별 차이는 대부분의 대형 포유류와 유대류 집단에서 발견되며, 일부 파충류에서도 성별에 따른 골반 차이를 관찰할 수 있다. 일부 연구자들은 성별에 따른 골반 차이가 초기 포유류 시절, 혹은 파충류, 조류, 포유류의 공통 조상 시절부터 이미 존재했을 것이라고 추정한다.[226] 성별에 따른 골반 차이는 동물이 자신의 체구에 비해 큰 새끼나 큰 알을 더 쉽게 낳기 위해 생겨났을 수 있으며, 갓 태어난 매우 작은 동물에서도 성별에 따른 골반 차이가 나타나는 것은 더 이상 필요하지 않지만 진화 과정에서 굳이 제거되지 않은 특징일 수 있다.[227]

33주

인간과 하마Hippopotamus amphibius의 조상이 약 3억 7,500만 년 전 처음으로 육지로 올라오기 시작했을 때,[228] 우리는 물에 돌아가지 않고도 태아를 촉촉하게 유지할 방법이 필요했다. 이미 호흡할 수 있는 폐와 움직일 수 있는 팔다리를 가지고 있었지만 오늘날 개구리, 도롱뇽, 기타 양서류처럼 물속에서만 알을 낳아야 하는 신세가 되지 않으려면, 뭔가 특별한 대책을 세워야 했다.

최소 3억 1,800만 년 전, 우리의 알에는 마르지 않도록 보호하는 막이 생겨났다. 이 막은 육지의 건조한 공기 속에서도 작은 태아를 보호해주었다.[229] 그러나 진화는 거기서 멈추지 않았다. 우리는 알을 낳는 대신 알을 몸 안에 품고 지키며 보호하는 쪽으로 진화했다. 물가를 떠나 해변, 숲, 나무 위로 이동하는 동안 우리는 '태초의 바다'를 몸속에 품고 다녔다.

물에서 육지로 올라왔던 조상 중에서 다시 바다를 그리워했던 고래와 하마의 조상은 물로 되돌아갔지만, 여전히 뱃속에서 태아를 키우게 되었다. 고래는 완전히 바다에 적응했고, 하마는 수심 얕은 물가에 머물렀다. 하마는 반수생동물로 태아와 성체 모두 물을 필요로 하지만 육지에서 자라는 식물을 먹기 위해서는 물 밖으로 나와야 한다. 하마의 출산 방식은 고래와 비슷하다. 새끼는 뒷다리와 꼬리가 먼저 나오며, 물속에서 태어나자마자 수면 위로 곧장 올라가 숨을 쉴 준비가 되어 있어야 한다. 만약 새끼의 머리가 먼저 빠져나왔는데 몸이 산도 안에 갇히게 되면 새끼는 질식해 죽게 된다. 양수에서 외부로 넘어가는 순간, 공기를 들이마셔야 하는데 물속에서는 숨을 쉴 수 없기 때문이다.[230]

임신한 지 33주가 된[231] 암컷 하마의 몸은 매우 무거웠지만 물이 암컷 하마의 무게를 무중력 상태에 가깝게 지지해주었다. 나는 세 살짜리 아이와 함께 수영장에 갔는데, 그 순간 임신한 암컷 하마를 떠올렸다. 물속에서 갑작스럽게 느껴진 무중력감에 나는 메스꺼움을 느꼈다. 내 몸이 임신 상태를 견디는 데 괜찮은 방법을 드디어 찾은 것 같으면서도, 동시에 몸의 무게감이 임신에서 중요한 요소였음을 깨닫게 되었다. 물속 무중력 상태에서는 마치 내장들이 뒤섞이며 자리를 비끄는 것 같았다. 이는 마치 작은 비행기를 탈 때 난기류를 만나 몇 초간 몸이 붕 떠오르는 느

하마는 물과 육지 어디서든 출산이 가능하다. 새끼는 뒷다리와 꼬리가 먼저 나오며 첫 숨을 들이마신 후, 어미의 젖을 빨기 시작한다.

낌과 비슷하다. 또는 롤러코스터가 아래로 떨어질 때의 감각 같기도 하다. 다만 롤러코스터는 30초면 끝나지만 수영장에서는 이 기분이 아이가 계속 물놀이를 하겠다고 고집을 부리는 내내 지속된다는 점이 다를 뿐이다. 나는 수영장 가장자리에 앉아 있다가, 추워지면 몸을 다시 따뜻한 무중력 속으로 담그기 위해 물 속으로 잠깐 들어가고 다시 나오기를 반복했다

하마는 코끼리와 코뿔소에 이어 세 번째로 큰 육지 포유류다. 몸집은 둥글고 다리는 짧고 머리는 넓적하며, 털이 거의 없는 몸에 털이 북슬북슬한 작은 귀가 달려 있다. 주둥이는 넓고 수염과 거대한 송곳니가 있다. 낮에는 아프리카 남부의 호수나 강 같은 담수 지역에서 지내며 몸을 식히고, 밤에는 먹이를 찾아 몇 킬로미터씩 육지를 걷기도 한다. 하마의 삶은 물과 땅 사이 경계에 걸쳐 있다.[232]

출산할 때가 된 하마는 무리에서 떨어져 조용한 곳에서 새끼를 낳고 새끼와 교감한다. 하마는 육지든 물속이든 상관없이 출산할 수 있는 중간 형태의 동물이다. 새끼는 꼬리와 뒷다리부터 먼저 나오며, 첫 숨을 들이마셔 폐에 공기를 채운 후 젖을 먹기 시작한다. 어미 하마는 얕은 물가에서 옆으로 누워 새끼에게 젖을 먹이는데 새끼는 젖을 빠는 동안 코로 물이 들어가지 않도록 콧구멍을 꼭 닫는다.[233]

34주

밖은 점점 따뜻해지고, 봄이 오고 있다. 두 달 후에는 유모차를 끌고 햇볕 아래를 걷게 될 것이다. 생기를 되찾는 꽃들과 연한 초록빛 새 잎이 돋아나는 나뭇가지들 그리고 집을 지을 안전한 곳을 찾는 호박벌들을 볼 수 있을 것이다. 아기를 낳은 나의 몸은 한층 가벼워지겠지만 동시에 수면 부족과 아기의 유일한 영양원이 될 모유를 공급하기 위해 열심히 먹어야 할 것이다. 밖은 아직 춥지만 태양은 점점 높이 뜨고 저녁은 더 밝아졌으며, 큰 별의 빛줄기는 곧 새로운 시대가 올 것을 알리고 있다.

인도네시아의 한 섬에 있는 깊은 동굴 안에서 코모도왕도마뱀의 버려진 알들이 부화하고 있다.[234] 엄청난 크기의 이 도마뱀은 필요할 때는 수컷 없이도 단독으로 부화 가능한 알을 낳을 수 있는 능력을 지녔다. 하지만 암컷은 알을 낳은 후, 16~17주 정도 지나 우기가 시작되면 더 이상 둥지를 지키지 않는다. 둥지를 지키는 시간 동안 암컷 도마뱀은 제대로 먹지 못해 점점 말라갔고, 둥지를 계속 지킬지 아니면 이대로 생명을 다 바쳐 새끼를 지킬지 선택해야 했을 것이다. 코모도왕도마뱀의 알이 부화하는 데 걸리는 시간은 어쩌면 암컷의 생존 문제와 관련된 진화의 결과였을지도 모른다. 혹은 우기가 시작되면 천적이 줄어들어 더 이상 둥지를 지킬 필요가 없어지기 때문일 수도 있다.

또 다른 가능성도 있다. 코모도왕도마뱀은 강한 동족 포식 경향을 가진 종이다. 만약 새끼가 부화할 때까지 어미가 그 자리에 계속 있었다면, 본능적으로 극심한 배고픔이 모성보다 앞섰을 수도 있다. 그 경우 우리가 흔히 떠올리는 어미가 처음으로 새끼를 만나는 순간은 참혹한 결말로 바뀌었을 것이다.

하지만 이유가 무엇이든 암컷은 둥지를 떠났고 작은 새끼 도마뱀들은 동굴 밖으로 기어 나와 나무를 재빨리 타고 올라간다. 이들은 우기가 끝날 무렵 부화하는데, 이 시기에는 초기 생존에 필요한 곤충 먹이가 풍부하다. 이제부터 새끼들은 완전히 혼자 힘으로 살아가야 한다. 조심하지 않으면 성체 코모도왕도마뱀에게 삼아먹힐 수도 있다. 다행인 것은 성체 코모도왕도마뱀은 너무 크고 무거워서 나무를 탈 수 없다는 점이다.[235]

코모도왕도마뱀 어미는 알을 낳고 16~17주 동안 둥지를 지키다가 굶주림에 지쳐 먹이를 찾아 떠난다. 혼자 남은 새끼들은 알에서 부화한 뒤 재빠르게 나무를 타고 올라가 스스로를 보호한다.

35주

요즘 들어 자주 뱃속 태아에게 말을 걸곤 한다. 밤마다 화장실에 가느라 제대로 자지 못해 낮에 부족한 잠을 보충하고 첫째 아이가 어린이집에서 돌아온 뒤 시작되는 '노동 시간'을 대비해 쉬기도 한다. 대부분의 시간에는 매일 소파에 꼭 붙어 함께 누워 있는 강아지에게 가장 많이 말을 걸지만 태아도 어쩌면 듣고 있을 거라는 생각을 한다. 태아는 아직 내가 하는 말을 이해하지 못할 테니, 내가 말을 거는 대상이 아이인지 강아지인지는 중요하지 않을 것이다. 다만 내 목소리가 태아에게 안정감을 줄 것이라고, 내 몸을 타고 파동처럼 흘러 양수를 지나 태아의 귀에 닿아 익숙한 소리로 남을 것이라고 나는 믿는다.

친구가 태어난 지 3주가 된 아기를 데리고 우리 집에 방문했다. 친구가 아기띠를 착용하는 동안 나는 아기를 안고 있었다. 아기가 슬슬 보채기 시작해, 다정한 말투로 달랬지만 소용이 없었다. 그런데 자기 엄마가 말을 걸자 상황이 완전히 달라졌다. 아기는 분명히 엄마의 목소리를 알아듣는 듯했다. 아기는 더 이상 칭얼거리지 않고 엄마의 목소리에 귀를 기울였으며 버둥대던 팔을 내리고 차츰 진정되었다. 엄마가 근처에 있다는 것을 목소리를 듣고 알아챈 것이다. 아기는 그제야 엄마가 준비를 하는 동안 나에게 잠시 안겨 있을 수 있게 되었다. 그리고 곧 아기는 엄마의 가슴에 바짝 밀착되는 아기띠 속으로 들어간다. 아기띠는 마치 다시 자궁에 들어간 듯한, 좁고 따뜻하며 포근한 느낌을 주는 것 같다. 또한 엄마의 목소리가 몸 전체로 전해져 오는 그 울림도 아기는 좋아하는 듯했다.

뱃속 태아에게 말을 거는 생물은 인간만이 아니다. 가장 흔한 돌고래종인 큰돌고래Tursiops truncatus는 인간보다 더 오래, 거의 1년 가까이 임신 상태를 유지한다.[236] 큰돌고래는 자신만의 고유한 신호음을 가지고 있는데 이 소리를 이용해 무리 내 다른 돌고래들과 소통한다. 저마다 "나 여기 있어!" 하고 자신만의 신호를 외치면 다른 돌고래들은 이에 응답하는 식이다.[237] 각각의 돌고래는 성장하면서 자신만의 특징을 가진 소리를 만들어낸다. 새끼 돌고래도 자신만의 고유한 신호음을 스스로 결정하며 어미의 소리를 따라 하지 않는다. 대신 무리 속의 다른 돌고래들의 소리를 흉내 내면서, 무리 안에서 다른 개체들과 구별될 수 있는 자신만의 '이름'을 만들어낸다.[238]

새끼가 아직 뱃속에 있을 때부터 돌고래 어미는 자신의 고유한 소리를 자주 들려준다.[239] 아마도 새끼에게 자신의 신호음을 미리 학습시키려는 의도로 보인다. 출생 후 어미가 부르면 곧장 어미에게 헤엄쳐 와야 하기 때문이다. 새끼 돌고래는 금방 수영을 잘하게 되어 여기저기를 돌아다니게 되므로, 부르면 돌아오는 법을 배워야 한다. 혹여 다른 개체의 소리를 어미 돌고래의 소리로 혼동할 경우 길을 잃거나 위험해질 수도 있다.

갓 태어난 인간 아기들은 자신을 낳아준 사람의 목소리를 가장 선호한다. 그 소리가 들리면 머리를 그쪽으로 돌리고 더 쉽게 진정된다. 임신 36주에서 41주 사이의 인간 태아는 다양한 소리와 언어를 구별할 수 있으며 만삭에 가까워지면 남성과 여성의 목소리를 구별할 수 있다.[240] 인간 아기든 돌고래의 새끼든 모두 살아남기 위해 어미를 필요로 한다. 수많은 소리 사이에서 어미의 목소리를 알아듣는 것은 탯줄이 잘린 뒤에도 어미와 이어질 수 있는 생명의 끈이나 다름없다.

36주

나는 마치 전시된 것처럼 낯선 사람들 앞에서 출산하게 될 것이다. 아마도 (첫 아이 출산 때) 한 번쯤 와본 적이 있을지도 모를 낯선 방, 언제든 전혀 모르는 사람들이 들어올 수 있는 건물 안에서, 아마도 만나본 적이 있는지 기억도 가물가물한 조산사와 함께 그리고 내가 태어나 자란 곳과는 멀리 떨어진 도시에서 출산하게 될 것이다. 내가 지금 살고 있는 도시는 내가 자란 곳과는 환경도 많이 다르다. 내가 자란 곳에는 덤불과 이끼가 돋은 바위, 울타리 너머로 보이는 순록 그리고 줄지어 선 작은 나무 집들이 있었지만, 이곳에는 나무와 자동차와 공원, 큰 건물들이 있다.

　하지만 이곳도 이제 익숙해졌다. 나는 이곳에 적응했고, 환경에 익숙해졌으며, 마치 이곳에 오래 살아온 사람처럼 지낸다. 이 도시는 내가 선택한 곳이고 병원도 내가 정했다. 이 분만 병동에서 출산할 수 있게 해달라고 요청했으며, 어쩌면 이전에 몇몇 조산사들은 만난 적이 있을지도 모른다

원한다면 집에서 출산할 수도 있었을 것이다. 하지만 출산할 때 나는 비명 소리를 아파트의 이웃들에게 들려주고 싶지 않았고, 우리 집 욕실은 출산용 욕조를 놓기에는 너무 좁다. 따라서 나는 대형 병원의 거대한 온수 욕조와 여러 명의 조산사가 주는 안정감을 신택한 것이다.

동물원에 한 마리의 서부고릴라Gorilla gorilla가 누워 있다. 이 고릴라는 대개 인간보다 몸집이 크지만 인간의 아이보다 작은 새끼를 낳을 예정이다. 임신 기간은 인간과 거의 비슷하다.[241] 그러나 이 고릴라 암컷은 정글이 아닌 낯선 환경에 있다. 어쩌면 이곳에서 태어났을 수도 있고, 동물원이 이 고릴라가 알고 있는 전부일 수도 있다.

고릴라 암컷의 배는 임신과 상관없이 원래 크다. 초식동물인 고릴라에게 섬유질이 많은 잎을 소화하기 위한 큰 위장은 필수다. 하지만 지금은 그 배가 조금 더 커졌다. 야생에서는 출산이 빠르게 진행된다. 암컷은 먹이를 찾다 쉬는 일상의 짧은 휴식 시간에 무리에서 살짝 떨어져 출산을 한다. 야생 고릴라는 무리의 안전한 울타리 근처에 머무르지만 출산만큼은 온전히 혼자 해결

하며, 그 과정은 30분 만에 끝난다.[242]

한편 동물원의 고릴라는 자신의 발을 잡고, 엄지손가락과 엄지발가락이 맞닿은 채로, 새끼를 밀어낸다. 새끼의 머리가 간신히 나왔을 때, 어미 고릴라는 손으로 그것을 만져본다. 새끼의 얼굴은 엄마를 향하고 있다. 어미 고릴라는 한 손을 새끼의 목 뒤에 대고 새끼의 작은 머리를 받치며 몸 전체가 나오는 것을 도와준다.

동물원의 고릴라는 나뭇잎 뒤가 아닌, 철창 뒤의 건초 더미 위에서 출산한다. 철창 밖에 있는 직원들은 새끼가 태어나자 안도의 한숨을 쉰다. 철창 안에 있는 다른 고릴라들이 바로 근처에 앉아 있지만 어미 고릴라가 혼자 출산을 해낼 수 있도록 지켜만 볼 뿐이다. 어미 고릴라는 몸을 일으켜 앉고 두 손으로 새끼의 머리를 감싸며 긴 손가락과 한쪽 발의 엄지발가락으로 새끼의 몸을 받쳐준다. 그리고 새끼의 눈을 바라보며 코에 있는 점액을 핥아낸다. 이제 둘만의 시간이 시작된다. 어미는 새끼를 몸에 바짝 끌어안고, 새끼는 곧 어미의 털을 꽉 붙잡은 채 젖을 찾아내어 먹을 것이다.[243]

우리 인간은 도움 없이 출산하기 어려운 종이다. 임신 기간 동안 골반은 몇 밀리미터 정도 벌어지지만, 여전히 극도로 좁기 때문에 태아의 머리를 회전시켜야 산도를 통과할 수 있다.

내 뱃속 아이의 머리는 타원형이며 가장 쉽게 산도를 통과하

어미 고릴라는 출산의 과정을 혼자서 도맡는다. 새끼의 머리가 나오면 조심스럽게 목을 받쳐주며 몸 전체가 나오도록 도와준다. 야생에서는 이 과정이 30분이면 끝난다.

는 방법은 뒤통수가 먼저 나오는 것이다. 인간의 산도는 위에서 아래까지 같은 모양이 아니다. 아기의 머리가 처음으로 진입하는 위쪽 부분은 내 몸을 정면에서 봤을 때 좌우로 가장 넓고, 산도 중간쯤 내려가면 앞뒤 방향(배와 등 사이)이 가장 넓어진다. 그래서 태아는 머리와 어깨를 통과시키기 위해 몸을 비틀고 회전해야 한다. 그 결과, 인간의 아기는 고릴라의 새끼와는 달리 얼굴이 산모의 몸 반대쪽을 향한 상태로 세상에 나온다. 내가 고릴라처럼 직접 몸을 굽혀 아기의 머리를 잡아 올리려 한다면, 아기의 연약한 목이 뒤로 꺾여 다칠 위험이 있다. 그래서 조산사나 다른 사람의 도움이 필요하다.[244]

인간의 산도는 평균 지름이 가장 넓은 곳이 13센티미터, 가장 좁은 곳이 10센티미터 정도다. 신생아의 평균 머리 지름은 가장 넓은 부분이 10센티미터이고 어깨 너비는 12센티미터에 이른다.[245] 다시 말해, 아기가 빠져 나오기에 산도가 매우 비좁다는 이야기다.

이론적으로는 인간도 혼자서 출산할 수 있다. 하지만 실제로는 그렇게 하지 않는 경우가 거의 대부분이다. 인류학적 연구에 따르면, 극소수의 일부 집단에서는 다른 사람의 도움 없이 출산이 이루어지기도 한다. 예를 들어, 첫 출산은 도움을 받아 진행되지만, 그 이후의 출산은 혼자 하는 식이다. 그럼에도 불구하고 대부분의 인간 사회에서 출산은 언제나 누군가의 도움을 받는 방식으로 이루어진다. 그것은 배우자일 수도, 경험 많은 조산사일 수도, 혹은 의학적 지식을 가진 의료 전문가일 수도 있다.[246]

아마 새로운 이야기는 아닐 것이다. 인간의 큰 머리와 좁은 산도는 출산 시 협력과 도움이라는 진화와 함께 상호작용하며 형성된 결과다. 그러나 좁은 산도와 큰 머리를 가진 것은 인간만이 아니다. 예를 들어, 긴팔원숭이 무리에서도 새끼의 머리가 산도를 통과하기에는 너무 커서 사산되는 사례가 관찰된 바 있다. 그럼에도 긴팔원숭이의 새끼는 얼굴이 어미를 향한 채 태어난다는 장점이 있어 혼자서도 새끼를 낳을 수 있다. 다만 산도를 통과하는 동안 약간 몸을 비틀어야 한다.[247]

인간이 출산할 때 적극적으로 도움을 구해왔다는 사실은 석기시대 초기부터 문헌과 고고학을 통해 확인되며,[248] 실제로는 그보다 훨씬 오래전부터 이루어졌을 가능성이 크다. 아기의 얼굴이 엄마 쪽이 아닌 반대 방향으로 태어나는 인간의 경우, 혼자서 아기의 머리를 받쳐주기도 어렵고, 입과 코의 점액을 제거하거나 목에 감긴 탯줄을 풀어주는 것도 어렵다. 아기의 어깨가 산도에 걸려 나올 수 없을 때 위치를 바로잡는 것도 혼자서는 힘든 일이다. 따라서 인간의 출산에는 도움이 필요하다.

인간의 출산이 이토록 어려워진 것에는 여러 요인이 함께 작용했다. 인간은 내장을 지탱하기 위해 좁은 골반을 갖게 되었고, 진화 과정에서 뇌가 커지면서 뱃속 태아의 머리도 커졌다. 또한 인간은 협력하는 존재다. 일부 연구자들은 인간이 본격적으로 두 발로 직립보행하기 시작한 약 400만~500만 년 전부터 이미 출산 시 도움을 필요로 했을 것이라고 주장한다.[249, 250]

우리의 몸과 행동은 천천히 함께 진화해왔다. 출산할 때 도움을 받으면 산모와 신생아의 사망률이 낮아진다. 아마도 이것이 골반, 즉 좁은 산도에 가해지는 진화적 압력에 영향을 미쳤을 것이다.[251] 산도가 좁아도 인간이 살아남을 수 있는 이유는 바로 우리가 도움을 받기 때문이다. 출산 중 도움을 요청한 사람들이 더 잘 살아남았고, 그 결과 이러한 행동이 인류의 진화와 함께 서서히 퍼져나갔다.[252]

하지만 출산 중에 필요한 것이 단지 신체적인 도움뿐만은 아닐 것이다. 인간은 사회적인 종이다. 우리는 기쁠 때나 슬플 때 함께하고 고통스러울 때 도움을 요청하며 두려울 때 타인에게서 안정감을 얻으려 한다. 질병이나 고통 중에 도움을 요청하고 두려울 때 타인에게서 안정감과 따뜻함을 받으려는 욕구 또한, 우리의 몸과 출산 방식이 천천히 변화하는 동안 함께 진화해온 것일지도 모른다. 우리에게는 안정감과 돌봄이 필요하다. 결국 우리가 혼자서 출산하지 않는 이유는 생존 가능성을 높여주는 물리적 도움뿐 아니라 감정적인 안정과 지지를 필요로 하는 진화

적 욕구 때문인 것이다.[253]

나 역시 혼자 출산하지 않을 것이며, 안전한 공동체 안에서 출산할 예정이다. 그러나 때로는 현대 병원과 현대 의학 역시 나와 아기에게 위험이 될 수 있다. 현대의 출산 보조 기술, 의학 그리고 약은 수많은 사람들의 생명을 구해왔다. 병원과 현대 의학이 없었다면, 산모와 신생아의 사망률은 훨씬 더 높았을 것이다. 하지만 병원이 항상 산모에게 가장 안전한 공간이었던 것은 아니다. 1800년대 중반 유럽 병원에서는 산욕열로 사망한 여성의 비율이 매우 높았는데 그 수치는 25~30퍼센트에 달하기도 했다. 경제적으로 여유가 있는 여성들은 산후 감염 위험이 훨씬 낮은 집에서 출산했고 가난한 여성들, 성 노동자들, 혼외 임신 여성들만이 병원에서 출산했다.

헝가리의 의사 이그나츠 제멜바이스Ignaz Semmelweis는 오스트리아 빈의 한 병원에서 두 개의 분만 병동 중 한 곳에서만 산모 사망률이 이상하게 높다는 사실을 발견했다. 사망률이 높은 병동은 의대생들이 실습을 받는 곳이었고 사망률이 낮은 병동은 조산사 학생들이 실습하는 곳이었다. 두 병동의 차이는 바로 위생에 있었다. 의대생들은 해부실에서 시체를 만진 직후 손도 씻지 않은 채 출산 중인 여성들의 몸에 손을 댔고 그것이 산욕열의 원인이었다.

제멜바이스가 모든 의료진에게 손 씻기를 의무화하면서 감염률은 급격히 떨어졌다. 하지만 이러한 관행이 유럽 전역으로 확산되기까지는 상당한 시간이 걸렸다. 많은 이들이 제멜바이스의 발견에 회의적이었고, 손 씻기가 제대로 자리 잡기 전까지 불필요하게 많은 산모가 사망했다.[254, 255] 이제는 모든 의료 기관에서 손 씻기가 철저히 이루어진다. 덕분에 감염률은 낮아졌고, 사망자 수도 크게 줄었다. 다행히 현대 의학은 과거 같았으면 사망하거나 심각한 질병에 걸렸을 많은 이들의 생명을 구하고 있다. 예를 들어, 요즘은 모든 신생아에게 혈액 검사를 통해 페닐케톤뇨증PKU, Phenylketonuria 유무를 확인할 수 있다. 페닐케톤뇨증은 제때 치료하지 않으면 뇌 손상을 유발하는 대사 질환이다.[256] 이 유전 질환을 가진 아이들은 특별한 식단 관리를 해야 정상적인 발달이 가능하다. 하지만 이렇게 발전한 현대 출산 의료 서비스조차도 산모와 신생아에게 최선의 출발을 보장하기 위한 지식이 부족했던 때가 있었다.

1950년대와 1960년대 한동안은 산모의 입원 기간이 매우 길었다. 병원이 전통적인 가정 출산을 대신하면서 출산 직후 산모가 쉬어야 하는 산욕기 관리인 산후조리까지도 맡게 되었기 때문이다. 그 당시 산모는 최고 8일을 병원에 머물러야 했다. 병원에서는 산모가 기운을 되찾아야 한다는 점에 주의를 기울였고, 아이는 4시간마다 한 번씩만 볼 수 있었다. 이는 아기에게 그 정도 간격으로 수유하면 된다고 여겼고, 그 외의 시간에는 돌봄이나 친밀한 접촉이 필요하지 않다고 생각되었기 때문이다.[257] 산모는 아이와 함께 시간을 보내는 것보다 절대적인 휴식을 취해야 한다는 분위기였다.

실제로 당시 사람들은 신생아가 배고픔 외에 다른 욕구가 없을 것이며, 아기가 고통, 두려움, 그리움 같은 감정을 느낄 수 있다는 생각은 하지 않았다. 그래서 1980년대까지도 신생아에게 마취 없이 심장 수술을 시행했다는 기록이 남아 있다.[258] '고통을 느끼지 못한다면 왜 마취가 필요하겠는가'라는 잘못된 믿음 때문에 말도 못하는 아기들은 큰 고통을 겪었다.

오늘날 우리는 모든 인간이 고통을 느낀다는 사실을 알고 있다. 그리고 신생아에게는 돌봄 제공자와의 밀접한 접촉이 필수이며, 다른 사람과의 연결이 있어야 잘 발달할 수 있다는 것도 이제는 이해하고 있다.[259] 그래서 지금의 노르웨이 병원에서는 신생아가 태어나는 즉시 산모의 가슴 위에 올려 출산 직후 산모와 아기가 강한 유대감을 형성할 수 있도록 하며, 신생아와의 피부 접촉과 눈 맞춤을 중요하게 여긴다.

아기들이 살아 있는 존재이며 우리 가까이에 있어야 하고 우리의 냄새를 맡고 목소리를 들어야 안정을 찾는다는 사실을 이해하게 된 것이다. 다민 출신하는 산모의 몸 또한 수백만 년에 걸친 진화의 결과물이라는 사실 또한 잊어서는 안 된다. 인간의 출산은 골반의 진화, 뇌의 진화 그리고 출산을 둘러싼 협력과 도움(단지 육체적인 도움뿐 아니라 신뢰할 수 있는 익숙한 사람들로부터 받는 정서적인 도움까지 포함해서)의 진화, 이 모두의 산물이다. 두려움과 스트레스는 진통의 진행을 방해하며, 인간의 몸은 안전하지 않다고 느끼면 출산하려 하지 않는다. 일부 연구자들은 인류 초기부터 우리가 출산할 때 도움을 필요로 했던 이유가 출산의 어려움이나 좁은 산도 때문이 아니라, 고통과 두려움 때문이었다고 주장한다. 그리고 그때부터 정서적인 지원은 인간의 출산 역사에서 육체적인 지원만큼 중요하게 여겨져 왔다.[260]

하지만 오늘날 우리는 그 점을 충분히 고려하고 있을까? 병원에 머무는 시간은 극적으로 줄어들었고, 출산 직후 얼마나 빨리 혼자서도 잘 해낼 수 있어야 하는지에 대한 기대치는 하늘을 찌를 듯하다. 우리는 안전한 출산을 위해 병원으로 가지만 병원은 더 이상 진화적으로 각인된 두려움을 달래줄 수 있도록 설계되어 있지 않다. 출산은 때로 일반적인 근무시간보다 오래 걸린다. 그러나 조산사가 계속해서 당신 곁에 머물 만큼 병원의 인력이 충분하지 않을 수도 있다.

해당 분야의 연구들을 종합한 한 논문에서는, 오늘날 병원에서는 드문 경우지만, 출산 내내 같은 사람이 곁에 있어주는 것이 산모와 신생아 모두에게 더 좋은 출산 경험을 만들어줄 수 있다고 밝혔다. 연구에 따르면 출산 과정 내내 같은 사람이 함께했을 때 유도제 같은 약물 사용 없이 자연 진통으로 출산할 가능성이 더 높았고 진통 시간이 더 짧았으며 제왕절개나 기타 의료적 개입의 비율도 낮았다.[261] 이때 대부분은 남편이나 친구, 부모님 같은 사람과 함께한다고 생각할 수도 있다. 물론, 가족이나 가까운 사람이 함께 있는 것은 물론 중요하다. 하지만 이 연구 분석에서는 출산에 대한 경험이 있고 병원 내 다른 업무 없이 오로지 산모를 위해 곁에 있어주는 가족 외 사람의 지속적인 지원이 가장 효과적이었다. 병원에서 다른 업무도 맡고 있는 사람은 바빠서 산모 곁을 충분히 지켜주지 못할 수 있고, 가족이나 친구는 출산 과정에 대한 이해가 부족한 경우가 많아 산모를 돕기보다는 오히려 출산을 겪는 사랑하는 사람을 보며 자신도 불안해하거나 두려움을 느낄 수 있기 때문이다.

출산을 경험했으며 병원에서 다른 업무 없이 산모 곁에 줄곧 함께하는 사람을 흔히 둘라doula라고 부른다. 둘라는 의료적인 책임이나 의료 행위는 하지 않지만 산모를 정서적으로 지지하고 도와주는 역할을 한다.[262] 둘라의 효과는 노르웨이에서도 인정받고 있다. 노르웨이 보건 당국은 노르웨이에 새로 정착한 취약 계층 여성들을 위해 다문화 둘라 서비스를 제공하고 있다.[263]

하지만 둘라나 근무 중 충분한 여유가 있는 조산사에게 지속적인 지원을 받는 일은 쉽지 않다. 이를 기대하려면 비수기에 출산을 해야 하고, 조산사가 근무 교대를 하기 전에 출산이 끝나야 한다. 하지만 이런 경우는 매우 드물다.

현대 의학의 관행은 새로운 발견이 있을 때마다 변화해왔다. 하지만 새로운 발견은 그것을 보아야 믿는 것이 아니라 믿어야 비로소 볼 수 있을 때도 있다. 마치 새들이 성적으로 일부일처제가 아니라는 사실을 받아들이기까지 오랜 시간이 걸렸던 것처럼 말이다. 손 씻기의 중요성에 대한 제멜바이스의 발견이 널리 퍼지는 데도 오랜 시간이 걸렸다. 기존 절차에 대한 그의 비판이 전통에 대한 도전으로 받아들여졌기 때문이다.[264] 그렇다면 이제 우리는 출산하는 산모에게 살아 있는 아기와 큰 손상 없는 산도만이 아니라 감정적인 안정감 또한 필요하다는 사실을 진지하게 고려해야 하지 않을까?

37주

배는 점점 더 불러오고 무겁기까지 해서 두 팔로 떠받쳐야 할 것 같은 느낌이다. 몸의 중심이 앞으로 쏠리면서 균형이 달라져서 등 뒤에 무거운 가방이라도 메고 있어야 할 것 같다. 배꼽은 점점 척추에서 멀어지고 폐는 위로 밀어 올려지고 태아는 갈비뼈를 부러뜨릴 듯 쉴 새 없이 발길질을 한다. 나는 마치 변비에 걸린 고래가 된 듯하다. 앞으로 몇 주를 더 어떻게 버텨야 할지 막막하다. 그래도 다행인 건 탄력 있는 피부와 근육이 뼈대를 감싸고 있다는 사실이다. 뼈대가 몸을 감싸고 있는 게 아니기에 배가 계속해서 불러와도 여전히 움직일 수 있다.

황제전갈Pandinus imperator은 인간만큼이나 오랫동안 새끼들을 품으며, 이제 곧 출산을 앞두고 있다.[265] 황제전갈 암컷은 한 번에 최대 32마리의 새끼를 품을 수 있는데 인간과 달리 황제전갈 암컷의 뼈대는 몸 바깥에 있다. 단단한 외골격이 몸의 바깥을 덮고 있어서 외부 위험으로부터 황제전갈을 지켜주지만, 동시에 외골격은 몸 안에 새끼를 품을 수 있는 공간을 확보하는 데 방해가 되기도 한다. 출산이 가까워진 지금 황제전갈 암컷의 모습은 억지로 몸을 부풀려 놓은 것처럼 보인다. 외골격 조각들이 벌어질 대로 벌어져서 이제는 서로 겹치지도 않고 원래는 맞물려 있던 틈 사이가 완전히 드러나 암컷은 무방비한 상태가 되어버렸다. 움직임은 점점 느려지고, 예전만큼 힘도 내지 못한다.

출산을 앞둔 황제전갈 암컷은 어두운 굴이나 바위 뒤에 몸을 숨기고 기력을 아끼며, 기척을 느끼면 구부러진 꼬리 끝에 있는 독침을 위로 쳐들어 위협하고, 커다란 집게발을 휘젓는다. 황제전갈은 세계에서 가장 큰 전갈종 중 하나로 길이가 무려 20센티미터에 달한다. 전갈은 집게벌레류 같은 곤충도 아니고 바닷가재 같은 갑각류도 아니지만, 가까운 친척 관계에 있는 절지동물에 속하며 거미와 진드기처럼 거미강에 속하는 동물이다. 전갈은 매우 오래된 생물이다. 지금까지 발견된 가장 오래된 표본은 4억 3,000만 년 이상 된 것으로,[266] 지금의 전갈과 형태가 거의 다르지 않다. 전갈이 언제 물에서 나와 육지로 올라왔는지는 정확히 알 수 없지만 실루리아기 또는 데본기, 즉 약 4억 3,000만 년 전에서 3억 년 전 사이 어느 시점일 것으로 추정된다. 이 시점 이후부터 전갈은 알이 아닌 살아 있는 새끼를 낳기 시작했다. 공룡이 등장했다가 멸종하는 동안, 포유류가 서서히 지구를 지배하게 되는 동안에도 전갈은 계속해서 작은 동물을 사냥하고, 독침으로 찌르고, 큰 집게발로 움켜잡고, 살아 있는 새끼를 낳으며 생존해왔다.

37주 전, 황제전갈 암컷은 수컷 한 마리를 만났고 이번에는 서로를 공격하거나 잡아먹지 않기로 했다. 어쩌면 암컷이 수컷에게 정자를 받을 준비가 되었음을 알리는 페로몬을 분비했을지도 모른다. 어쨌든 둘은 서로의 집게를 맞잡고 춤을 추었고 수컷은 땅에 정자 꾸러미를 두고 암컷을 그 위로 유인했다. 암컷은 생식기를 통해 정자를 받아들였고 난자는 수정되었다.

이후 긴 임신 기간이 이어진다. 태아들은 암컷의 난소계 안에서 천천히 자라기 시작하는데 세 개의 긴 관과 이를 연결하는 네 개 또는 다섯 개의 가로 관으로 이루어진 구조를 갖고 있다. 태아들은 각각 작은 주머니 안에서 성장하며, 그에 따라 암컷의 외골격 조각들도 점점 벌어진다. 황제전갈 태아들은 탯줄도 없고 난황도 없다.[267] 입 부위부터 먼저 발달하며 자신이 들어 있는 주머니의 끝을 입으로 물고 달라붙어 어미로부터 직접 영양분을 받아먹는다.

황제전갈의 출산은 하루가 넘도록 이어진다. 암컷은 여덟 개

다리 중 일부를 길게 뻗어 몸을 땅 위로 높이 들고 나머지 다리들로는 새끼를 받아낸다. 새끼는 하나씩, 꼬리부터 나오며 암컷은 새끼들이 떨어지지 않도록 받아 등에 던져 올린다. 새끼들은 앞으로 몇 주 동안 어미의 등 위에서 지내며 첫 번째 탈피를 기다린다. 그전까지 새끼들의 피부는 매우 부드럽고 방어 능력도 없다.

첫 탈피 전까지 새끼들은 아무것도 먹지 않으며 어미의 뱃속에서부터 받아 저장되어 있는 영양분으로 생존한다. 만약 어미가 자신과 새끼들을 위한 충분한 먹이를 찾지 못한다면 몇몇 새끼를 잡아먹기도 한다. 이는 최후의 수단이며 자신이 죽기보다는 살아남아 다음 세대를 낳는 것이 더 낫기 때문에 새끼 한 마리쯤은 먹이로 희생될 수 있는 것이다.

32마리의 새끼를 품을 수 있는 황제전갈은 갓 태어난 새끼들을 등 위로 올려 놓는다. 허물을 벗기 전까지 새끼들은 몇 주 동안 어미의 등에서 지낸다. 그 기간 배고픈 어미는 그중 하나를 먹을 수도 있다.

38주

내 자궁은 이제 가득 차 있다. 점점 더 좁아지는 공간 속에서 태아는 내 갈비뼈와 방광을 걷어차고 있다. 태아의 몸이 커질수록 움직일 공간은 점점 줄어드는데, 힘은 더 세지고 있다. 팔과 자리를 뻗고 싶어 하고 내 장기를 밀어내며, 자신의 공간을 조금이라도 넓히려 애쓴다. 혹시 불편하다고 느끼는 걸까? 밖으로 나오고 싶어 하는 걸까? 팔을 더 마음껏 움직이고 싶은 걸까?

태아는 혼자가 아니다. 태아가 아주 작은 세포 덩어리였을 때 나의 자궁내막에 파고들며 만들어온 태반은 생명의 원천이며, 나에게서 영양을 공급받게 해준다.

태아의 누나가 될 첫째 아이는 이제 네 살이 되었고 지금 생일 파티 중이다. 집은 풍선과 떠들썩한 아이들로 가득하다. 피자와 케이크가 사라지는 속도만큼이나 아이들의 흥분도도 높아진다. 그런데 뱃속 아기는 아이들이 시끄럽게 떠들수록 점점 더 조용해진다. 아이들의 소리를 듣고 있는 걸까? 생일 파티가 어떻게 치러지는지, 다른 아이들의 목소리가 어떤지 그 속에서 배우고 있는 걸까?

몇 주 후 아이를 출산할 때, 나는 태반도 함께 몸 밖으로 내보낸다. 먼저 아이가 탯줄로 나와 연결된 채로 나온다. 우리는 그 탯줄을 끊을 것이다. 그것은 아이가 이제 더 이상 나와 연결되어 있지 않다는 표시다. 그러나 끊어낸 탯줄은 여전히 태반에 연결되어 있으며, 실제로 나와 아이 사이를 구분 짓는 것은 태반이다.

태반은 태아가 만들어낸다. 태아는 태반을 만드는 설계도를 지니고 있으며, 나는 그 과정을 가능하게 하는 영양을 제공한다. 임신 초기, 태아가 아직 극도로 작을 때는 태반이 태아 전체를 감싸고 있지만, 태아가 점점 자라면서 태반의 일부는 퇴화하고, 결국 태아의 한쪽에 자리 잡는다.

나의 혈액과 태아의 혈액이 직접 접촉하는 일은 없다. 만약 접촉했다면 내 면역체계는 그것을 침입자로 인식하여 배척하려 했을 것이다. 태반은 자궁벽의 점막에 침투하여 자리잡지만 자궁을 구성하는 크고 강한 근육층까지는 침투하지 않는다. 태아 쪽

273

의 태반 표면은 매끄럽고 탯줄이 붙은 지점에서 자궁점막 쪽으로 뻗어 나가는 혈관들이 나뭇가지처럼 여러 갈래로 갈라지는데, 마치 모든 생물종들이 하나의 공통 조상으로부터 진화해온 계통도를 연상시킨다.

내 자궁 쪽을 향한 태반의 표면은 울퉁불퉁하며 수많은 융모(융기)가 있다. 이 작은 돌기들이 가장 바깥 세포층을 이루는데, 장 내벽의 융모처럼 되어 있어 표면적이 매우 넓다. 이 융모들은 내 점막 속으로 깊숙이 뻗어 들어가고 그곳에서는 나선형 동맥이 있어 혈액을 분출한다. 이 나선형 동맥은 태아가 임신 3주차에 이미 통제권을 장악한 혈관들이다. 나선형 동맥 주변 영역에서는 내 혈액 속의 영양분과 산소가 융모 세포층을 통과해 태아의 혈액 속으로 운반된다.[268]

내가 태아를 출산한 후 태아의 영양 공급 기관인 태반까지 모두 뱃속에서 나오면 조산사가 태반을 검사하여 정상인지 확인할 것이다. 만약 정상이라면 태반을 감염성 폐기물 봉투에 버리고 소각 처리한다. 대부분의 동물들은 출산 후 태반을 먹는다. 그러나 인간은 보통 그렇지 않으며, 고래나 물범, 낙타 역시 태반을 먹지 않는다. 반면 인간과 가장 가까운 친척인 유인원들은 대부분 태반을 먹는다.

태반은 영양분이 풍부하고 호르몬이 가득하기에 출산한 암컷이 먹기도 하고, 주변에 다른 암컷들이 먹기도 한다. 일부 쥐와 햄스터종에서는 무리 내의 수컷이나 형제자매가 태반을 먹기도 한다.

인간의 조상들이 태반을 먹었다는 뚜렷한 증거는 없다. 다만 말린 태반이 오래된 중국 전통 의학에서 치료용으로 사용된 적은 있다. 태반은 만성 기침과 발기부전 치료에 쓰였지만, 출산한 여성이 직접 먹지는 않았으며, 대부분의 다른 동물들처럼 산후에 어미에게만 주어지는 특별한 자원 같은 것도 아니었다.

다른 동물들이 태반을 먹는 데는 여러 가지 이유가 있다. 태반을 먹는 과정에서 신생아의 코와 입을 덮고 있는 막과 점액이 제거될 수 있고, 그로 인해 어미와 새끼 사이의 유대가 더 강해질 수 있다. 태반은 영양분이 매우 풍부하며, 일부 종에서는 엄마의 젖 분비가 더 빨리 시작되도록 돕기도 한다. 또한 태반을 먹어 치워 흔적을 없애면, 포식자가 갓 태어난 새끼를 냄새로 찾아내는 것을 막아줄 수 있다.[269]

출산 후 외부로 배출되는 인간의 태반은 두께 2~3센티미터, 지름 약 15~20센티미터의 푸르스름한 붉은 원반 형태이며 무게는 약 500~600그램이다.[270] 1970년대 이후, 서구 사회에서 태반 섭취에 대한 관심이 증가했는데, 이는 자연 치유법에 대한 관심이 높아진 것과 관계가 있다. 일부 업체에서는 출산 후 산모가 먹을 수 있도록 태반을 건조하여 캡슐 형태의 가루로 만들어 제공하기도 한다.

사람이 태반을 섭취했을 때 얻는 효과를 다룬 연구는 많지 않다. 다만 현재까지의 연구 결과에 따르면, 건조한 태반 분말을 먹는 것이 광고에서 주장하는 것처럼 호르몬 수치를 높이거나, 모유 분비를 증가시키거나, 신생아의 체중 증가를 빠르게 하는 효과는 없는 것으로 나타났다.

어떤 사람들은 태반을 스테이크처럼 구워 먹거나 스무디에 넣어 먹기도 하지만, 이러한 섭취가 실제로 긍정적인 효과가 있는지에 대해서는 의견이 매우 분분하다. 일부는 태반 섭취가 산후 우울증 위험 감소에 도움을 줄 수 있다고 주장하기도 한다. 그러나 태반을 날것으로 먹거나 제대로 처리되지 않은 채 섭취할 경우 감염 위험이 있으며, 태반에 호르몬이나 기타 물질이 독성 수준으로 포함되어 있는지에 대해서도 아직 명확히 밝혀지지 않았다.[271, 272]

태반은 포유류가 진화시킨 기관 가운데 가장 변이가 큰 기관이다.[273] 포유류는 박쥐에서 인간, 돌고래, 기린에 이르기까지 다양하지만 태반은 그보다도 훨씬 더 다양하다. 그리고 태반과 유사한 구조는 포유류에게만 있는 것이 아니라 여러 차례 독립적으로 진화하여 파충류, 양서류, 어류에서도 발견된다. 더 나아가 태반과 비슷한 구조는 척추동물에만 국한되지 않는다. 발톱벌레 Onychophora나 일부 절지동물(곤충, 거미류, 갑각류 등을 포함)[274]에서도 태반과 유사한 구조가 존재하는데, 이들은 우리 인간과는 상상할 수 없을 만큼 다른 동물들이다.

포유류의 태반은 모체 조직과 거의 접촉하지 않으며, 조심스럽게 영양분을 요청하는 정도에서, 인간처럼 모체 조직을 침투해 혈류를 장악하는 수준까지 그 형태가 다양하다.[275] 태반은 임신한 개체와 태아 사이, 즉 곧 태어날 아기와 나 사이의 자원 경쟁에서 매우 중요한 부분이다. 태반이 가장 침습적인 형태를 띠는 것은 영장류에서인데, 이는 아마도 뇌가 매우 크기 때문일 것이다. 영장류의 뇌는 평균적인 포유류보다 5~10배 정도 더 크다.[276] 태아의 뇌를 만드는 데는 많은 영양분이 필요하고 그 과정이 제대로 이루어지지 않으면, 많은 문제가 발생할 수 있다. 태아가 나선형 동맥을 장악하고 충분한 영양분을 확보하는 것은 자신의 뇌를 보호하기 위한 전략인 것이다.

태반을 통해 영양이 교환되는 과정은 몹시 격렬하게 진행된다. 너무 격렬해서 일부 태아의 세포들이 임신한 사람의 몸 안으로 들어가기도 한다. 그 세포들은 출산 후에도 오랫동안, 어쩌면 평생토록 몸 안에 남아 있을 수 있다.[277]

사람들이 자신의 태반을 먹는다는 생각을 하면 가라앉았던 입덧이 다시 올라오는 듯하다. 태반을 스테이크처럼 구워 먹거나 스무디에 섞어 마신다니! 나는 아기를 위해 만들어진 그 이상한 핏덩어리 같은 기관은 그다지 떠올리고 싶지 않다. 내가 원하는 것은 아이일 뿐, 아이가 내 몸에서 영양분을 받기 위해 필요했던 기관까지 갖고 싶은 것은 아니다. 나는 아기가 태어나면 탯줄을 자르고 아기의 피부가 내 피부에 닿는 감각을 느끼고 싶다. 물론 태반이 있었기에 내 아이가 뱃속에서 성장할 수 있었고, 나에게서 영양분을 받아 결국 하나의 인간이 될 수 있었지만, 그럼에도 불구하고 나는 태반을 내 두 눈으로 직접 확인하고 싶지는 않다.

39주

지금 열대 지역 어딘가의 썩은 그루터기 안에 임신한 발톱벌레가 누워 있다. 아마도 그렇게 크지는 않을 것이다. 발톱벌레는 가장 큰 종이라 해도 길이가 15센티미터 정도이고 대부분은 훨씬 작아서 머리부터 꼬리 끝까지 5밀리미터밖에 안 되는 것도 있다. 몸은 길고 가늘며 뱀처럼 생겼고 피부는 부드러워 보이고 물방울이 튕겨 나올 정도로 매끈하다. 마치 다리가 달린 벨벳으로 만든 뱀처럼 생겼으며 양쪽에 작고 가느다란 다리가 13쌍에서 43쌍까지 나 있고 그 끝에는 아주 가느다란 발톱이 달려 있다. 머리 꼭대기에는 더듬이 두 개와 작은 눈 두 개가 있고 아래쪽에는 곤충과 작은 거미들을 씹을 수 있는 강한 턱이 있다. 그리고 이 암컷의 뱃속에는 수많은 발톱벌레 태아들이 꿈틀거리며 곧 태어날 준비를 하고 있다.

발톱벌레는 뱀도 곤충도 아니며, 지렁이나 갑각류도 아니다. 이들은 독자적인 분류군으로 지구상에서 5억 년이 넘는 시간 동안 거의 변하지 않은 모습으로 살아왔다. 현재까지 약 200종이 발견되었으며 이들의 분포를 통해 약 2억 년 전 초대륙 곤드와나 Gondwana(지질시대 고생대 말기부터 중생대 초기에 걸쳐 남반구에 존재했던 것으로 추측되는 대륙 - 옮긴이 주)가 분열되기 전 어떻게 하나로 이어져 있었는지 추정할 수 있다. 오늘날 발톱벌레는 서로 멀리 떨어진 열대 및 아열대 지역에 흩어져 서식하지만 과거에는 이 지역들이 하나의 대륙으로 연결되어 있었던 것이다.[278]

발톱벌레종들은 겉모습만 보면 매우 비슷해 보인다. 몸은 부드럽고 다리가 많으며, 전체적인 형태도 꽤 유사하다. 하지만 번식 방식에 있어서는 종마다 매우 다르다. 어떤 종은 알을 낳고, 어떤 종은 알을 만들되 몸속에 보관하며, 또 어떤 종은 임신하여 인간처럼 자궁 안에서 태아에게 영양분을 공급한다. 연구된 종들 중 일부는 1년에 1마리에서 23마리까지 새끼를 낳고 어떤 종은 임신 기간이 최대 15개월에 이르기도 한다.[279] 어떤 발톱벌레는 자궁 안에 서로 다른 발달 단계의 태아들을 동시에 지니고 있다. 곧 태어날 준비가 된 것도 있고 아직 시간이 좀 더 필요한 것도 있다. 일부 종은 정자를 여러 해 동안 몸에 저장하기도 하며 일부는 원치 않는 정자 즉, 열성적인 수컷에 의해 강제로 주입된 정자를 파괴하기 위한 전용 기관이 있을 가능성도 제기된다. 그 뿐만 아니라 정자가 전달되는 방식도 다양하다. 어떤 종은 수컷이 머리에 있는 작은 돌기에서 나오는 정자를 암컷의 생식기를 통해 주입하지만 또 어떤 종은 생식기를 사용하지 않고 정자 덩어리(정자낭)를 만들어 암컷의 피부 위에 붙여두는데, 이 정자 덩어리는 피부를 통해 몸속으로 흡수된다.[280]

어떤 발톱벌레 수컷들은 정자를 작은 선물처럼 포장한 정포를 자기 머리 위에 올려두기도 한다. 이렇게 정자를 왕관처럼 머리에 이고 암컷에게 다가가는 것이다. 암컷들은 그 정자 왕관이 멋지다고 느낄까? 수컷이 머리 위에 정자를 얼마나 잘 올려놓았는지를 보고 교미할지 말지를 판단할까? 그 모습에 매료되어 발톱 끝이 간질간질해질까? 물론 우리는 알 수 없다. 관찰된 교미 사례가 많지 않지만 기록된 몇 안 되는 사례 중 하나에서는 암컷이 수컷의 머리와 정자 왕관을 자신의 생식기 입구에 붙잡아 두고 최소 15분간 교미를 지속했다. 우리는 왜 수컷들이 정자 왕관을 만드는지, 어떻게 머리 위에 정자를 올리는지 명확하게 알지 못한다. 하지만 아마도 그것은 썩은 나무 속의 길고 좁은 공간이라는 환경에 맞춘 적응일 것이라고 짐작할 뿐이다. 그 안에서 요란한 몸놀림은 어렵기 때문에 머리와 엉덩이를 맞대는 방식이 길쭉한 몸을 가진 이들에게 가장 공간 절약적인 교미 방식일 수도 있는 것이다.

암컷이 피부를 통해 정자낭을 흡수하는 이유 역시 이와 같을지도 모른다. 가장 많이 연구된 발톱벌레종 중 하나는 수컷이 암컷의 피부 아무 곳에나 정자를 남긴다. 그러면 암컷의 체내 혈구들이 그 부위로 몰려들어 피부와 정자낭 양쪽에 구멍을 낸다. 이후 정자는 암컷의 혈액으로 가득 찬 체강을 통해 헤엄쳐 가며 난소를 찾아내고 그곳에서 난자와 수정하려 시도한다.[281]

지금 이 순간에도 어딘가에는 임신한 발톱벌레가 몸 안 가득 작은 태아들을 품고 누워 있을 것이다. 곧 새끼를 낳을 수도 있고, 앞으로 6개월, 혹은 그보다 더 오래 임신 상태로 지낼 수도 있다. 어쩌면 임신했다는 것도 거의 느끼지 못한 채, 이리저리 기어다니며 곤충과 작은 거미를 사냥하고 있을지도 모른다. 반대로 자신의 몸이 무겁고 말을 잘 듣지 않는다고 느낄지도 모른다.

머리에 정자 왕관을 얹은 수컷을 만난 암컷 발톱벌레는 지금은 교미할 기분이 아니라며, 그를 무시할 수도 있다. 혹은 그 수컷에게 마음이 끌릴 수도 있다. 우리는 발톱벌레에 대해 아는 것이 매우 적다. 그들이 어떻게 번식하는지도 잘 모를뿐더러, 그 상황을 그들 스스로 어떻게 느끼는지에 대해서는 더욱 그렇다.

40주

나는 지금 정기검진을 받고 있다. 조산사가 내진을 통해 내 자궁 경부를 거칠게 자극한다. 이 과정은 진통을 유도하기도 하는데, 나는 이 아이를 빨리 낳을 수만 있다면 뭐든 할 각오가 되어 있다. 이제는 임신이 지긋지긋하게 느껴진다. 나는 앞면이 넉넉한 임산부용 바지와 팬티를 벗고 산부인과 진찰용 침대에 누워 다리를 받침대에 올렸다. 배가 너무 커서 등을 대고 눕는 일이 쉽지 않다. 등에 쿠션을 받쳐주었지만 태아가 폐를 눌러 숨쉬기조차 벅차다.

조산사는 장갑 낀 손을 내 안에 깊이 넣고 아기를 가두고 있는 문을 거칠게 흔든다. 통증이 전신을 관통한다. 그녀가 손을 빼내자 장갑에는 피가 묻어 있다. 그녀는 자궁 경부는 충분히 벌어져

283

있다고 말하며 조만간 진통이 시작될 것이라고 나를 달랜다. 내가 얼마나 지쳐 있는지 그녀도 느끼고 있을 것이다. 내 자궁 경부는 아직 덜 익은 바나나다. 아직 덜 익은 바나나의 껍질을 억지로 벗기려 들면 안의 과육이 으깨질 수 있듯이 내 자궁 경부도 적당히 익어야 아기가 무사히 나올 것이다. 진료를 마치고 뒤뚱거리며 버스 정류장으로 가 버스를 탄다. 다행히 누군가의 양보를 바랄 필요 없이 앉을 자리를 찾았다. 다음 번에 이 길을 갈 때는 아마도 나는 유모차에 아기를 태우고 집으로 돌아가는 중일 것이다.

모래뱀상어Carcharias taurus(샌드타이거상어)도 지금 출산을 준비하고 있다.[282] 회색빛을 띠는 이 상어는 몸길이가 2~2.5미터 정도이며 유선형의 몸, 하얀 배, 작은 눈, 날카로운 이빨을 가지고 있다. 모래뱀상어는 일본, 호주, 남아프리카 그리고 북미와 남미의 동부 해안 등지의 해역에서 서식하며 얕은 모래 해변부터 수심 190미터에 이르는 깊은 곳까지 다양한 수심대에서 살아간다. 이 상어는 해저를 따라 헤엄치며 물고기, 게, 오징어, 가오리, 심지어 다른 상어까지도 사냥해 포식 활동을 한다.[283] 그리고 극히 드물고 독특한 방식으로 태아에게 영양을 공급하며 번식한다.

40주가 지난 암컷 상어의 몸은 아주 무겁다. 임신 기간 동안 암컷 몸 안에서는 새끼들이 자라왔지만, 지금은 각기 다른 두 개의 자궁 방에 각각 하나씩, 단 두 마리만 남아 있다. 처음에 수정되었던 다른 알들은 각 자궁 방에서 가장 먼저 부화해 충분히 자라난 새끼에게 모두 먹혔다. 상어의 자궁 안에서 가장 먼저 깨어난 새끼는 다른 알과 늦게 부화한 새끼들을 잡아먹으며 자라기 시작한다. 두 새끼 상어가 수정란들을 다 먹고 나면 태어날 준비가 될 때까지 이번에는 수정되지 않은 난자들을 계속 먹는다. 그들은 탯줄을 통해 엄마의 몸으로부터 직접 영양분을 받는 대신 형제자매가 될 수도 있었던 수정란들과 수정되지 않은 난자들을 먹는 것이다.[284]

갓 태어난 상어 새끼는 길이가 거의 1미터에 이르며, 이는 엄마 몸길이의 거의 절반에 해당한다. 이들은 태어나자마자 스스로 살아갈 수 있고, 자궁 밖으로 나오는 즉시 헤엄쳐 어미를 떠난다. 그들은 자궁 안에서 충분히 먹이를 먹으며 성장한 후 태어나기 때문에 천적이 거의 없다. 신생 개체가 잡아먹히지 않을 만큼 충분히 크게 자라기 위해 몇몇 형제를 희생하는 선택은 과연 진화적으로 가치가 있는 일일까? 모래뱀상어의 단 하나뿐인 난소는 무게가 8.5킬로그램에 달하며, 2만 2,000개 이상의 난자를 품고 있다. 이는 먼저 부화해 형제를 잡아먹어야 하는 상어 새끼들의 먹잇감으로는 충분하다고 할 수 있다.[285]

곧 새끼를 낳게 될 또 다른 생물은 유럽 불도롱뇽의 아종 중하니인 베르니르데즈불도롱뇽Salamandra salamandra bernardezi이다. 이 도롱뇽은 다른 불도롱뇽 아종들과 마찬가지로 검은색 바탕에

모래뱀상어의 새끼는 어미 뱃속에서 나오자마자 혼자 살아갈 수 있다. 이미 자궁 안에서 자기보다 부화가 늦은 새끼들과 수정되지 않은 수만 개의 난자를 먹고 난 뒤이기 때문이다.

노란 무늬를 지니고 있으며 이는 독을 품고 있다는 뚜렷한 경고 신호다. 베르나르데즈불도롱뇽은 다른 도롱뇽들처럼 알을 낳지 않는다. 알이 연못에 놓인 채로 말라 죽거나 배고픈 포식자가 지나가다가 알을 먹어 치우는 일이 발생하게 두지 않는 것이다. 대신 알을 몸속에 간직한 채로 있다가, 주변 온도나 환경요인에 따라 9개월에서 12개월 후에 살아 있는 새끼를 낳는다. 일반적인 도롱뇽의 경우 알을 물속에 낳고 그 알은 부화해 도롱뇽 유생이 되며 이후 변태를 거쳐 성체가 된다. 그러나 불도롱뇽은 알이 어미 몸속에서 부화하고 유생 단계 전체를 그 안에서 보낸다. 도롱뇽 새끼가 아가미 시기를 마치고 성체처럼 폐를 갖추게 되면 어미 불도롱뇽은 그들을 몸 밖으로 밀어낸다. 그렇게 태어난 새끼들은 이미 작은 성체 형태를 갖추고 있으며 육지와 물속 생활을 모두 할 준비가 되어 있다.[286]

내가 출산하고 마침내 생식 노동의 첫 번째 단계를 끝냈을 때에도 여전히 태아를 오랜 시간 품고 있는 존재들이 있다. 바로 한때 멸종된 줄만 알았던 어종 실러캔스Coelacanthiformes다. 그들은 오랫동안 화석의 형태로만 발견되어 멸종된 것으로 알려져 있었지만, 어느 날 여전히 바닷속을 헤엄치고 있는 것이 발견되었다. 수백만 년 동안 우리가 모르는 사이 그렇게 살아온 것이다. 실러캔스는 약 1년 동안 임신하는 것으로 추정된다.[287] 이는 뱃속 아기와 소통하는 큰돌고래와 비슷한 기간이다. 큰돌고래가 출산하기까지는 아직 12주가 남아 있다.

회색큰캥거루의 새끼는 임신 5주 만에 어미의 주머니로 기어 올라왔지만 어미 캥거루는 아직 생식을 끝내지 않았다. 내가 출산할 즈음에도 엄마 캥거루는 여전히 주머니 속에서 13주 더 새끼를 키워야 하며, 그제서야 새끼는 어미의 몸 밖으로 나오게 된다.

향유고래Physeter macrocephalus의 임신 기간은 14~16개월 정도이며, 5~7년 간격으로 새끼를 낳는다. 그리고 새끼에게 수년간 젖을 먹인다.[288]

유럽바닷가재Homarus Gammarus는 2년 동안 알을 품는다. 먼저 1년 동안 몸속에서 난소에 알을 형성한 뒤, 이전에 저장해두었던 정자로 수정시켜 알을 몸 밖으로 내보낸다. 이 알들은 복부의 헤엄다리(유영각)에 붙어 1년간 매달려 있다가 부화한다.[289]

아프리카코끼리는 약 22개월, 거의 2년에 가까운 임신 기간을 보낸다. 내가 출산할 무렵에도 아프리카코끼리는 임신 기간이 13개월이나 남아 있을 것이다. 이는 포유류 중에서 가장 긴 임신 기간으로 알려져 있지만,[290] 사실 가장 임신 기간이 긴 동물은 따로 있다.

수심 1,300미터까지 내려가는 깊은 바다에 사는 심해 상어인 주름상어Chlamydoselachus anguineus는 우리가 알고 있는 동물 가운데 가장 긴 임신 기간을 가진 종이다. 몸길이 약 1.5미터의 장어처럼 생긴 이 상어는 고대의 생김새를 간직한 '살아 있는 화석'

으로 여겨지며, 최대 3년 반 동안 임신한 뒤 두 마리에서 열 마리 사이의 새끼를 낳는다.[291]

35억 년 전, 지구에 최초의 생명이 등장한 이래 우리는 끊임없이 번식해왔다. 이제 그 차례가 나에게 돌아왔다. 오늘 밤, 내 자궁은 규칙적으로 수축하기 시작할 것이고, 나는 이게 단순한 가진통이 아니라 진짜 진통이라는 걸 알게 될 것이다. 그리고 병원으로 향해, 전에 내 자궁 경부를 자극했던 조산사를 만나게 될 것이다. 그녀는 문 앞에서 나를 맞으며 오늘 밤 내가 올 줄 알았다고 말하고, 나는 그 말 속에서 내 몸을 맡길 수 있는 안정감을 얻는다. 내 자궁은 그날 밤, 아름다운 한 생명을 세상으로 밀어낸다.

아기를 낳은 직후, 나는 태반도 몸 밖으로 밀어낸다. 이제 더 이상 나는 내 아기와 육체적으로 연결되어 있지 않다. 갓 태어난 아기를 가슴 위에 안은 채, 나는 갑자기 태반이 궁금해졌다. 진통을 마친 기쁨과 호르몬의 영향 탓인지 더 이상 혐오스럽거나 이상하게 느껴지지도 않는다. 어쩌면 태반을 가까이에 두고 그 냄새를 맡고 싶어 하는 동물적인 본능이 아직 나에게 남아 있는지도 모르겠다.

조산사는 금속 쟁반에 담긴 태반을 보여주며 탯줄에서 붉은 원반 안으로 뻗어나가는 혈관들을 가리킨다(그녀는 그것을 '생명의 나무'라고 불렀다). 그녀는 마지막으로 태반에 혈전이나 변색이 있

289

는지 확인한다. 이제 태반의 역할은 끝났다. 내가 아기와 함께 산후조리원으로 이동하는 동안, 조산사는 태반을 감염성 폐기물 봉투에 담아 처리할 것이다.

나와 주름상어, 모래뱀상어, 불도롱뇽 아종은 한 가지 공통점을 가진다. 새끼를 몸속에 지닌다는 것이다. 하지만 이 공통점은 같은 진화적 기원을 통한 결과는 아니다. 살아 있는 새끼를 낳는 방식은 여러 번 진화해왔고 그 기원도 제각각이다. 우리가 태아에게 영양을 공급하는 방식 역시 서로 다르다. 내 태아는 태반을 만들고 자궁벽 안으로 파고들어 내 혈류를 장악했고, 나는 내 몸을 통해 태아에게 영양분을 공급한다. 모래뱀상어는 자신의 알을 먹이로 제공하는 방식으로 새끼에게 영양을 공급하고 주름상어 새끼는 알이 엄마 몸 안에서 성숙될 때 만들어진 난황낭에서 영양을 얻는다. 이 난황낭은 태아가 엄마의 몸 안에서 태막에 둘러싸이기 전에 형성된 것이다.

불도롱뇽이 임신 중 새끼에게 영양을 공급하는지는 아직 밝혀지지 않았다. 난황낭만으로 버티는지도 분명하지 않다. 하지만 확실한 것은, 살아 있는 새끼를 낳는 능력은 생명의 계통도에서 수없이 여러 번 등장해왔다는 사실이다.

전갈류는 약 4억 3,000만 년에서 3억 년 전 사이, 육지로 올라온 이후 어느 시점부터 살아 있는 새끼를 낳기 시작했다. 물론 그보다 훨씬 이전부터 이미 탯줄이 달린 새끼를 낳던 종들도 있었다. 약 3억 8,000만 년 전의 판피류Placodermi 암컷(현재는 멸종한 물고기 무리) 화석에서는 자궁 안에 배아가 들어 있고 그 배아가 탯줄로 어미와 연결된 모습이 발견되었다.[292] 최초의 포유류는 약 1억 8,000만 년 전에 나타났고 최소 1억 4,000만 년 전에는 유대류와 태반포유류 두 그룹으로 분화되었다.[293] 진화사의 정확한 시점을 특정하는 일은 쉽지 않으며, 새로운 발견과 기술이 등장할 때마다 그 연대는 계속해서 수정되어왔다. 하지만 인간이 가진 매우 특별한 형태의 태반은 유대류와 태반포유류가 갈라지기 전에 이미 등장했으며, 그 이후 태반포유류인 우리는 태아와의 극도로 밀접한 영양 교환을 강하게 진화시켰다.

파충류들도 살아 있는 새끼를 낳지만, 이들은 포유류보다 훨씬 나중에 이 방식으로 진화했다.[294] 약 2억 5,000만 년부터 1억 년 전까지 살았던 어룡류Ichthyosauria는 돌고래처럼 생긴 해양 파충류로 포유류보다 먼저 살아 있는 새끼를 낳았지만, 그들이 태아에게 자신의 몸을 통해 직접 영양분을 공급했는지, 아니면 태아가 어미 몸속의 알 안에서 난황낭에 의존해 성장했는지는 아직 확실히 알지 못한다.[295]

그렇다면 왜 우리 인간은 태아를 몸 안에 품고 다니며, 왜 어떤 종들은 자신의 몸을 통해 태아에게 직접 영양분을 주는 걸까?

점점 자라는 기생생물 같은 존재에게 몸을 내어주느니, 알을 낳는 것이 더 쉽지 않을까?

알을 둥지에 낳거나 잎 밑에 붙이거나 모래에 묻는 대신 태아를 몸 안에 품으면, 가뭄이나 홍수, 혹은 영양가 있는 먹이를 노리는 포식자로부터 보호할 수 있다. 그리고 태아를 몸 안에 품으면 아주 작은 알을 만들었다가, 그것이 수정되었다는 사실을 확인한 후 수정된 알에만 더 많은 에너지를 투자할 수 있다. 수정되지 않은 알은 버리고, 가능성이 있는 알, 실제로 태아가 될 알에만 에너지를 쓸 수 있는 것이다. 알을 물속에 방출하거나 둥지에 낳는 동물들은 수정되었든 아니든 태아에게 필요한 모든 영양분을 알 안에 미리 담아두어야 한다. 반면 인간은 수정되었는지 여부를 알고 난 후 필요한 만큼 영양을 줄 수 있다. 또, 몸 밖에 있는 알을 돌보느라 한곳에 묶여 있을 필요도 없다. 인간은 입덧 등으로 너무 힘들 경우를 제외하고는 몇 주 혹은 몇 달 동안 움직이지 못하고 가만히 누워 있지 않아도 된다.

하지만 반대로 이 모든 논리를 거꾸로 뒤집어볼 수도 있다. 알을 낳는 동물들은 더 자주 번식할 수 있고, 더 많은 새끼를 가질 수 있으며, 오랜 기간 동안 몸을 번식이라는 과정에 묶어두지 않아도 된다. 알을 낳는 암컷은 몸이 커지고 느려지지 않으며, 포식자가 나타나면 알을 버리고 도망쳐 살아남을 수도 있다.

그럼에도 불구하고 살아 있는 새끼를 낳는 방식은 여러 동물 집단에서 수없이 여러 번 진화해왔다. 어떤 형질이 150번 이상 독립적으로 진화했다는 것은, 그것이 어떤 이점을 가지고 있다는 뜻이다.[296] 임신한 개체에게는 힘겨운 과정이지만, 결국 새끼가 태어나고 번식에 성공한다. 과정은 복잡해도 그 결과는 분명하다.

유성 생식을 통해 만들어진 다른 동물의 새끼들과 마찬가지로 내 태아도 처음에는 수정되지 않은 아주 작은 난자였다. 산호는 알을 바다에 방출하지만 인간인 나는 난자를 몸 안에 품었다. 산호의 알은 바닷물 속에서 정자를 만났고 내 난자는 나팔관을 지나 자궁으로 이동하며 어떤 정자를 받아들일지 결정했다. 내 난자는 자궁벽에 파고들었고 참솜깃오리의 알은 몸 밖의 아늑한 둥지에 놓였으며 피파개구리의 알은 어미의 등판에 붙었다. 나는 태아를 내내 몸속에 품고 있어야 했고 캥거루는 빠르게 새끼를 낳고 그다음 일은 육아낭에 맡겼다. 내 배가 점점 불러와 척추에서 멀어지는 동안, 황제전갈의 외골격 판은 벌어졌다. 내 아기는 태반을 통해 영양분을 공급받았고 모래뱀상어는 형제들을 잡아먹었다. 디플롭테라푼타타의 태아들은 자궁유를 먹고 자랐고, 키위새의 새끼는 거대한 난황을 양식으로 삼았다

나는 알을 낳을 수 없다. 내 먼 조상들이 나를 자궁에 묶어놓았기 때문이다. 지금 나는 알이 마침내 부화했을 때의 참솜깃오리 암컷처럼, 또는 7개월 동안 먹지도 않고 가만히 누워 있던 울프피시 수컷처럼 지쳐 있다. 물론 결국 나는 괜찮아질 것이다. 아이는 태어나고 우리 둘 다 살아남을 것이다. 다만 출산을 하느라 찢어진 외음순을 바늘로 몇 땀 정도 꿰매야 할 뿐이다. 지금 막 태어난 이 아이는 원시 수프의 첫 세포분열부터 시작해, 오늘날 우리가 목격하는 수많은 유전자 전달 방식에 이르기까지, 생식을 통해 이어져온 길고 긴 생명 계보에서 가장 최근의 연결 고리라고 할 수 있다.

가장 성공적인 번식 전략은 부모가 감당할 수 있는 자원을 넘어서지 않으면서도 살아남을 수 있는 적절한 수의 자손을 만들어내는 것이다. 섬유세닐말미잘, 점박이하이에나, 나마쿠아카멜레온, 다말랜드두더지쥐, 작은 일본 진딧물, 나 그리고 지금 이 세상에 존재하는 모든 종이 바로 그 사실을 보여주는 좋은 예다.

임신 기간을 지나오며, 아주 좁은 가성음경을 통해 출산하지 않아도 된다는 사실이나 몸무게의 45퍼센트에 달하는 아기를 낳지 않아도 된다는 사실이 나에게는 작은 위안이 되었다. 또 비록 곧 이어질 모유 수유와 밤샘 돌봄이 힘들겠지만, 문어처럼 출산 후 죽지도 않고, 아프리카사회성거미처럼 자식들에게 잡아먹히지도 않을 것이다. 진화는 내게 입덧, 구토, 부은 다리, 아픈 골반, 무거운 배를 주었지만 동시에 협력의 능력도, 아이들이 자라는 걸 지켜볼 수 있는 기회도, 조부모님의 도움도 주었다. 이 모든 것은, 원시 수프에서 오늘날의 인간에 이르기까지 이어져온 긴 여정 속에서 작동해온 방식이다.

변기에 엎드려 토하던 순간마다 난소를 저주하기도 했지만 (비록 몸이 과하게 반응한 결과라 하더라도) 그것이 태아를 보호하는 일이라는 걸 아는 것만으로도 일종의 진화적인 위안을 얻을 수 있었다. 길고 고된 임신 기간 동안, 내 몸에서 일어나는 거의 모든 일이 이유가 있다는 걸 아는 것만으로도 약간의 평온을 얻을 수 있었다. 그것은 운명이나 초자연적인 힘 때문이 아니라 오랜 시간에 걸쳐 진화적으로 작동해왔기 때문이다. 그리고 아이가 세상에 나오고 나면, 대체로 그 모든 과정이(고통이) 충분히 값진 일로 느껴진다.

0주

산후조리원에서 이틀을 보낸 후, 수유 지도를 받고 혈액검사를 하고 플라스틱 쟁반에 담긴 병원 식사를 침대에서 먹고 나서 나는 잠옷 바지를 가방에 넣는다. 남편은 아기를 태운 유모차를 밀고 엘리베이터로 향한다. 커다란 산모용 패드가 따끔거리는 피부에 스치고 찢어진 외음순을 꿰맨 실에 걸려 당긴다. 다행인 건 멀리 가지 않아도 된다는 사실이다. 우리는 엘리베이터를 타고 내려가 지상으로 나온 뒤, 몇 걸음 떨어진 버스 정류장으로 걸어가 버스에 오른다. 버스가 도시의 골목길을 구불구불 지나가는 동안 유모차에서 소리가 들린다. 아기는 배가 고픈 듯하다.

　나는 아이를 안아 올리고 아이에게 젖을 먹인다. 한 노부인이 몸을 돌려 우리를 바라보며 축하해준다. 그녀는 손을 뻗어, 수유

296

중인 아이의 손등을 살며시 쓰다듬는다. 갓 태어난 인간은 자연스럽게 주위를 끈다. 비록 이 아이가 노부인의 무리에 속한 존재는 아니지만, 그녀는 인사를 건네지 않고는 못 배긴다. 마치 하누만랑구르 암컷들과 코끼리 암컷들이 새끼 주변에 몰려드는 것처럼 말이다. 버스를 타고 이동하는 20분 동안, 우리는 갑자기 하나의 작은 공동체가 된다. 노부인은 자신도 아이 셋을 모유로 키웠다고 말해주며 우리가 정말 잘하고 있으며 모든 일이 잘될 거라고 이야기한다.

내가 계단을 힘들게 올라가는 동안, 남편은 아기와 짐 가방을 챙긴다. 나는 집으로 들어가 소파에 놓인 쿠션과 담요 사이로 조심스럽게 파고든다. 골반은 아프고, 갑자기 텅 비어버린 듯한 뱃속에서 내장이 이상하게 움직이는 것 같다. 자궁이 흘러내리지 않도록 두 다리 사이를 손으로 받쳐야 할 것 같은 기분이다. 남편은 작은 새 생명을 감싼 속싸개와 겉싸개를 벗긴 후 조심히 안아올린다. 아기는 팔을 벌리며 울기 시작하지만 내가 품에 안자 곧 진정한다. 아기는 내 냄새를 맡고 나는 아기의 냄새를 맡는다.

이제 시간은 다시 새롭게 계산되기 시작한다. 젖몸살과 기저귀 갈이, 교대로 잠을 자며 아기를 돌보는 생활과 함께 말이다. 자궁 속 태반이 떨어져 나간 상처에서 서서히 출혈이 멈추고, 모유 수유로 분비되는 호르몬에 자극받아 자궁이 수축하는 동안,

우리는 새로운 공생 관계로 성장한다. 이제 아이는 더 이상 내 혈류를 조절하지 않지만 그가 배고플 때 내는 칭얼거리는 소리가 내 몸을 조절한다. 아이가 배고픔을 느낀다는 생각만으로도 내 가슴에서는 젖이 흐르기 시작하는 것이다.

나는 다시 내 몸의 통제권을 되찾았고 우리는 이제 두 개의 분리된 개체가 되었지만, 아기는 여전히 끊임없이 나를 필요로 한다. 내 몸은 아기의 필요에 따라 움직이고, 내 남편은 내 필요에 따라 움직인다. 그는 나를 위한 식사를 준비하고 내가 쉬는 동안 기저귀를 갈고 아기를 토닥인다.

캥거루는 나보다 훨씬 전에 새끼를 낳았지만, 그 새끼는 아직도 주머니 밖으로 나올 생각을 하지 않는다. 순록의 새끼는 한 살이 되면 무리 속에서 스스로 살아갈 수 있고 티티원숭이의 새끼는 아빠에게 매달려 몇 년 동안 부모 곁에 머문다. 침팬지 새끼는 다섯 살까지 젖을 먹지만 열 살이 될 때까지 어미 가까이에 있으면서 보호와 살아가는 데 필요한 지식을 얻어야 한다. 범고래는 성장하여 새끼를 낳을 때까지 자신을 낳아준 어미의 도움을 필요로 한다. 아기는 세상으로 나왔지만 생식 노동은 아직 끝나지 않았다. 다만 이제는 다른 형태로 이어질 뿐이다.

에필로그

생물학은 곧 다양성이다. 거의 모든 종의 거의 모든 특성에는 변이가 존재한다. 이 책에서 언급한 많은 내용은 대개 일반화된 것이다. 예를 들어, 인간의 임신 기간이 40주라고 말하는 것도 그런 일반화 중 하나다. 우리는 보통 인간의 임신 기간이 40주라고 말하지만, 사실 꼭 그렇지는 않다. 왜냐하면 임신 주 수는 마지막 생리 시작일부터 계산되지만 실제 수정은 그로부터 약 14일 후에 일어나기 때문이다. 그럼에도 불구하고 많은 나라에서 마지막 생리 시작일을 기준으로 임신 주 수를 계산한다. 이는 개인이 임신 시점을 파악할 수 있는 가장 명확한 지표이기 때문이다. 이 계산 방식은 배란이 생리 시작일로부터 정확히 14일 후에 일어난다는 것을 전제로 하지만, 이 역시 개인차가 있다. 인간의 임신 기간에는 상당한 변이가 있어서, 임신 37주에서 42주 사이에 출

산이 이루어지면 만기 정상 분만으로 간주한다.[297]

내가 인간과 다른 동물 종을 비교할 때는 인간의 경우 마지막 생리 시작일을 기준으로 산정된 임신 기간을 사용했다. 이는 다른 동물 종의 경우 수정 시점부터 임신 기간을 계산하는 것과는 다르다. 기술적으로는 인간의 임신 기간도 2주를 빼고 계산해야 다른 종의 '수정에서 출산까지의 기간'과 정확하게 비교할 수 있지만 이 책의 초점은 수정란이 아니라 부모 개체의 경험에 있으므로 이 방식을 선택했다. 또한 이 시기에 인간의 몸은 임신 준비를 시작하기도 하는데 자발적인 배란은 자궁내막이 한 번 흘러나오고(생리), 새로운 호르몬 주기가 시작되어야 가능하기 때문이다. 반면에 다른 동물들은 교미 자체가 배란을 유도한다. 또 어떤 동물들, 예를 들어 새 같은 경우에서는 알을 낳은 이후 이루어지는 부모의 돌봄도 임신 및 번식 과정에 포함시키지만 키위새 암컷처럼 알을 형성하는 데 드는 막대한 노력은 대개 그 과정에 포함되지 않았다.

이 책에서는 생물학적 성을 설명하며 이를 암컷과 수컷으로 분류한다. 암컷은 난자를 만들고 수컷은 정자를 만든다. 그러나 이것이 꼭 성별 간의 역할 분담 방식을 의미하는 것은 아니며, 책 전반에 걸쳐 다양한 예시를 통해 이를 보여주고자 했다. 이 책에서 인간을 포함한 동물을 암컷과 수컷, 어머니와 아버지라고 부를 때, 이는 유전자나 호르몬, 개인이 스스로를 어떻게 인식하거나 표현하는지, 혹은 어떤 감정을 느끼는지를 기준으로 한 것이 아니라, 전통적으로 관찰 가능했던 생식 기관을 기준으로 한 구분이다. 인간은 다른 종의 성 표현이나 생식 노동의 분배 방식을 그대로 적용할 수 없을 만큼 다양한 성 정체성과 성 역할을 지니고 있다. 따라서 이 책에서 인간과 동물 모두에게 어미나 아빠라는 용어를 사용하는 것은 출생 시 외부 생식기만을 기준으로 인간이 특정한 방식으로 행동하거나 사고해야 한다는 생물학적 결정론을 지지하는 것이 아님을 분명히 한다.

다른 동물을 어미나 아빠라고 표현하는 것은 인간중심주의적 사고, 즉 동물에게 인간적인 특성을 부여하는 행위이며, 우리가 가진 성 역할이나 이 행성에서 살아가는 방식에 대한 이해를 다른 종에게 그대로 투사하게 만들 위험이 있다. 이는 분명 문제적일 수 있다. 그러나 동시에 우리 자신이 아닌 다른 생명체들 역시 욕구와 감정을 지닌 존재임을 이해하는 데 도움을 줄 수 있으며, 나는 바로 그런 목적에서 이 표현을 사용했다.

이 책의 '나'라는 화자가 겪는 사건들은 나의 임신과 출산 경험에 바탕을 두고 있다. 화자가 겪는 모든 일은 실제로 사람의 임신 중에도 일어날 수 있는 일들이지만 그 모든 일이 정확히 같거나 같은 순서로 일어난 것은 아닐 수 있다.

감사의 말

이 책의 아이디어는 첫 아이를 임신했을 때 떠올랐다. 몇 주 동안 어두운 방에 누워 세상이 빙글빙글 도는 가운데 계속 구토를 하며 생각했다. '이렇게까지 아플 수가 있을까? 생물학적으로 인간이 번식하는 더 나은 방법이 있어야 하지 않을까?' 그런데 알고 보니 우리 인간에게는 그보다 더 나은 방식이 없었다. 그럼에도 불구하고 나는 다시 임신을 했다. 그 두 번의 임신을 통해 태어난 아이들을 생각하니, 결국 그 모든 고생을 할 가치가 있었다. 내 인생을 이토록 생기 넘치고 아름답게 해주어 너무 고마워! (하지만 이제 아침에 조금만 더 오래 자주면 안 될까?)

토비아스, 나의 번식 동맹자이자 공동 양육자인 당신 없이는 이 모든 것이 불가능했어요!

글쓰기보다 재생산 노동이 우선할 때도 있음을 이해해준 NFFO

에 감사한다. 이 프로젝트를 믿어주고 팬데믹에 비견될 만큼의 인내심을 보여준 편집자 핀 투트랜에게 감사한다. 직장에서 쉴 수 있도록 배려해준 프레드릭에게 감사한다. 질문에 성실하게 답해주고 과학 논문에 접근할 수 있도록 도와준 모든 연구자들에게 감사한다. 여러분의 연구와, 때로는 꽤 기초적인 질문에도 시간을 들여 답해준 친절이 없었다면 이 책은 존재하지 못했을 것이다. 원고 초안에 의견을 준 우다 누벤, 투르 미하, 에네 시네스 에리랜, 잉리드 셸베센에게 감사한다. 특히 내 글을 깊이 읽어준 엘른 스터겐 델에게 특별한 감사를 전하며, 전문용어 사용을 꼼꼼히 짚어준 케틸 리스테 보이에게도 감사한다. 이 책에 남아 있을지 모를 모든 오류와 연구에 대한 오해, 과도한 단순화, 부정확함은 전적으로 나의 책임이다.

마지막으로, 뇌와 협력 능력 그리고 조부모를 가능하게 한 진화에 감사를 전한다.

303

다음은 이 책에서 언급된 일부 진화적 사건들에 대한 연대표다. 진화는 느리게 일어나며 새로운 정보와 이론, 모델이 계속 등장함에 따라 지식이 확장되기 때문에 진화적 사건의 시점을 정확히 특정하기는 어렵다. 따라서 여기 제시된 모든 연대는 대략적인 추정치다.

- **최소 약 35억 년 전:** 이른바 '원시 수프'라고 불리는 최초의 생명체가 출현한다.

- **약 20억 년 전:** 성을 통한 생식(유성생식)이 등장한다.[298]

- **약 8억 5,000만 년 전:** 다세포 생물이 등장한다.

- **약 3억 7,500만 년 전:** 최초의 네발짐승(사족 보행 동물)이 등장한다. 이는 얕은 물에서 '걷기'가 가능하도록 단단한 골격 구조를 가진 물고기와 유사한 동물들이었다.

- **약 3억 1,800만 년 전:** 파충류, 조류, 포유류의 공통 조상에서, 건조를 막아주는 양막란을 가진 알이 출현한다.[299]

- **약 2억 3,000만 년 전:** 공룡이 등장한다.

- **약 1억 8,000만 년 전:** 단공류의 조상이 다른 포유류 계통에서 갈라져 나온다. 단공류는 오리너구리처럼 알을 낳고 젖샘은

304

있지만 젖꼭지는 없다.

- **약 1억 4,000만 년 전:** 포유류가 태반포유류(모체 안에서 태아를 기르는 동물)와 유대류, 두 계통으로 분화한다.
- **약 1억 3,000만 년 전:** 최초의 속씨식물(꽃식물)이 등장한다.
- **약 6,500만 년 전:** 백악기-팔레오세 멸종 사건 발생, 공룡이 멸종한다.
- **약 6,000만 년 전:** 영장류가 등장한다.
- **약 4,000만~5,000만 년 전:** 생리가 생겨난다.[300]
- **약 20만 년 전:** 현생 인류Homo sapiens가 등장한다.[301]
- **현재:** 내 아기가 태어난다.[302]

모든 용어 정의는 별도 표기가 없는 한 《노르웨이 대백과사전Store norske leksikon》에서 인용되었다.

- **갑각류**

  갑각류는 절지동물문의 한 아문亞門으로 바다와 민물에서 매우 우세한 동물군이다. 일부 종은 육지에서도 살아간다. 몸의 형태는 매우 다양하지만, 여러 개의 마디로 이루어져 있다는 공통점을 가진다. 새우, 공벌레 등이 갑각류에 속한다.

- **기생생물**

  기생생물이란 다른 살아 있는 생물인 숙주 위나 내부에서 살아가며 숙주를 이용해 생존하는 생물을 말한다. 기생생물은 숙주로부터 영양분을 얻어 이득을 보지만, 숙주는 그 과정에서 크고 작은 피해를 입는다.

- **단번번식**

  단번번식 종은 일생 동안 단 한 번만 번식하고 번식 후 죽는 생물 종을 말한다. 예를 들어, 대문어가 이에 해당한다.[303]

- **단위생식**

  단위생식은 수정되지 않은 암컷의 생식세포, 즉 난자로부터 새로운 개체가 발생하는 무성생식의 한 형태다.

- **등각목**

  등각목은 갑각류의 한 목으로, '해조류 게'라고도 불린다. 이 책에서 언급되는 공벌레는 등각류의 한 아목에 속한다. 등각목은 바다, 민물, 육지 어디에나 존재할 수 있다.

모체포식

자식이 자신의 어미를 먹는 현상으로, 아프리카사회성거미에서 이러한 행동이 관찰된다.[304]

반복생식

반복생식은 어떤 종이 삶의 여러 시기에 걸쳐 여러 번 번식할 수 있는 특성을 말한다. 예를 들어, 인간과 참솜깃오리가 있다.[305]

반음경

반음경은 많은 수컷 파충류가 가진 두 갈래로 된 생식기의 한 부분이다. 이 기관은 보통 교미 시기가 될 때까지 몸 안에 숨겨져 있다가 밖으로 돌출된다. 반음경은 가시나 갈고리 같은 구조를 가지고 있는 경우가 많으며, 각각 하나의 고환과 연결되어 있다.[306]

배아

인간의 경우 수정란이 자궁내막에 착상한 순간부터 임신 8주가 끝날 때까지 '배아'라고 부르며, 그 이후에는 '태아'라고 한다. 다른 동물 종에서는 문헌마다 '배아'와 '태아'라는 용어의 사용이 다를 수 있다.

배아포식

태아가 엄마의 몸에서 직접 영양을 공급받는 것이 아니라, 자궁 안에 있는 다른 수정란을 먹고 생존하는 현상이다. 일부 상어 종에서만 발견되었다.[307]

- **비늘파충류**

  비늘파충류는 파충류 중에서 가장 큰 그룹이며, 거북, 악어 그리고 브리지도마뱀(투아타라Tuatara라고도 불리며 현재 살아 있는 종은 단 하나뿐)을 제외한 모든 파충류를 포함한다. 카멜레온, 뱀, 코모도왕도마뱀 등이 비늘파충류의 예다.[308]

- **산호류**

  산호류는 해양 무척추동물의 한 강綱이다. 이들은 대체로 고착생활을 하지만 많은 종에서 유생 단계는 해파리처럼 물속을 자유롭게 떠다니며 생활한다.

- **생물**

  생명체의 총칭으로 미생물, 식물, 균류, 동물을 모두 포함한다.

- **생식(번식)**

  생식은 하나 또는 그 이상의 개체가 자손을 낳는 과정을 말하며 모든 생명체의 근본적인 특성 중 하나다.

- **생식력**

  이 책에서는 생식력을 가임성과 동의어로 사용하며 이는 개체가 자녀를 가질 수 있는 능력을 의미한다.

- **성선택**

  성선택이란 개체가 번식하는 능력에 영향을 미치는 형질을 대상으로 작용하는 모든 선택 과정을 의미한다. 이는 한 개체군 내에서 일부 개체가 다른 개체보다 더 잘 생존하고 더 많은 자손을 남기게 되는 과정을 포함한다.

- **약충**

  불완전 변태를 하는 곤충의 모든 유충 단계를 의미한다. 즉, 알에서 깨어날 때 이미 '작은 성체'와 비슷한 형태이며 나비처럼 유충에서 성충으로 변하는 번데기 단계를 거치지 않는다.

- **양막류**

  양막류는 '양막amnion'이라고 불리는 태아막을 가진 척추동물 무리를 뜻한다. 파충류, 조류, 포유류가 이에 속하며, 물고기와 양서류는 양막류가 아니다.

- **영장류**

  영장류는 포유류의 하나의 목으로, 반영장류, 안경원숭이, 진원류 그리고 인간을 포함한 유인원을 아우른다. 영장류는 매우 작은 종부터 매우 큰 종까지 다양하며, 대부분의 종은 엄지손가락과 엄지발가락을 나머지 손 발가락과 맞대어 움직일 수 있는 구조를 가지고 있다.

- **원시수프**

  원시수프는 생명이 처음 생겨났을 때 존재했던 것으로 추정되는 환경을 가리키는 말로, 수증기, 탄소, 수소, 암모니아 등이 포함된 조건을 의미한다. 이러한 환경 속에서 약 35억 년 전, 생명이 처음 나타났다고 추정된다.[309]

- **유대류**

  유대류는 포유류의 한 그룹으로 매우 이른 시기에 새끼를 낳고 이후 육아낭에서 새끼가 대부분의 발달을 완료한다.

유전자와 유전자 변이형

유전자는 생물의 특성에 대한 설계도이며 세대를 거쳐 유전된다. 한 종에 속한 모든 개체는 동일한 유전자를 가지고 있지만 각 유전자에는 다양한 '유전자 변이형(또는 대립유전자)'이 존재한다. 그럼에도 불구하고, 실제로는 일상 언어에서 유전자 변이형을 가리킬 때에도 '유전자'라는 표현이 흔히 사용되며 이 책에서도 문장의 흐름을 자연스럽게 하기 위해 여러 번 '유전자'라는 말을 사용했다.

자웅동체, 순차적 및 동시적 자웅동체

자웅동체란 암수 양쪽의 생식기관을 가진 유기체로 큰 생식세포(난자)와 작은 생식세포(정자)를 모두 생성할 수 있는 생물이다. 자웅동체는 일생 동안 생성하는 생식세포의 종류를 바꾸는 생물인 순차적 자웅동체와 동시에 난자와 정자를 모두 생성할 수 있는 생물인 동시적 자웅동체로 나뉜다.[310]

적응

생물이 특정한 환경에 적응한 상태를 뜻하며, 진화에서 가장 중요한 메커니즘인 자연선택에 의해 형성된다. 적응이라는 용어는 여러 세대에 걸쳐 생물이 자신이 살아가는 환경에 적응해가는 과정 자체를 가리킬 수도 있고, 특정 환경에 적합하도록 진화한 구체적인 형질이나 특성을 지칭할 수도 있다. 생물학에서 말하는 적응적 행동이란 자연선택의 결과로 진화한 행동을 의미하며, 개인의 번식 성공에 직접적 또는 간접적으로 기여하는 행동이다.

지연착상

지연착상은 배아의 발달이 블라스토시스트(포배) 단계, 즉 작은 세포 덩어리 상태에서 일시적으로 멈추는 번식 전략이다. 이 기능 덕분에 교미 시기와 출산 시기를 분리할 수 있으며, 각 시기를 해당 종에 최적인 시점에 맞출 수 있다. 예를 들어, 불곰은 이른 시기에 교미한 후, 가을에는 교미 상대를 찾지 않고 체지방을 축적하는 데 집중할 수 있다. 지연은 임신한 개체의 생리적 조건에 따라 발생하는 조건부와, 모든 임신에서 항상 나타나는 현상인 의무적 형태가 있다.[311]

- **진화**

  진화는 개체군이 유전적으로 변화하는 것을 의미하며 시간이 지남에 따라 새로운 유형의 생물이 나타나는 결과를 낳을 수 있다. 진화는 대부분 자연선택을 통해 발생한다. 이는 어떤 개체들이 특정 유전적 특성을 가짐으로써 더 잘 생존하고 더 많은 자손을 남기게 되는 과정이다. 이러한 유전적 특성이 그 시점, 그 환경에서 유리하게 작용하는 경우이다. 진화는 또한 유전자 이동이나 유전적 부동을 통해서도 일어날 수 있다. 진화는 의식이나 의도를 가진 힘이 아니다. 지배되지도 않고 방향도 없다.

  모든 개체의 근본적인 진화적 원동력은 번식시키고 자신의 유전자를 다음 세대로 전달하는 것이다. 번식은 진화의 통화라고 할 수 있다.[312] 만약 모든 개체 안에 생존하고 잡아먹히기보다는 잡아먹고, 번식하려는 내재된 원동력이 없었다면 우리는 존재하지 않았을 것이다.

- **척추동물**

  척추동물은 척추와 두개골을 가진 동물을 말하며 물고기, 양서류, 파충류, 조류, 포유류가 모두 포함된다.

- **총배설강**

  총배설강은 소화관, 생식관, 비뇨관이 하나의 개구부로 연결되는 척추동물에서, 직장의 가장 뒤쪽에 해당하는 부분을 말한다.

- **치골결합**

  치골결합은 두 뼈를 연결하는 연골성 결합으로, 진짜 관절이 아닌 일종의 유사 관절이다. 이 책에서는 골반뼈가 앞쪽에서 만나는 부위, 즉 하복부 아래쪽을 가리키는 데 사용된다.

- **태반포유류**

  태반포유류는 태아를 둘러싼 막 중 하나인 융모막과, 자궁내막에 부착된 고도로 발달된 태반을 가진 포유류다. 이 동물들은 한 개의 단일한, 쌍을 이루지 않은 질을 가진다. 현존하는 포유동물 중에서 유대류와 단공류(예를 들어, 오리너구리)를 제외한 모든 포유류가 태반포유류에 속한다.

- **태아**

  태아란 보호막에 둘러싸인 채로 발달 중인 어린 생물 개체를 말한다. 이 보호막은 개체가 발달하는 동안 보호하기 위해 형성되며 부모의 몸 안에서뿐 아니라 새나 양서류처럼 몸 밖의 알 안에서 발달하는 경우도 해당한다.

- **파충류**

  파충류는 척추동물의 한 강에 속한다. 뱀, 도마뱀, 거북, 악어 등이 파충류에 포함된다. 파충류 중 가장 큰 그룹은 비늘파충류로, 이에 대해서는 별도의 정의에서 다룬다.

주

1 태아와 기생충의 비교는 다음에 설명되어 있다. Bainbridge, D. (2003). *Making Babies: The Science of Pregnancy*. Harvard University Press.

2 Emera, D., Romero, R. & Wagner, G. (2012). The Evolution of Menstruation: A New Model for Genetic Assimilation. *BioEssays*, 34(1).

3 Moen, F.E. & Svensen, E. (2008). *Dyreliv i havet*, (5. utg). Kom forlag.

4 한편 바다말미잘('쇼넬리케')은 운 좋게도 유성생식과 무성생식, 두 방식 모두로 번식할 수 있다.

5 Pickrell, J. (2019, 23.10). *How the earliest mammals thrived alongside dinosaurs*. Nature news feature. https://www.nature.com/articles/d41586-019-03170-7

6 40주가 지나면 박테리아 수는 대략 2^20160 정도가 되지만, 우리 인간과 마찬가지로 공간과 영양분의 공급 때문에 그 성장은 언제나 제한을 받게 된다.

7 Havforskningsinstituttet (2020, 23.06). *Norske korallrev*. https://www.hi.no/hi/temasider/hav-og-kyst/norske-korallrev

8 Perth Cichlid society (2016, 3.08). *Fish of the Month - Ctenochromis Horei*. http://www.perthcichlid.com.au/forum/index.php?showtopic=63151

9 Zimmermann, H., Blažžek, R., Polačik, M.&Reichard, M. (2022). Individual experience as a key to success for the cuckoo catfish brood parasitism. *Nature communications*, 13(1723).

10 Emera, D., Romero, R.&Wagner, G. (2012). The evolution of menstruation: A new model for genetic assimilation. *BioEssays*, 34(1).

11 Brochmann, N. & Dahl, E.S. (2017). *Gleden med skjeden*. Aschehoug.

12 Emera, D., Romero, R.&Wagner, G. (2012). The evolution of menstruation: A new model for genetic assimilation. *BioEssays*, 34(1).

13 Cohen, M., Hawkins, M.B., Stock, D.W. & Cruz, A. (2019). Early life-history features associated with brood parasitism in the cuckoo catfish, Synodontis multipunctatus (Siluriformes: Mochokidae). *Phil. Trans. R. Soc.* B, 374.

14   Eckbo, N. (2021). *Keiserpingvin* i Store norske leksikon. https://snl.no/keiserpingvin

15   Wikipedia. (u.å.). *Emperor penguin – Courtship and breeding.* Hentet 17.04.22 fra https://en.wikipedia.org/wiki/Emperor_penguin#Courtship_and_breeding

16   Pinshow, B. & Welch, W.R. (1980). Winter breeding in Emperor Penguins: A consequence of the summer heat? *The Condor*, 82(2).

17   Krause, W.J. & Krause, W.A. (2006). *The Opossum: Its Amazing Story.* University of Missouri Columbia.

18   Byrne, M., Hart, M.W., Cerra, A.&Cisternas, A. (2003). Reproduction and Larval Morphology of Broadcasting and Viviparous Species in the Cryptasterina Species Complex. *Biol. Bull.*, 205.

19   Byrne, M. (2005). Viviparity in the Sea Star Cryptasterina hystera (Asterinidae): Conserved and Modified Features in Reproduction and Development. *Biol. Bull.*, 208.

20   University of California, Davis. (2012, 24.07) *Superfast evolution in sea stars.* ScienceDaily. www.sciencedaily.com/releases/2012/07/120724104638.htm

21   De Waal, F.B.M. (2006, 1.06). *Bonobo sex and society.* Scientific American. https://www.scientificamerican.com/article/bonobo-sex-and-society-2006-06/

22   Hamzelou, J. (2022, 10.01). *What dolphins reveal about the evolution of the clitoris.* NewScientist. https://www.newscientist.com/article/2303662-what-dolphins-reveal-about-the-evolution-of-the-clitoris/

23   Rukke, B.A. (2021, 18.03). *Veggedyr.* Folkehelseinstituttet. https://www.fhi.no/nettpub/skadedyrveilederen/veggedyr-og-andre-teger/veggedyr/

24   Elven, H. & Aarvik L. (2022, 30.03). *Tovinger Diptera.* Naturhistorisk museum, Universitetet i Oslo / Artsdatabanken. https://www.artsdatabanken.no/Pages/135156/Tovinger

25   Attenborough, D. (2005). *Life in the undergrowth.* Naturdokumentar. BBC.

26   Morrow, E.H. & Arnqvist, G. (2003). Costly traumatic insemination and a female counter-adaptation in bed bugs. *Proc. R. Soc. Lond. B*, 270.

27   Nesheim, B.-I. (2022). *Graviditet* i Store medisinske leksikon. https://sml.snl.no/graviditet

28   Nesheim, B.-I. (2022). *Eggløsning* i Store medisinske leksikon. https://sml.snl.no/eggl%C3%B8sning

29   Pietsch, T.W. (2005). Dimorphism, parasitism, and sex revisited: modes of reproduction among deep-sea ceratioid anglerfishes (Teleostei: Lophiiformes). *Ichthyological*

Research, 52.

30 물론 예외도 있다. 예를 들어, 수정되지 않은 알에서 반수체 수컷을 만들어내는 벌 같
은 경우가 그렇다. Britannica, T. Editors of Encyclopaedia. (2018, 23.01). *Chromosome
number. Encyclopedia Britannica.* https://www.britannica.com/science/chromo-
some-number

31 Britannica, T. Editors of Encyclopaedia (2022, 9.09). *Parthenogenesis. Encyclopedia Bri-
tannica.* https://www.britannica.com/science/parthenogenesis

32 Watts, P.C., Buley, K.R., Sanderson, S., Boardman, W., Ciofi, C. & Gibson, R. (2006).
Parthenogenesis in Komodo dragons. *Nature*, 444.

33 Shine, R.&Somaweera, R. (2019). Last Lizard standing: The enigmatic persistence of
the Komodo dragon. *Global Ecology and Conservation*, 18.

34 Purwandana, D., Imansyah, M.J., Ariefiandy, A., Rudiharto, H., Ciofi, C.&Jessop,
T.S. (2020). Insights into the Nesting Ecology and Annual Hatchling Production of
the Komodo Dragon. *Copeia*, 108(4).

35 Birks, S.M. (1997). Paternity in the Australian brush-turkey, Alectura lathami, a
megapode bird with uniparental male care. *Behavioral Ecology*, 8 (5). S.

36 San Diego Zoo Wildlife Alliance (u.å.). *Australian Brush Turkey.* Hentet 25.11.22 fra
https://animals.sandiegozoo.org/animals/australian-brush-turkey-0

37 Milius, S. (2000, 11.03). *Pregnant – and still Macho.* Science News Online. http://ase.
tufts.edu/biology/labs/lewis/news/articles/2000ScienceNews.pdf

38 Van Look, K., Dzyuba, B., Cliffe, A., Koldewey, H.J. & Holt, W.V. (2007). Dimor-
phic sperm and the unlikely route to fertilisation in the yellow seahorse. *J. Exp. Biol.*,
210(3).

39 Jones, A.G. (2004). Male pregnancy and the formation of seahorse species. *Biologist*,
51(4).

40 Holck, P. (2021). *Det gule legemet* i Store medisinske leksikon. https://sml.snl.no/det_
gule_legemet

41 Vestre, K. (2018). *Det første mysteriet.* Aschehoug.

42 Staff, Annetine, professor i obstetrikk og gynekologi ved Universitetet i Oslo. Pers.
komm. 05.11.22.

43 한 종 안의 모든 개체는 같은 유전자를 가지고 있지만, 그 유전자들의 서로 다른 변이형
(알렐)들을 지닌다. 그럼에도 보통은 '유전변이형'이 아니라 그냥 '유전자'라고 부르기 때
문에, 이 글에서도 문장이 더 자연스럽게 흐르도록 여러 곳에서 '유전변이형' 대신 '유전

자'라는 말을 사용했다.

44 Haig, D. (1993). Genetic conflicts in human pregnancy. *Quarterly Review of Biology*, 68(4).

45 슈뢰딩거는 양자역학 이론이 불완전하다는 것을 보이기 위해 한 가지 사고실험을 고안했다. 이야기를 다 하자면 길지만, 요지는 상자 속에 고양이가 한 마리 있고, 그 고양이가 방사성 입자 때문에 죽었을 가능성이 50%일 때, 이론상으로는 상자를 열기 전까지 고양이가 동시에 살아 있으면서 죽어 있는 상태라는 것이다. 상자를 열고 나면 둘 중 하나의 상태로만 존재하게 된다. 배 속의 작은 배아를 떠올릴 때도 비슷한 기분이 들 수 있다.

46 Hind, L.J. (2015, 9.11). *Ærfuglvokterne – naturens vaktmestere*. Forskning.no https://forskning.no/partner-naturvern-fugler/aerfuglevokterne–aturens-aktmestere/459976

47 Dybdal, S.E. (2015, 6.07). *Dyne med norsk ærfugldun er verdas beste*. Nibio nyheter. https://www.nibio.no/nyheter/dyne-med-norsk-rfugldun-er-verdas-beste

48 Öst, M. & Bäck, A. (2003). Spatial structure and parental aggression in eider broods. *Animal Behaviour*, 66(6).

49 Friebe, A., Evans, A.L., Arnemo, J.M., Blanc, S., Brunberg, S., Fleissner, G., Swensson, J.E. & Zedrosser, A. (2014). Factors Affecting Date of Implantation, Parturition, and Den Entry Estimated from Activity and Body Temperature in Free-Ranging Brown Bears. *PLOS ONE*, 9(7).

50 UW Medicine (2020, 7.02). *How some mammals pause their pregnancies*. UW Medicine Newsroom. https://newsroom.uw.edu/news/how-some-mammals-pausetheir-pregnancies

51 Teigland, S.C. (2017, 29.04). *For tynn for å bli gravid*. Klikk.no https://www.klikk.no/foreldre/gravid/for-tynn-til-a-bli-gravid-2360165

52 San Diego Zoo Wildlife Alliance (2021, 10.08). *Platypus (Ornithorhynchus anatinus) Fact Sheet: Reproduction & Development*. https://ielc.libguides.com/sdzg/factsheets/platypus/reproduction

53 Bino, G., Kingsford, R.T., Archer, M., Connolly, J.H., Day, J., Dias, K., Goldney, D., Gongora, J., Grant, T., Griffiths, J., Hawke, T., Klamt, M., Lunney, D., Mijangos, L., Munks, S., Sherwin, W., Serena, M., Temple-Smith, P., Thomas, J., Williams, G. & Whittington, C. (2019). The platypus: evolutionary history, biology, and an uncertain future. *Journal of mammalogy*, 100(2).

54 Castillo, M.A. & Kight, S.L. (2005). Response of terrestrial isopods, Armadillidium vulgare and Porcellio laevis (Isopoda: Oniscidea) to the ant Tetramorium caespitum:

Morphology, behavior and reproductive success. *Invertebrate Reproduction and Development*, 47(3).

55 Vestre, K. (2018). *Det første mysteriet*. Aschehoug.

56 Wikipedia (u.å.). *Skjellkrypdyr – kjønnsorganer og formering*. Hentet 13.09.2022 fra https://no.wikipedia.org/wiki/Skjellkrypdyr#Kj%C3%B8nnsorganer_og_formering

57 Burrage, B. (1973). Comparative ecology and behavior of Chamaeleo pumilus pumilus (Gmelin) and C.namaquensis A. Smith (Sauria: Chamaeleonidae). *Annals of the South African Museum*, 61.

58 Tyndale-Biscoe, H. & Renfree, M. (1987). *Reproductive biology of marsupials*. Cambridge University Press.

59 Joo, M. (2004). *Macropus giganteus*. Animal Diversity Web. https://animaldiversity.org/accounts/Macropus_giganteus/

60 Tyndale-Biscoe, H & Renfree, M. (1987). *Reproductive biology of marsupials*. Cambridge University Press.

61 Fenelon, J.C., Banerjee A. & Murphy, B.D. (2014). Embryonic diapause: development on hold. *Int.J. Dev. Biol.* 58.

62 Flaxman, S.M. & Sherman, P.W. (2000). Morning sickness: a mechanism for protecting mother and embryo. *The quarterly review of biology*, 75(2).

63 Flaxman, S.M. & Sherman, P.W. (2000). Morning sickness: a mechanism for protecting mother and embryo. *The quarterly review of biology*, 75(2).

64 Pepper, G.V. & Roberts, S.C. (2006). Rates of nausea and vomiting in pregnancy and dietary characteristics across populations. *Proc Biol Sci*. 273(1601).

65 Flaxman, S.M. & Sherman, P.W. (2008). Morning Sickness: Adaptive Cause or Nonadaptive Consequence of Embryo Viability? *The American Naturalist*, 172(1).

66 Gadsby, R., Ivanova, D., Trevelyan, E., Hutton, J.L. & Johnson S. (2020). Nausea and vomiting in pregnancy is not just 'orning sickness' data from a prospective cohort study in the UK. *Br J Gen Pract*, 70(697).

67 알을 낳은 뒤 부화할 때까지의 시간은 약 40일 정도다. Bilde, Trine, professor i biologi ved Aarhus universitet. Pers. komm. 25.08.22.

68 Junghanns, A., Holm, C., Schou, M.F., Sørensen, A.B., Uhl, G. & Bilde, T. (2017). Extreme allomaternal care and unequal task participation by unmated females in a cooperatively breeding spider. *Animal Behaviour* 132.

69 Stenseth, N.C. (2021). *Slektskapsseleksjon* i Store norske leksikon. https://snl.no/slekts-

kapsseleksjon

70 Høiland, K. (2018). *Snylteklubbe* i Store norske leksikon. https://snl.no/snylteklubbe

71 Trevathan, W.R. & Rosenberg, K.R. (2020). Evolutionary Medicine and Women' Reproductive Health i Schulkin, J. & Power, M.L., *Integrating Evolutionary Biology into Medical Education—or maternal and child healthcare students, clinicians, and scientists.* Oxford University Press.

72 자연선택은 진화의 가장 중요한 메커니즘이지만, 진화는 유전자 이동이나 유전적 부동에 의해서도 일어날 수 있다. 다음을 참고하라. Store norske leksikon, https://snl.no/. tema/Evolusjon

73 Laidlaw, S. (2020). *Giant Pacific Octopus* i Biology Dictionary. https://biologydictionary.net/giant-pacific-octopus/

74 Wood, J.B (u.å.). *Enteroctopus dofleini, The Giant Pacific Octopus* i The Cephalopod Page. Hentet 30.11.22 fra http://www.thecephalopodpage.org/Edofleini.php

75 Blaas, H-G. K. (2017). Embryoets og fosterets utvikling i Brunstad, A. & Tegnander, E., *Jordmorboka –ansvar, funksjon og arbeidsområde.* Cappelen Damm Akademisk.

76 Grunstra, N.D.S., Zachos, F.E., Herdina, A.N., Fischer, B., Pavli ˘ cev,M. & Mitteroecker, P. (2019). Humans as inverted bats: A comparative approach to the obstetric conundrum. *American Journal of Human Biology* 31:e23227.

77 Wikipedia. (u.å.). *Emperor penguin –Courtship and breeding.* Hentet 17.04.2022 fra https://en.wikipedia.org/wiki/Emperor_penguin#Courtship_and_breeding

78 Folch, A. (1992). Family Apterygidae (Kiwis) i del Hoyo, J., Elliot, A. & Sargatal, J. (Red.), *Handbook of the birds of the World*, (Vol. 1). Lynx Edicions.

79 Save the Kiwi (u.å.) *Producing an egg.* Hentet 11.05.22 fra https://www.savethekiwi.nz/about-kiwi/kiwi-facts/kiwi-life-cycle/

80 Abourachid, A., Castro, I. & Provini, P. (2019). How to walk carrying a huge egg? Trade-offs between locomotion and reproduction explain the special pelvis and leg anatomy in kiwi (Aves; Apteryx spp.) *Journal of Anatomy*, 235.

81 Folch, A. (1992). Family Apterygidae (Kiwis) i del Hoyo, J., Elliot, A. & Sargatal, J. (Red.), *Handbook of the birds of the World*, (Vol. 1). Lynx Edicions.

82 Dean, S. (2015). *Why is the Kiwi' Egg So Big?* Audobon. https://www.audubon.org/news/why-kiwis-egg-so-big

83 임신 기간은 대략 70일 또는 그 이상이며, 특히 온도를 비롯한 다양한 환경 요인에 따라 크게 달라진다. Se Greven, H., Flossdorf, D., Köthe, J., List, F. & Zwanzig, N. (2014).

Running Speed and Food Intake of the Matrotrophic Viviparous Cockroach Diplop-tera punctata (Blattodea: Blaberidae) during Gestation. *Entomologie Heute*, 26.

84 사실 꼭 그렇지 않을 수도 있다. 남다윈개구리는 개체 수가 줄어드는, 심각한 멸종 위기 종이기 때문이다.

85 Wikipedia (u.å.). *Darwin' frog*. Hentet 5.09.22 fra https://en.wikipedia.org/wiki/Dar-win'_frog

86 Goicoechea, O., Garrido, O. & Jorquera, B. (1986). Evidence for a Trophic Pater-nal-Larval Relationship in the Frog Rhinoderma darwinii. *Journal of Herpetology*, 20(2).

87 Wikipedia (u.å.) *Wandering albatross*. Hentet 6.09.22 fra https://en.wikipedia.org/wiki/Wandering_albatross

88 Nanda, S. (2000). *Gender Diversity. Crosscultural Variatons*. Waveland Press.

89 짝짓기형(mating type)은 자기 자신과 교배하지 않도록 하는 하나의 전략으로, 성(性)에 해당하지만 완전히 같다고 보기는 어렵다. 다만 이 개념은, 생식세포를 크기만 다른 두 종류로 나누는 방식 말고도 짝짓기를 조직하는 여러 방법이 존재할 수 있음을 보여 준다.

90 우리는 세포핵이 있는 진핵생물과 세포핵이 없는 원핵생물을 구분한다. 원핵생물에는 세균과 고세균이 속하고, 식물·곰팡이·동물의 세 계는 모두 진핵생물이다.

91 Otto, S. (2008). Sexual Reproduction and the Evolution of Sex. *Nature Education* 1(1).

92 Johnson, J.D., White, N.L., Kangabire, A. & Abrams, D.M. (2021). A dynamical model for the origin of anisogamy. *Journal of Theoretical Biology*, 521.

93 Fuentes, A. (2022). *Race, monogamy, and other lies they told you. Busting myths about human nature*, (2. Ed). University of California press.

94 여러 마리와 교미하는 것이 암컷이나 수컷 모두에게 항상 좋은 전략인 것은 아니다. 그렇게 하면 자손에 대한 투자와 생존율이 떨어질 수도 있기 때문이다. 어떤 전략이 유리한지는 종마다 다르다.

95 Bagemihl, B. (2000). *Biological Exuberance: Animal Homosexuality and Natural Diversity*. Stonewall Inn Editions.

96 Se Cooke, L. (2022). *Bitch: A revolutionary guide to sex, evolution & the female animal*. Transworld Publishers, for en beskrivelse av hvordan Gowaty og andre vitenskap-skvinner som Jeanne Altmann, Mary Jane West-Eberhard og Sarah Blaffer Hrdy har avkreftet eksisterende forestillinger om kjønn og evolusjon.

97 Fine, C. (2017). *Testosterone Rex*. Icon Books.

98 Kokko, H. & Jennions, M.D. (2008). Parental investment, sexual selection and sex ratios. *Journal of Evolutionary Biology*, 21.

99 Liker, A., Freckleton, R.P., Remes, V.&Székely, T. (2015). Sex differences in parental care: Gametic investment, sexual selection, and social environment. *Evolution* 69(11).

100 Kokko, H. & Jennions, M.D. (2008). Parental investment, sexual selection and sex ratios. *Journal of Evolutionary Biology*, 21.

101 Auld, S.K.J.R, Tinkler, S.K.&Tinsley, M.C. (2016). Sex as a strategy against rapidly evolving parasites. *Proc. R. Soc B*, 283(1845).

102 존 메이나드 스미스는 암컷이 후손을 절반밖에 남기지 못한다는 점에서 '성性이 가져오는 커다란 비용'을 지적한 바 있다. 이것은 여전히 생물학의 미스터리로 남아 있다.

103 Zhang, Y.-N., Zhu, X.-Y., Wang, W.-P., Wang, Y., Wang, L, Xu, X.-X., Zhang, K. & Deng, D.G. (2016). Reproductive switching analysis of Daphnia similoides between sexual female and parthenogenetic female by transcriptome comparison. *Sci Rep*, 6.

104 Auld, S.K.J.R, Tinkler, S.K.&Tinsley, M.C. (2016). Sex as a strategy against rapidly evolving parasites. *Proc. R. Soc B*, 283(1845).

105 Barton, N.H. & Charlesworth, B. (1998). Why Sex and Recombinations? *Science*, 281(5385).

106 Casas, L., Saborido-Rey, F., Ryu, T., Michell, C., Ravasi, T. & Irigoien, X. (2016). Sex Change in Clownfish: Molecular Insights from Transcriptome Analysis. *Scientific Reports*, 6.

107 Schärer, L. & Ramm, S.A. (2016). Hermaphrodites i Kliman, R. (Red.), *Encyclopedia of Evolutionary Biology*, Vol. 2. Elsevier.

108 Kokko, H. & Jennions, M.D. (2008). Parental investment, sexual selection and sex ratios. *Journal of Evolutionary Biology*, 21.

109 Stenseth, N.C. & Voje, K. (2022). *Seksuell seleksjon* i Store norske leksikon. https://snl.no/seksuell_seleksjon

110 Kokko, H. & Jennions, M.D. (2008). Parental investment, sexual selection and sex ratios. *Journal of Evolutionary Biology*, 21.

111 Cooke, L. (2022). *Bitch. A revolutionary guide to sex, evolution & the female animal*. Transworld Publishers.

112 Blackless, M., Charuvastra, A., Derryck, A., Fausto-Sterling, A., Lauzanne, K., & Lee, E. (2000). How sexually dimorphic are we? Review and synthesis. *American Journal of Human Biology*, 12(2).

113 Sørlie, A. (u.å.) *Hva er kjønnsinkongruens?* Hentet 20.09.22 fra https://kjonnsinkongruens.no/kjonnsinkongruens/

114 Hogenboom, M. (2021). *The gender biases that shape our brains*. BBC Future. https://www.bbc.com/future/article/20210524-the-gender-biases-that-shape-ourbrains

115 Yong, E. (2013). *The Alligator Has a Permanently Erect, Bungee Penis*. National Geographic. https://www.nationalgeographic.com/science/article/the-alligatorhas-a-permanently-erect-bungee-penis

116 Brennan, P.L.R. & Orbach, D.N. (2020). Copulatory behavior and its relationship to genital morphology. *Advances in the Study of Behavior*, 52.

117 Se kilder referert i Tavalieri, Y.E., Galoppo, G.H., Canesini, G., Truter, J.C., Ramos, J.G., Luque, E.H. & Muñoz-de-Toro, M. (2019). The external genitalia in juvenile Caiman latirostris differ in hormone sex determinate-female from temperature sex eterminate-female. *General and Comparative Endocrinology*, 273.

118 Kofron, C.P. (1989). Nesting ecology of the Nile crocodile (Crocodylus niloticus). *African Journal of Ecology*, 27.

119 Combrink, X., Warner, J.K. & Downs, C.T. (2017). Nest-site selection, nesting behaviour and spatial ecology of female Nile crocodiles (Crocodylus niloticus) in South Africa. *Behavioural processes*, 135.

120 온도에 따라 달라지지만, 알이 부화하는 데에는 84~90일, 즉 12~14주가 걸린다. Se Combrink et al. (2017), referert over her.

121 Combrink, X., Warner, J.K. & Downs, C.T. (2016). Nest predation and maternal care in the Nile crocodile (Crocodylusniloticus) at Lake St Lucia, South Africa. *Behavioural processes*, 133.

122 Lang, J. W. & Andrews, H.V. (1994). Temperature-dependent sex determination in crocodilians. *Journal of Experimental Zoology*, 270(1).

123 Shine, R. (1999). Why is sex determined by nest temperature in so many reptiles? Review. *Trends in Ecology and Evolution*, 14(5).

124 Spencer, R.-J. & Janzen, F.J. (2014). A novel hypothesis for the adaptive maintenance of environmental sex determination in a turtle. *Proc. Biol. Sci*, 281(1789).

125 Jarvis, J.U.M & Bennett, N.C. (1991). The Ecology and Behavior of the Family Bathyergidae i Sherman, P.W., Jarvis, J.U.M.,&Alexander, R.D, *The Biology of the Naked Mole-Rat*. Princeton University Press.

126 Bennet, N.C.&Jarvis, J.U.M. (2004). Cryptomys damarensis. *Mammalian species*, 756.

127 Haugaasen, J.M.T., Haugaasen, T., Peres, C.A. Gribel, R. &Wegge, P. (2010). Seed dispersal of the Brazil nut tree (Bertholletia excelsa) by scatter-hoarding rodents in a central Amazonian forest. *Journal of Tropical Ecology*, 26.

128　Juni, E. (2011). *Myoprocta pratti*. Animal Diversity Web. https://animaldiversity.org/accounts/Myoprocta_pratti/

129　Holck, P. (2022). *Skjedekrans* i Store norske leksikon. https://sml.snl.no/skjedekrans

130　Freeman, A.R. (2021). Female-Female Reproductive Suppression: Impacts on Signals and Behavior. *Integrative and Comparative Biology*, 61(5).

131　Swift, J. (2021). *Looking for love, finding TNT*. https://as.cornell.edu/news/looking-love-finding-tnt

132　Juni, E. (2011). *Myoprocta pratti*. Animal Diversity Web. https://animaldiversity.org/accounts/Myoprocta_pratti/

133　유라시아뒤지는 실제로 15주 동안 임신해 있는 것이 아니라, 대략 3주 조금 넘는 기간 동안만 임신해 있다. 다만 여름 내내 계속해서 먹이를 먹고 연달아 번식한다.

134　Frafjord, K. (2022). *Spissmus* i Store norske leksikon. https://snl.no/spissmus

135　Rossell, F. & Pedersen, K.V. (1999). *Bever*. Landbruksforlaget.

136　Kruuk, H. (1972). *The spotted hyena. A study of Predation and Social Behavior*. The University of Chicago Press.

137　Bondar, C. (2016, 26.08). *For Some Species, the Girls Come with Boy Bits*. PBS Nature. https://www.pbs.org/wnet/nature/blog/girls-boy-bits-pseudopenis-hyena-elephant/

138　Wilke, C. (2020, 25.08). *Female hyenas kill off cubs in their own clans*. Science News. https://www.sciencenews.org/article/female-hyena-moms-kill-cubs-ownclans

139　Frank, L.G. & Glickman, S.E. (1994). Giving birth through a penile clitoris: parturition and dystocia in the spotted hyena (Crocuta crocuta) *J. Zool. Lond.*, 234.

140　Glickman, S.E., Cunha, G.R., Drea, C.M., Conley, A.J.&Place, N.J. (2006). Mammalian sexual differentiation: lessons from the spotted hyena. *Trends in Endocrinology and Metabolism*, 17(9).

141　Frank, L.G. & Glickman, S.E. (1994). Giving birth through a penile clitoris: parturition and dystocia in the spotted hyena (Crocuta crocuta) *J. Zool. Lond.*, 234.

142　Wilke, C. (2020, 25.08). *Female hyenas kill off cubs in their own clans*. Science News. https://www.sciencenews.org/article/female-hyena-moms-kill-cubs-ownclans

143　Cunha, G.R., Risbridger, G., Wang, H., Place, N.J., Grumbach, M., Cunha, T.J., Weldele, M., Conley, A.J., Barcellos, D., Agarwal, S., Bhargava, A., Drea, C., Hammond, G.L., Siiteri, P., Coscia, E.M., McPhaul, M.J., Baskin, L.S. &Glickman, S.E. (2014). Development of the external genitalia: Perspectives from the spotted hyena

(Crocuta crocuta). *Differentiation*, 87.

144 Se Gross, R.E. (2022). *Vagina Obscura: an anatomical voyage*. W.W. Norton & Company for menneskets klitoris, Cooke, L. (2022). *Bitch. A revolutionary guide to sex, evolution & the female animal*. Transworld Publishers for klitoris-forskning generelt, og Folwell, M., Sanders, K. & Crowe-Riddell, J. (2022). The Squamate Clitoris:A Review and Directions for Future Research. *Integrative and Comparative Biology*, 62(3) for skjellkrypdyrs klitoris.

145 Tronstad, T.T. (2021) Stillhetens klitoris. *Samtiden*, 3.

146 Gross, R. E. (2022). *Vagina Obscura: an anatomical voyage*. W.W. Norton&Company.

147 Putka, S. (2022, 04.11). *8000 Nerve Endings? Actually, the Clitoris Has More*. MedPage Today. https://www.medpagetoday.com/meetingcoverage/smsna/101464 (Studien ble ledet av Blair Peters, Assistant Professor of Surgery ved Oregon Health & Science University, som spesialiserer seg på kjønnsbekreftende kirurgi på transmasculine personer).

148 Jowitt, M. (2018). The Clitoris in Labor. *Midwifery Today*, 127.

149 Ortega, J.&Alarcón-D., I. (2008). Anoura geoffroyi (Chiroptera: Phyllostomidae). *Mammalian Species*, 818.

150 Grunstra, N.D.S., Zachos, F.E., Herdina, A.N., Fischer, B., Pavliˇcev,M. & Mitteroecker, P. (2019). Humans as inverted bats: A comparative approach to the obstetric conundrum. *American Journal of Human Biology* 31:e23227

151 Grunstra, N.D.S., Zachos, F.E., Herdina, A.N., Fischer, B., Pavliˇcev,M. & Mitteroecker, P. (2019). Humans as inverted bats: A comparative approach to the obstetric conundrum. *American Journal of Human Biology* 31:e23227

152 Grunstra, N.D.S., Zachos, F.E., Herdina, A.N., Fischer, B., Pavliˇcev,M. & Mitteroecker, P. (2019). Humans as inverted bats: A comparative approach to the obstetric conundrum. *American Journal of Human Biology* 31:e23227

153 Quinlan, K.C. (2021). *San Martin Titi*. New England Primate Conservancy. https://neprimateconservancy.org/san-martin-titi/

154 Denne fødselen er basert på en observasjon i naturen av en San Martin titi-fødsel av Dr. Anneke M. DeLuycker og feltassistent Rosse Mary Vásquez Ríos, referert I DeLuycker, A.M. (2014). Observations of a daytime birthing event in wild titi monkeys (*Callicebus oenanthe*): implications of the male parental role. Primates, 55. En enkelt fødsel representerer ikke nødvendigvis en standard fødsel hos en art, og både fødselslengde, tidspunkt for når hannen gir omsorg til den nyfødte og andre hendelser kan variere sterkt.

155 DeLuycker, A.M. (2014). Observations of a daytime birthing event in wild titi monkeys (*Callicebus oenanthe*): implications of the male parental role. *Primates*, 55.

156 Hrdy, S.B. (2011). Mothers and Others. *The evolutionary origins of mutual understanding*. The Belknap Press.

157 개구리와 두꺼비는 꼬리가 없는 양서류목目을 이루는 두 과料다.

158 Det er rapportert inkubasjonstid varierende mellom 11 og 21 uker hos surinampadden, sannsynligvis avhengig av temperatur. Se Zippel, K.C. (2006). Further observations of oviposition in the surinam toad (Pipa pipa), with comments on biology, misconceptions, and husbandry. *Herpetological Review*, 37.

159 Fernandes T.L., Antoniazzi, M.M., Sasso-Cerri, E., Egami, M.I., Lima, C., Rodrigues, M.T. & Jared, C. (2011). Carrying Progeny on the Back: Reproduction in the Brazilian Aquatic Frog Pipa carvalhoi. *South American Journal of Herpetology*, 6(3).

160 Zippel, K.C. (2006). Further observations of oviposition in the surinam toad (Pipa pipa), with comments on biology, misconceptions, and husbandry. *Herpetological Review*, 37.

161 Zippel, K.C. (2006). Further observations of oviposition in the surinam toad (Pipa pipa), with comments on biology, misconceptions, and husbandry. *Herpetological Review*, 37.

162 Burrage, B. (1973). Comparative ecology and behavior of Chamaeleo pumilus pumilus (Gmelin) and C. namaquensis A. Smith (Sauria: Chamaeleonidae). *Annals of the South African Museum*. 61.

163 Buer, H. (2011). *Villsauboka*. Selja forlag.

164 Wikipedia (u.å.). *Oestrus ovis*. Hentet 1.12.22 fra https://en.wikipedia.org/wiki/Oestrus_ovis

165 Bainbridge, D. (2001). *Making babies. The science of pregnancy*. Harvard University Press.

166 Nesheim, B.-I. (2022). *Morkaken* i Store norske leksikon. https://sml.snl.no/morkaken

167 Wang, Z.Y.&Ragsdale, C.W. (2018). Multiple optic gland signaling pathways implicated in octopus maternal behaviors and death. *J. Exp. Biol.*, 221(19).

168 Young, T.P. (2010). Semelparity and Iteroparity. *Nature Education Knowledge*, 3(10).

169 Yong, E. (2013). *Why A Little Mammal Has So Much Sex That It Disintegrates*. National Geographic. https://www.nationalgeographic.com/science/article/why-alittle-mammal-has-so-much-sex-that-it-disintegrates

170 Se Kindsvater et al. (2016), referert i Wang, Z.Y. & Ragsdale, C.W. (2018). Multiple optic gland signaling pathways implicated in octopus maternal behaviors and death. *J. Exp. Biol.*, 221(19).

171 Se Wodinsky, J. (1977), referert i Wang, Z.Y. & Ragsdale, C.W. (2018). Multiple optic gland signaling pathways implicated in octopus maternal behaviors and death. *J. Exp. Biol.*, 221(19).

172 Wang, Z. (2018). *Molecular Neuroendocrinology of Maternal Behaviors and Death in the California Two-Spot Octopus, Octopus bimaculoides* Doktorgradsavhandling. The University of Chicago.

173 Benirsche, K. (2007). *Thomson' Gazelle* i Comparative Placentation. http://placentation.ucsd.edu/thom.htm

174 Costelloe, B.R. & Rubenstein, D.I. (2015). Coping with transition: offspring risk and maternal behavioural changes at the end of the hiding phase. *Animal Behaviour*, 109.

175 아, 그때 나는 정말 순진했다!

176 Purser, A., Hehemann, L., Boehringer, L., Tippenhauer, S., Wege, M., Bornemann, H., Pineda-Metz, S.E.A., Flintrop, C.M., Koch, F., Hellmer, H.H., Burkhardt-Holm, P., Janout, M., Werner, E., Glemser, B., Balaguer, J., Rogge, A., Holtappels, M. & Wenzhoefer, F. (2022). A vast icefish breeding colony discovered in the Antarctic. *Current Biology*, 32.

177 Riginella, E., Pineda-Metz, S.E.A., Gerdes, D., Koschnick, N., Bömer, A., Biebow, H., Papetti, C., Mazzoldi, C.&La Mesa, M. (2021). Parental care and demography of a spawning population of the channichthyid Neopagetopsis ionah, Nybelin 1947 from the Weddell Sea. *Polar Biology*, 44.

178 National Geographic (2022). *Ocean.* Resource library. https://education.nationalgeographic.org/resource/ocean

179 Kock, K., & Kellermann, A. (1991). Reproduction in Antarctic notothenioid fish. *Antarctic Science*, 3(2).

180 Horner, J.R. & Currie, P.J. (1994) Embryonic and neonatal morphology and ontogeny of a new species of *Hypacrosaurus* (Ornithischia, Lambeosauridae) from Montana and Alberta i Carpenter, K., Hirsch, K.F.&Horner, J.R. (Red.), *Dinosaur Eggs and Babies.* Cambridge University Press.

181 Erickson, G.M., Zelenitsky, D.K., Kay, D.I. & Norell, M.A. (2017) Dinosaur incubation periods directly determined from growth-line counts in embryonic teeth show reptilian-grade development. *PNAS*, 114(3).

182 Tanaka, K., Zelenitsky, D., Therrien, F. &Kobayashi, Y. (2018). Nest substrate reflects incubation style in extant archosaurs with implications for dinosaur nesting habits. *Scientific Reports*, 8:3170.

183 Erickson, G.M., Zelenitsky, D.K., Kay, D.I. & Norell, M.A. (2017). Dinosaur incubation periods directly determined from growth-line counts in embryonic teeth show reptilian-grade development. *PNAS*, 114(3).

184 Horner, J.R. & Currie, P.J. (1994) Embryonic and neonatal morphology and ontogeny of a new species of *Hypacrosaurus* (Ornithischia, Lambeosauridae) from Montana and Alberta i Carpenter, K., Hirsch, K.F.&Horner, J.R. (Red.), *Dinosaur Eggs and Babies*. Cambridge University Press.

185 Cooper, L.N., Lee, A.H., Taper, M.L. & Horner, J.R. (2008). Relative growth rates of predator and prey dinosaurs reflect effects of predation. *Proc. Biol. Sci.*, 275(1651).

186 Dawson, J. (2014). *Egg Mountain, the Two Medicine, and the Caring Mother Dinosaur*. National Park Service. https://www.nps.gov/articles/mesozoic-egg-mountaindawson-2014.htm

187 Horner, J.R. & Makela, R. (1979). Nest of juveniles provides evidence of family structure among dinosaurs. *Nature*, 282(5736).

188 Black, R. (2020, 24.07). *How Dinosaurs Raised Their Young*. Smithsonian Magazine. https://www.smithsonianmag.com/science-nature/dinosaurs-parents-new-eggdiscovery-180975361/

189 Symeou, A. (u.å.). *8 Facts You (probably) Didn' Know About Sloths'anatomy*. The Sloth Conservation Foundation. Hentet 28.11.22 fra https://slothconservation.org/8-facts-about-sloths-skeleton-anatomy/

190 Gilmore, D.P., Da-Costa, C.P. & Duarte, D.P.F. (2000). An update on the physiology of two- and three-toed sloths. *Brazilian Journal of Medical and Biological Research*, 33.

191 Taube, E., Keravec, J., Vié, J.-C. & Duplantier, J.-M. (2001). Reproductive biology and postnatal development in sloths, Bradypus and Choloepus: review with original data from the field (French Guiana) and from captivity. *Mammal Review*, 31.

192 몇몇 종의 두발나무늘보는 매달린 채로도, 땅 위에서도 새끼를 낳는 것으로 보고되었지만, 갈색목세발가락나무늘보(브라운스루티드 슬로스)는 나무에 매달린 채로만 출산한다.

193 Sverdrup-Thygeson, A. (2020). *Dovendyret og sommerfuglen*. Ena forlag.

194 Pauli, J.N., Mendoza, J.E., Steffan, S.A., Carey, C.C., Weimer, P.J. & Peery, M.Z. (2014). A syndrome of mutualism reinforces the lifestyle of a sloth. *Proc. R. Soc. B.*, 218(1778).

195 살트스트로이멘 지역의 대구('스테인비트')는 알 덩어리를 약 7개월 동안 지키는 것으로 보고된 바 있는데, 다른 자료들에서는 같은 종의 알 부화 기간이 지역에 따라 6개월에서 10개월까지 다양하다고 한다.

196 Hrdy, S.B. (2011). Mothers and Others. *The evolutionary origins of mutual understanding*. The Belknap Press.

197 Hrdy, S.B. (1986). Empathy, Polyandry, and the Myth of the Coy Female i Bleier, R. (Red.) *Feminist Approaches to Science*. Pergamon Press.

198 Hrdy, S.B. (2011). *Mothers and Others. The evolutionary origins of mutual understanding*. The Belknap Press.

199 Caro, S.M., Griffin, A.S., Hinde, C.A. &West, S.A. (2016). Unpredictable environments lead to the evolution of parental neglect in birds. *Nature Communications*, 7:10985.

200 U.S. Fish and Wildlife Service Pacific Islands. 8.12.2022. *Dropping Some Wisdom On You!* Facebook. https://www.facebook.com/PacificIslandsFWS

201 Lahdenperä, M., Mar, K.U. & Lummaa, V. (2016). Nearby grandmother enhances calf survival and reproduction in Asian elephants. *Scientific Reports*, 6:27213.

202 Stansfield, F.J., Nöthling, J.O. & Allen, W.R. (2013). The progression of small-follicle reserves in the ovaries of wild African elephants (Loxodonta africana) from puberty to reproductive senescence. *Reprod. Fertil Dev.*, 25(8).

203 Uematsu, K., Kutsukake, M., Fukatsu, T., Shimada, M.&Shibao, H. (2010). Altruistic Colony Defense by Menopausal Female Insects. *Current Biology*, 20.

204 FN-sambandet (2020). *Barnedødelighet*. https://www.fn.no/Statistikk/barnedoedelighet

205 Blell, M. (2018). Grandmother Hypothesis, Grandmother Effect, and Residence Patterns i Callan, H. (Red.), *The International Encyclopedia of Antrophology*. John Wiley & Sons.

206 Hawkes, K., O'onnell, J.F., Blurton Jones, N.G., Alvarez, H. & Charnov, E.L. (1998). Grandmothering, menopause, and the evolution of human life histories. PNAS, 95(3). S.1336–339. Jeg har også brukt Saini, A. (2017). *Inferior: How Science Got Women Wrong – and the New Research That' Rewriting the Story*. Beacon Press og Cooke, L. (2022). *Bitch: A revolutionary guide to sex, evolution & the female animal*. Transworld Publishers,

som bakgrunnskilder i dette kapittelet.

207 Se Saini, A. (2017). *Inferior: How Science Got Women Wrong – and the New Research That' Rewriting the Story*. Beacon Press, for en oppsummering.

208 Croft, D.P., Brent, L.J.N., Franks, D.W. & Cant, M.A. (2015). The evolution of prolonged life after reproduction. *Trends in Ecology and Evolution*, 30(7).

209 이 지역의 범고래(오카)들은 여러 생태형으로 나뉜다. 연안을 따라 큰 무리를 이루며 살고 물고기를 먹는 집단을 '레지던트residents'라고 부르고, 더 먼 바다에서 두세 마리에서 여섯 마리 정도의 작은 무리를 이루며 살고 물개 등 다른 포유류를 먹는 집단을 '트랜지언트transients'라고 부른다. 이보다 더 먼 심해에 사는 생태형도 있는데, 연구하기가 훨씬 더 어렵다. 각 생태형은 서로 다른 소리로 의사소통하고, 사냥 방식도 다르며, 서로 섞이지 않는다. 이 책에서 '범고래'라고 할 때는 미국과 캐나다 서해안에 사는 레지던트 개체군을 대상으로 한 연구 결과를 바탕으로 하고 있다.

210 Natrass, S., Croft, D.P., Ellis, S., Cant, M.A.,Weiss. M.N.,Wright, B.M., Stredulinsky, E., Doniol-Valcroze, T., Ford, J.B.K., Balcomb, K.C. & Franks, D.W. (2019). Postreproductive killer whale grandmothers improve the survival of their grandoffspring. *PNAS*,116(52).

211 Croft, D.P., Johnstone, R.A., Ellis, S., Nattrass, S., Franks, D.W., Brent, L.J.N., Mazzi, S., Balcomb, K.C., Ford, J.K.B. & Cant, M.A. (2017). Reproductive Conflict and the Evolution of Menopause in Killer Whales. *Current Biology*, 27.

212 Johnstone, R.A. & Cant, M.A. (2010). The evolution of menopause in cetaceans and humans: the role of demography. *Proc. R. Soc B*, 277.

213 Lin, C.-H., Takahashi, S., Mulla, A.J.&Nozawa, Y. (2021). Moonrise timing is key for synchronized spawning in coral Dipsastraea speciosa. *PNAS*, 118(34).

214 Anderson, M.V, & Rutherford, M.D. (2013). Evidence of a nesting psychology during human pregnancy. *Evolution and Human Behavior*, 34.

215 Eurostat (2019). *Participation time per day in household and family care, by gender*. https://ec.europa.eu/eurostat/statistics-explained/index.php?title=File:Parti-cipation_time_per_day_in_household_and_family_care,_by_gender,_(hh_mm;_2008_to_2015).png

216 Shavisi, A. (2020). Nesting behaviours during pregnancy: Biological instinct, or another way of gendering housework? *Women' Studies International Forum*, 78:102329.

217 Se Fuentes, A. (2022). *Race, Monogamy and Other Lies They Told You*. University of California Press, for en god gjennomgang av de vanligste mytene om menneskets natur.

218 Tveter, N. (2016, 14.12). *Den magiske reinsdyrnesen*. Gemini.no. https://gemini.

no/2016/12/den-magiske-reinsdyrnesen/

219 Holand, Ø. & Punsvik, T. (2016) Villreinen –en suksessfull art i Punsvik, T. og Frøstrup J.C. (Red.), *Fjellviddas nomade – Villreinen*. Friluftsforlaget.

220 Strand, O. & Hansen, F.K. (2015). *Midt i flokken*. Kom forlag.

221 Åsbakk, K.& Nilssen, A.C. (2014). Reinens hudbrems og svelgbrems: biologi, betydning og om bekjempelsestiltak. *Norsk veterinærtidsskrift*, 2.

222 Fischer, B., Grunstra, N.D.S., Zaffarini, E. & Mitteroecker, P. (2021). Sex differences in the pelvis did not evolve de novo in modern humans. *Nature Ecology & Evolution*, 5.

223 Grunstra, N.D.S., Zachos, F.E., Herdina, A.N., Fischer, B., Pavliˇcev, M. & Mitteroecker, P. (2019). Humans as inverted bats: A comparative approach to the obstetric conundrum. *American Journal of Human Biology* 31:e23227.

224 Mitteroecker, P.&Fischer, B. (IN PRESS). Evolution of the human birth canal. *American Journal of Obstetrics & Gynecology*.

225 Grunstra, N.D.S., Zachos, F.E., Herdina, A.N., Fischer, B., Pavliˇcev, M. & Mitteroecker, P. (2019). Humans as inverted bats: A comparative approach to the obstetric conundrum. *American Journal of Human Biology* 31:e23227.

226 여기서 말하는 것은 양막을 가진 동물들(양막류)의 여성 조상들, 즉 알을 둘러싼 막을 가진 동물들의 선조를 뜻한다.

227 Fischer, B., Grunstra, N.D.S., Zaffarini, E. & Mitteroecker, P. (2021). Sex differences in the pelvis did not evolve de novo in modern humans. *Nature Ecology & Evolution*, 5.

228 Voje, K.L. (2022). *Livets evolusjonshistorie* i Store norske leksikon. https://snl.no/livets_evolusjonshistorie

229 Frontiers in Ecology and Evolution (u.å.). *Origin and Early Evolution of Amniotes*. Research Topic. Hentet 15.09.22 fra https://www.frontiersin.org/research-topics/14947/origin-and-early-evolution-of-amniotes

230 Eltringham, S.K. (1999). *The Hippos*. Academic Press.

231 Mason, K. (2013). *Hippopotamus amphibius*. Animal Diversity Web. https://animaldiversity.org/accounts/Hippopotamus_amphibius/

232 Eltringham, S.K. (1999). *The Hippos*. Academic Press.

233 Lewinson, R. (1998). Infanticide in the hippopotamus: evidence for polygynous ungulates. *Ethology Ecology & Evolution*, 10.

234 자료에 따라 부화 기간이 제각각으로, 7개월에서 9개월까지로 보고된다. 다른 파충류와 마찬가지로, 부화 기간은 온도와 다른 환경 요인에 따라 달라진다.

235 Komodo Survival Program (u.å.). *Life History*. Hentet 05.07.22 fra ttps://komododrag-
on.org/life-history/

236 Ivan ˘ ci ´ c, M., Gomez, F.M., Musser, W.B., Barratclough, A., Meegan, J.M., Waitt,
S.M., Llerenas, A.C., Jensen, E.D.&Smith, C.R. (2020). Ultrasonographic findings
associated with normal pregnancy and fetal well-being in the bottlenose dolphin (Tur-
siops truncatus). *Vet Radiol Ultrasound.*, 61(2). S. 215–226.

237 Chose, T. (2013, 22.07). *Hey Flipper! Dolphins Use Names to Reunite.* LiveScience.
https://www.livescience.com/38343-dolphin-whistles-act-like-names.html

238 Ames, A.E., Macgregor, R.P., Wielandt, S.J., Cameron, D.M., Kuczaj II, S.A. & Hill,
H.M. (2019). Pre- and Post-Partum Whistle Production of a Bottlenose Dolphin (Tur-
siops truncatus) Social Group. *International Journal of Comparative Psychology*, 32.

239 Dette er påvist i noen studier, men det er også studier som ikke har påvist dette – det
er altså ikke entydig vist at alle tumlere synger sitt eget navn til ungen I magen.

240 Carvalho, M.E., Justo, J.M.R. de M., Gratier, M., da Silva, H.M.F.R. (2018). The
Impact of Maternal Voice on the Fetus: A Systematic Review. *Current Women' Health
Reviews*, 14(3).

241 Bellem, A.C., Monford, S.L. & Goodrowe, K.L. (1995). Monitoring reproductive
development, menstrual cyclicity, and pregnancy in the lowland gorilla (Gorilla gorilla)
by enzyme immunoassay. *Journal of Zoo and Wildlife Medicine*, 26(1).

242 Stewart, K.J. (1984). Parturition in Wild Gorillas: Behaviour of Mothers, Neonates,
and Others. *Folia primatol.*, 42.

243 Video av gorillaen Calayas fødsel i Smithsonian' National Zoo 15. april 2018 fra
Youtube: https://www.youtube.com/watch?v=i497TV5Q6TY. Merk at en enkelt-
fødsel ikke er beskrivende for hvordan alle gorillaer føder, og særlig ikke en fødsel i
fangenskap. Fødestilling, hvordan den nyfødte håndteres etter fødselen etc. vil variere.

244 Rosenberg, K.R. & Trevathan, W.R. (2001). The Evolution of Human Birth. *Sci. Am.*,
285(5).

245 Rosenberg, K.R. & Trevathan, W.R. (2001). The Evolution of Human Birth. *Sci.Am.*,
285(5).

246 Rosenberg, K. & Trevathan, W. (1995). Bipedalism and Human Birth: The Obstetri-
cal Dilemma Revisited. *Evolutionary Antrophology*, 4(5).

247 Rosenberg, K. & Trevathan, W. (1995). Bipedalism and Human Birth: The Obstetri-
cal Dilemma Revisited. *Evolutionary Antrophology*, 4(5).

248 Mitteroecker, P.&Fischer, B. (IN PRESS). Evolution of the human birth canal. *American Journal of Obstetrics & Gynecology.*

249 Garlinghouse, T. (2019). *Unraveling the Mystery of Human Bipedality.* Sapiens. https://www.sapiens.org/archaeology/human-bipedality/

250 Rosenberg, K.R. & Trevathan, W.R. (2001). The Evolution of Human Birth. *Sci.Am.*, 285(5).

251 Mitteroecker, P.&Fischer, B. (IN PRESS). Evolution of the human birth canal. *American Journal of Obstetrics & Gynecology.*

252 Rosenberg, K.R. & Trevathan, W.R. (2001). The Evolution of Human Birth. *Sci.Am.*, 285(5).

253 Rosenberg, K.R., Trewathan,W.R. 2021: The obstetrical dilemma revisited –revisited. I Han, S. & Tomori, C. (Red.), *The Routledge Handbook of Antrophology and Reproduction.* Routledge.

254 Lund, P.J.A. (2006). Semmelweis – en varsler. *Tidsskrift for Den norske legeforening,* 126(13–4).

255 Skålevåg, S.A. (2020). *Ignaz Semmelweis* i Store norske leksikon. https://snl.no/Ignaz_Semmelweis

256 Lie, S.O. (2000). *Merkesteiner i norsk medisin. Føllings sykdom.* Tidsskrift for Den norske legeforening. https://tidsskriftet.no/2000/10/merkesteiner-i-norsk-medisin/follings-sykdom

257 Eberhard-Gran, M., Nordhagen, R., Heiberg, E., Bergsjø, P. & Eskild, A. (2003). Barselomsorg i et tverrkulturelt og historisk perspektiv. *Tidsskrift for Den norske legeforening,* 123(24).

258 Schjødt, B. (2006, 1.01). *Norsk Barnesmerteforening stiftet.* Tidsskrift for norsk psykologisk forening. https://psykologtidsskriftet.no/nyheter/2006/01/norsk-barnesmerteforening-stiftet

259 존 볼비의 애착이론은 대략 1970~1980년대에 제시되었다.

260 Rosenberg, K.R., Trewathan,W.R. 2021: The obstetrical dilemma revisited – revisited. I Han, S. & Tomori, C. (Red.), *The Routledge Handbook of Antrophology and Reproduction.* Routledge.

261 Bohren, M.A., Hofmeyr, G.J., Sakala, C., Fukuzawa, R.K. & Cuthbert, A. (2017). Continuous support for women during childbirth. *Cochrane Database Syst.*, 7::CD003766. Merk at noen av funnene i studien har lav-kvalitets evidens.

262 Kongelstad, M. (2019). *Doula* i Store medisinske leksikon. https://sml.snl.no/doula

263 Oslo Universitetssykehus (2021, 22.02). Flerkulturell doula. https://oslo-universitetssykehus.no/likeverd-og-mangfold/flerkulturell-doula

264 Lund, P.J.A. (2006). Semmelweis – en varsler. *Tidsskrift for Den norske legeforening*, 126(13–4).

265 여러 자료에서 황제전갈의 임신 기간을 7개월에서 1년이 넘는 기간까지 다양하게 제시하는데, 임신 기간은 아마도 온도, 먹이의 양, 습도 및 기타 환경 요인에 따라 크게 달라질 것이다.

266 Ortega, R.P. (2020, 16.01). *This is the oldest scorpion known to science.* Science. https://www.science.org/content/article/oldest-scorpion-known-science.

267 전갈은 새끼에게 영양을 공급하는 방식에 따라 두 그룹으로 나눌 수 있다. 알 노른자를 이용하는 종은 '아포이코젠apoikogene', 알 노른자가 없고 어미와 태반 비슷한 기관을 통해 직접 영양을 받는 종은 '카토이코젠katoikogene' 전갈이라 부른다. Se f.eks. Volschenk et. al. (2008) Comparative anatomy of the mesosomal organs of scorpions (Chelicerata, Scorpiones), with implications for the phylogeny of the order. *Zoological Journal of the Linnean Society*, 154.

268 Nesheim, B.-I. (2022). *Morkaken* i Store medisinske leksikon. https://sml.snl.no/morkaken

269 Mota-Rojas, D., Orihuela, A., Strappini, A., Villanuea-García, D., Napolitano, F., Mora-Medina, P., Barrios-García, H.B., Herrera, Y., Lavalle, E.&Martínez-Burnes, J. (2020). Consumption of Maternal Placenta in Humans and Nonhuman Mammals: Beneficial and Adverse Effects. *Animals.* doi:10.3390/ani10122398.

270 Nesheim, B.-I. (2022). *Morkaken* i Store medisinske leksikon. https://sml.snl.no/morkaken

271 Mota-Rojas, D., Orihuela, A., Strappini, A., Villanuea-García, D., Napolitano, F., Mora-Medina, P., Barrios-García, H.B., Herrera, Y., Lavalle, E.&Martínez-Burnes, J. (2020). Consumption of Maternal Placenta in Humans and Nonhuman Mammals: Beneficial and Adverse Effects. *Animals.* doi:10.3390/ani10122398.

272 Oksman, O. (2016, 10.02). *Eating your placenta – is it healthy or just weird?* The Guardian. https://www.theguardian.com/lifeandstyle/2016/feb/10/eating-your-placenta-healthy-motherhood-new-mothers-infants-postpartum-depression-placentophagy-fda

273 Renfree, M.B. (2010). Review: Marsupials: Placental Mammals with a Difference.

Placenta, 24.

274 Ostrovsky, A.N., Lidgard, S., Gordon, D.P., Schwaha, T., Genikhovich, G. & Ere-skovsky, A.V. (2016). Matrotrophy and placentation in invertebrates: a new paradigm. *Biol Rev Camb Philos Soc.*, 91(3).

275 Renfree, M.B. (2010). Review: Marsupials: Placental Mammals with a Difference. *Placenta*, 24.

276 Sadedin, S. (2014, 4.08). *War in the womb*. Aeon. https://aeon.co/essays/why-pregnan-cy-is-a-biological-war-between-mother-and-baby

277 Callier, V. (2015, 2.09.). *Baby' Cells Can Manipulate Mom' Body for Decades*. Smithsonian Magazine. https://www.smithsonianmag.com/science-nature/babyscells-can-manipu-late-moms-body-decades-180956493/

278 Mayer, G., Franke, F.A., Treffkorn, S., Gross, V. & Oliveira, I. de S. (2015). Ony-chophora i Wanninger, A. (Red.). *Evolutionary Developmental Biology of Invertebrates 3: Ecdysozoa I: Non-Tetraconata*. Springer-Verlag.

279 Wright, J. (2014). *Onychophora*. Animal Diversity Web. https://animaldiversity.org/accounts/Onychophora/

280 Tait, N.N. & Norman, J.M. (2001). Novel mating behaviour in Florelliceps stutch-buryae gen. nov., sp. nov. (Onychophora: Peripatopsidae) from Australia. *J. Zool. Lond.*, 253.

281 Tait, N.N. & Norman, J.M. (2001). Novel mating behaviour in Florelliceps stutch-buryae gen. nov., sp. nov. (Onychophora: Peripatopsidae) from Australia. *J. Zool. Lond.*, 253.

282 샌드타이거상어는 약 9개월에서 12개월 동안 임신해 있는 것으로 보인다. Bansemer, C.S. & Bennett, M.B. (2009). Reproductive peridodicity, localised movements and behavioural segregation of pregnant Carcharias taurus at Wolf Rock, southeast Queensland, Australia. *Marine Ecology Progress*, 374.

283 Wikipedia (u.å.). *Sand tiger shark*. Hentet 28.11.22 fra https://en.wikipedia.org/wiki/Sand_tiger_shark

284 이것을 '배아포식'이라고 하는데, 태아들이 서로를 잡아먹는 현상이다. 앞에서 본 아프리카사회성거미처럼 새끼가 어미를 먹는 경우에는 '모체포식'이라고 부른다.

285 Gilmore, R.G., Putz, O.&Dodrill, J.W. (2005). Oophagy, Intrauterine Cannibalism and Reproductive Strategy in Lamnoid Sharks. I Hamlett, W.C. (Red.) *Reproductive Biology and Phylogeny of Chondrichtyes*. Science Publishers Inc.

286 Greven, Helmut, professor emeritus ved Heinrich Heine Universität Düsseldorf. Pers. komm. 10.06.22.

287 Smithsonian Institution (2018). *Coelacanth*. Ocean. https://ocean.si.edu/ocean-life/fish/coelacanth

288 NOAA Fisheries (2022). *Sperm Whale*. Species directory. https://www.fisheries.noaa.gov/species/sperm-whale

289 Havforskningsinstituttet (2021). *Tema: Hummer – europeisk*. Havforskningsinstituttet. https://www.hi.no/hi/temasider/arter/hummer-europeisk

290 Montague, M. (2021). *Elephant gestation period longer than any living mammal*. BBC Earth. https://www.bbcearth.com/news/elephant-gestation-period-longerthan-any-living-mammal

291 López-Romero F.A., Klimpfinger, C., Tanaka, S. & Kriwet, J. (2020). Growth trajectories of prenatal embryos of the deep-sea shark Chlamydoselachus anguineus (Chondrichthyes). *J. Fish Biol.*, 97.

292 Long, J.A., Trinajstic, K., Young, G.C. & Senden, T. (2008). Live birth in the Devonian period. *Nature*, 453.

293 Voje, K.L. (2022). *Livets evolusjonshistorie* i Store norske leksikon. https://snl.no/livets_evolusjonshistorie

294 Blackburn, D.G. (2006). Squamate reptiles as model organisms for the evolution of viviparity. *Herpetological Monographs*, 20.

295 Delsett, L.L. (2021). *Fiskeøgler* i Store norske leksikon. https://snl.no/fiskeøgler

296 Frontiers in Ecology and Evolution (u.å.). *Origin and Early Evolution of Amniotes*. Research Topic. Hentet 15.09.22 fra https://www.frontiersin.org/research-topics/14947/origin-and-early-evolution-of-amniotes

297 Kiserud, T. (2012). Hvor lenge varer et svangerskap? Tidsskrift for Den norske legeforening, 132.

298 Otto, S. (2008). Sexual Reproduction and the Evolution of Sex. Nature Education 1(1).

299 Frontiers in Ecology and Evolution (u.å.). Origin and Early Evolution of Amniotes. Research Topic. Hentet 15.09.22 fra https://www.frontiersin.org/research-topics/14947/origin-and-early-evolution-of-amniotes

300 Emera, D., Romero, R.&Wagner, G. (2012). The evolution of menstruation: A new model for genetic assimilation. BioEssays, 34(1).

301 Voje, K.L. (2022). Livets evolusjonshistorie i Store norske leksikon. https://snl.no/

livets_evolusjonshistorie. 이 연대표에서 따로 출처를 밝히지 않은 정보는 모두 같은 자료에서 가져온 것이다.

302 여기서 '진화적 관점에서 지금쯤'이라는 말은, 이 경우 2019년 4월을 가리킨다.

303 Young, T.P. (2010). Semelparity and Iteroparity. Nature Education Knowledge, 3(10).

304 Wikipedia (u.å.). Matriphagy. Hentet 10.12.22 fra https://en.wikipedia.org/wiki/Matriphagy

305 Young, T.P. (2010). Semelparity and Iteroparity. Nature Education Knowledge, 3(10).

306 Wikipedia (u.å.). Hemipenis. Hentet 10.12.22 fra https://en.wikipedia.org/wiki/Hemipenis

307 Wiktionary (u.å). Embryophagy. Hentet 10.12.22 fra https://en.wiktionary.org/wiki/embryophagy

308 Wikipedia (u.å.). Skjellkrypdyr. Hentet 10.12.22 fra https://no.wikipedia.org/wiki/Skjellkrypdyr

309 Wikipedia (u.å.). Primordial soup. Hentet 9.12.22 fra https://en.wikipedia.org/wiki/Primordial_soup

310 Wikipedia (u.å.). Hermaphrodite. Hentet 10.12.22 fra https://en.wikipedia.org/wiki/Hermaphrodite

311 Fenelon, J.C. & Banerjee, A. (2014). Embryonic diapause: development on hold. Int. J. Dev. Biol., 58.

312 Trevathan, W.R. & Rosenberg, K.R. (2020) Evolutionary Medicine and Women's Reproductive Health i Schulkin, J. & Power, M.L., Integrating Evolutionary Biology into Medical Education—for maternal and child healthcare students, clinicians, and scientists. Oxford University Press.

역자 황덕령

한국외국어대학교 스칸디나비아어과를 졸업하였으며, 현재 번역 에이전시 엔터스코리아에서 노르웨이, 스웨덴, 덴마크어 전문 번역가로 활동하고 있다. 주요 역서로는 《지구는 답을 알고 있었다》, 《내 사랑스런 개코원숭이》, 《나무야 일어나》, 《세상을 이루는 가장 작은 입자 이야기》, 《과학과 문화가 보이는 다리 건너기》, 《빅뱅으로 내가 생겨났다고?》, 《스웨덴인의 조선 방문기》, 《우리 집에 놀러오세요》, 《닐스의 이상한 모험》 등 다수가 있다.

생명의 잉태와 탄생에 이르는 81가지 신비로움

40주 이야기

초판 1쇄 발행 2026년 3월 31일

지은이 안나 블릭스
옮긴이 황덕령
펴낸이 성의현
펴낸곳 미래의창

편집주간 김성옥
편집장 정보라
책임편집 정보라
디자인 공미향·강혜민
마케팅 권장규·이건효

등록 제2019-000291호
주소 서울시 마포구 잔다리로 62-1 미래의창빌딩(서교동 376-15, 5층)
전화 070-8693-1719 **팩스** 0507-0301-1585
홈페이지 www.miraebook.co.kr
ISBN 979-11-24073-18-6 (03470)

※ 책값은 뒤표지에 표기되어 있습니다.

생각이 글이 되고, 글이 책이 되는 놀라운 경험. 미래의창과 함께라면 가능합니다.
책을 통해 여러분의 생각과 아이디어를 더 많은 사람들과 공유하시기 바랍니다.
투고메일 togo@miraebook.co.kr (홈페이지와 블로그에서 양식을 다운로드하세요)
제휴 및 기타 문의 ask@miraebook.co.kr